·新·锐·编·程·语·言·集·萃·

Haskell趣学指南

Learn You a Haskell for Great Good!

【斯洛文尼亚】Miran Lipovača 著　　　李亚舟　宋方睿 译

人民邮电出版社

北京

图书在版编目（CIP）数据

Haskell趣学指南 / （斯洛文）利波瓦卡
(Lipovaca,M.) 著 ; 李亚舟, 宋方睿译. -- 北京 ： 人
民邮电出版社, 2014.1（2023.3重印）
（新锐编程语言集萃）
书名原文：Learn you a haskell for great good!
ISBN 978-7-115-33559-3

Ⅰ. ①H… Ⅱ. ①利… ②李… ③宋… Ⅲ. ①函数—
程序设计—指南 Ⅳ. ①TP311.1-62

中国版本图书馆CIP数据核字(2013)第258871号

内 容 提 要

这是一本讲解 Haskell 这门函数式编程语言的入门指南，语言通俗易懂，插图生动幽默，示例短小清晰，结构安排合理。书中从 Haskell 的基础知识讲起，涵盖了所有的基本概念和语法，内容涉及基本语法、递归、类型和类型类、函子、applicative 函子、monad、zipper 及所有 Haskell 重要特性和强大功能。

本书适合对函数式编程及 Haskell 语言感兴趣的开发人员阅读。

- ◆ 著　　　[斯洛文尼亚] Miran Lipovača
　　译　　　李亚舟　宋方睿
　　责任编辑　杨海玲
　　责任印制　程彦红　杨林杰
- ◆ 人民邮电出版社出版发行　　北京市丰台区成寿寺路 11 号
　　邮编　100164　电子邮件　315@ptpress.com.cn
　　网址　http://www.ptpress.com.cn
　　北京天宇星印刷厂印刷
- ◆ 开本：800×1000　1/16
　　印张：19.75　　　　　　　　2014 年 1 月第 1 版
　　字数：450 千字　　　　　　2023 年 3 月北京第 11 次印刷
　　著作权合同登记号　图字：01-2012-7095 号

定价：69.00 元

读者服务热线：**(010)81055410**　印装质量热线：**(010)81055316**
反盗版热线：**(010)81055315**

版权声明

译者序

每当朋友们问起："Haskell 是否值得学习？"我会毫不犹豫地肯定回答："试问如果 Haskell 都不值得学习，还有哪门语言有同等的学习价值呢？"直到今天，Haskell 仍排在本人心目中最值得学习的语言的前三位。若继续问下去："为什么说值得学习？"回答却总是显得含糊一些："开拓眼界吧？""因为有趣？"

但是平心而论，"开拓眼界"和"有趣"中的一条就已经是足够充分的理由了。读者能否回忆一下最初学习编程的那种乐趣，是不是仿佛进入新世界一般？支持我们踏出去每一步的原动力，归根到底可能还是最单纯的"开拓眼界"和"有趣"。Haskell 可以助你找回久违的耳目一新的感觉。而且，哪怕工作内容与函数式编程毫无关联，日常编写代码的思路也会在潜移默化中受到影响。读者不妨仔细体会。

2008 年从朋友那里接触到 Haskell 之后，苦于国内没有全面的入门教程，便着手开始了《Learn You a Haskell》的翻译，这本书的内容风趣幽默，搭配精美的插图和丰富的例子，使得 Haskell 亲切可人，实在是入门的最佳选择。当时进展到第 9 章，后来作者更新到了第 15 章，却因为时间等原因没有跟上。未能使完整中文版面世，始终是几年间的一件憾事。

所幸人民邮电出版社引进了此书的中文翻译版权，经与方睿同学共同努力，基于之前的 8 章译稿，补完了后续的 7 章。期间得到了 huangz、xiaohanyu、思寇特.熊、hotteran 等朋友的热心帮助，在此一并致谢。对译者而言，翻译是最好的精读，虽然花费了很长时间，但更多花在学习 Haskell 本身，回忆起来仍是一段愉快的回忆。但是出版并非私人的事情，虽然此时稿件已告完工，仍惴惴不安，生怕拙劣的译笔使这么有爱的作品蒙尘。然而受水平所限，难免留下一些疏漏和错误，恳请广大读者批评指正。

李亚舟

2013 年 11 月于北京

前　言

Haskell 很有趣，这就够了

本书主要面向已经有一定命令式编程经验（如 C、C++、Java、Python 等）、想要尝试一下 Haskell 的读者。还没有编程基础？没关系，像你这样的聪明小伙子一定能学好 Haskell！

Haskell 这门语言给我的第一印象是太晦涩。然而一旦迈过入门的门槛，随后的学习就顺畅多了。在一开始的学习中，Haskell 可能稍显很古怪，但是不要放弃学习。学习 Haskell 的体验就像从零开始重新学习编程。它很有趣，而且能促使你按照不同的方式来思考。

注意　如果在学习中遇到困难，Freenode 网络的#haskell 频道将是提问的绝佳去处。那儿的人们友善、有耐心且很照顾新人。对 Haskell 初学者而言，这是一个宝贵的资源。

那么，Haskell 是什么？

Haskell 是一种纯函数式编程语言（purely functional programming language）。

在命令式语言中执行操作需要给电脑安排一组待执行的命令，随着命令的执行，状态会随之发生改变。例如，你将变量 a 赋值为 5，随后做了其他一些事情之后 a 就可能变成其他值。此外，通过控制流结构（如 for 循环和 while 循环）可以让指令重复执行多次。然而在纯函数式编程语言中一切都与之不同。你不再像命令式语言那样命令电脑"要做什么"，而是通过用函数来描述问题"是什么"，如"阶乘是指从 1 到某数间所有数字的乘积"，或者"一列数值的总和等同于第一个数值与余下数值的总和相加的结果"。这两个操作都可以表示为函数。

在函数式编程语言中，变量一旦赋值，就不能更改了，你已经声明了 a 是 5，就不能改变主意，再另说 a 是别的什么数。做人不能食言，对不？

在纯函数式编程语言中，函数没有任何副作用。函数式编程语言中的函数能做的唯一一件事情就是求值并返回结果。一开始可能觉得这样会很受限，然而好处也正源于此：若以同样的参数调用同一函数两次，得到的结果总是相同的。这被称作引用透明性（referential transparency）。如此一来，允许你很容易地推论（甚至证明）一个函数的正确性，继而可以将一些简单的函数组合成更复杂的函数。

　　Haskell 是惰性（lazy）的。也就是说，若非特殊指明，在真正需要结果以前，Haskell 是不会执行函数的。这正是引用透明性的功劳：既然函数的返回值仅与给定的参数相关，那么函数在何时真正执行计算，就无关紧要了。Haskell 作为一种惰性语言，基于这条性质，总是尽可能地推迟计算结果。只有当你需要展示计算结果时，Haskell 才会执行最少量的计算，到足够展示结果为止。此外，惰性允许我们创建无限长度的数据结构，因为只有需要展示的部分数据结构才会真正被计算。

　　来看一个展示 Haskell 惰性的例子。假设你有一个数值的列表 xs = [1,2,3,4,5,6,7,8]，还有一个函数叫做 doubleMe，它可以将列表中的所有元素都乘以 2，并返回一个新的列表。如果想让整个列表乘以 8，你可能会写下这样的代码：

```
doubleMe(doubleMe(doubleMe(xs)))
```

　　在命令式语言中，这会遍历一遍列表，复制一份列表，然后返回。随后还要重复遍历两次、复制两次，才能得到最终的结果。

　　在惰性语言中，不强迫输出结果的前提下，针对列表调用 doubleMe，程序只会跟你说：“好，我待会做!”一旦你需要查看结果，第一个 doubleMe 就会要求第二个 doubleMe 马上将结果交给它。然后第二个 doubleMe 会向第三个 doubleMe 传达同样的话，这时第三个 doubleMe 只能不情愿地将 1 乘以 2 得 2，交给第二个 doubleMe。第二个 doubleMe 再乘以 2 得 4，返回给第一个 doubleMe。第一个 doubleMe 再将结果乘以 2，最终告诉你结果列表中的首个元素是 8。也就是说，因为惰性，这一切只需要遍历一次列表即可，而且仅在你真正需要结果时才会执行。

　　Haskell 是静态类型（statically typed）的。当你编译程序时，编译器需要明确哪个是数字，哪个是字符串，等等。静态类型意味着很大一部分错误都可以在编译时被发现。比如，若试图将一个数字和字符串相加，编译器就会报错。

　　Haskell 拥有一套强大的类型系统，支持类型推导（type inference）。这样一来你就不需要在每段代码上都标明它的类型，例如，如果计算 a=5+4，你就不需要告诉编译器“a 是一个数”，它可以自己推导出来。类型推导让你编写更加通用的程序更容易。假设有个二元函数是将两个数相加，你无需声明类型，这个函数即可对一切可以相加的值进行计算。

　　Haskell 优雅且简洁。它采纳了许多高级概念，与同等的命令式语言相比，Haskell 的代码往往更短。更短就意味着更容易维护，bug 也就更少。

　　Haskell 由一组天才的精英分子（很多博士）开发。Haskell 的研发工作始于 1987 年，当时一个学会的研究员齐聚一堂，商讨设计一种强大的编程语言。时至 1999 年，Haskell Report 发布，标志着稳定版本的最终确定。

准备工具

简单讲，开始 Haskell 的学习，只需要一个编辑器和一个编译器。你可能已经安装了最喜欢的编辑器，在此不加赘述。如今最常用的 Haskell 编译器是 Glasgow Haskell Compiler（GHC），本书也用它。

获取所需工具最简便的方式是下载 Haskell Platform。除 GHC 编译器之外，Haskell Platform 更包含了一系列有用的 Haskell 库！可以参照 http://hackage.haskell.org/platform 中的步骤，向你的操作系统中安装 Haskell Platform。

GHC 除了能够编译 Haskell 脚本（一般后缀为.hs），也提供了一个交互模式。在这里，你可以装载脚本中的函数，随后直接调用它们即可获得计算的结果。修改代码之后，使用交互模式观察代码的执行结果，要比编译然后执行方便得多。尤其是在学习过程中，交互模式十分有用。

安装 Haskell Platform 之后，打开一个终端窗口（假定你在使用 Linux 或者 Mac OS X 系统）如果你使用的是 Windows 系统，则打开命令提示符。然后，输入 ghci 并按回车键，进入交互模式。如果你的系统没有找到 GHCi 程序，可以尝试重启计算机。

假设你在一段脚本（如 myfunctions.hs）中定义了几个函数，通过:l myfunctions 命令即可将这些函数装载进入 GHCi。（需要保证 myfunctions.hs 位于启动 GHCi 的同一目录之下。）

一旦修改了这个.hs 脚本的内容，再次执行:l myfunctions.hs 或者与之等价的:r，都可以重新装载该脚本。我本人通常的工作流程就是在.hs 文件中定义几个函数，然后装载到 GHCi，对付它，修改文件，再装载，如此重复。这也正是我们将采用的基本流程。

致谢

感谢为本书提供勘误、建议乃至鼓励的每一个人。此外，感谢 Keith、Sam 和 Marilyn 使我变得像个真正的作家。

目　录

第 1 章　各就各位，预备！ ················· 1

1.1　调用函数 ···························· 3
1.2　小朋友的第一个函数 ··············· 4
1.3　列表入门 ·························· 6
　　1.3.1　拼接列表 ···················· 6
　　1.3.2　访问列表中的元素 ··········· 8
　　1.3.3　嵌套列表 ···················· 8
　　1.3.4　比较列表 ···················· 8
　　1.3.5　更多列表操作 ··············· 9
1.4　得州区间 ·························· 11
1.5　我是列表推导式 ··················· 13
1.6　元组 ······························ 16
　　1.6.1　使用元组 ···················· 16
　　1.6.2　使用序对 ···················· 17
　　1.6.3　找直角三角形 ··············· 18

第 2 章　相信类型 ······················· 20

2.1　显式类型声明 ····················· 20
2.2　Haskell 的常见类型 ··············· 21
2.3　类型变量 ·························· 22
2.4　类型类入门 ······················· 23
　　2.4.1　Eq 类型类 ··················· 24
　　2.4.2　Ord 类型类 ················· 24
　　2.4.3　Show 类型类 ··············· 25
　　2.4.4　Read 类型类 ··············· 25
　　2.4.5　Enum 类型类 ··············· 27
　　2.4.6　Bounded 类型类 ··········· 27
　　2.4.7　Num 类型类 ··············· 28
　　2.4.8　Floating 类型类 ·········· 28
　　2.4.9　Integeral 类型类 ········· 28
　　2.4.10　有关类型类的最后总结 ··· 29

第 3 章　函数的语法 ··················· 30

3.1　模式匹配 ·························· 30
　　3.1.1　元组的模式匹配 ··········· 32
　　3.1.2　列表与列表推导式的
　　　　　模式匹配 ···················· 32
　　3.1.3　As 模式 ···················· 34
3.2　注意，哨卫! ······················ 34
3.3　where? ! ························· 36
　　3.3.1　where 的作用域 ··········· 37
　　3.3.2　where 中的模式匹配 ······· 38
　　3.3.3　where 块中的函数 ········· 38
3.4　let ······························ 39
　　3.4.1　列表推导式中的 let ········ 40
　　3.4.2　GHCi 中的 let ············ 40
3.5　case 表达式 ····················· 41

第 4 章　你好，递归 ··················· 43

4.1　不可思议的最大值 ··············· 43
4.2　更多的几个递归函数 ············· 45
　　4.2.1　replicate ················ 45
　　4.2.2　take ······················ 45
　　4.2.3　reverse ·················· 46
　　4.2.4　repeat ···················· 46
　　4.2.5　zip ······················· 46
　　4.2.6　elem ······················ 47
4.3　快点，排序! ····················· 47
　　4.3.1　算法思路 ·················· 47
　　4.3.2　编写代码 ·················· 48
4.4　递归地思考 ······················ 49

第 5 章　高阶函数 ······················ 50

5.1　柯里函数 ·························· 50
　　5.1.1　截断 ······················ 52
　　5.1.2　打印函数 ·················· 53
5.2　再来点儿高阶函数 ··············· 53
　　5.2.1　实现 zipWith ············· 54

5.2.2 实现 flip ········· 55
5.3 函数式程序员工具箱 ········· 56
5.3.1 map 函数 ········· 56
5.3.2 filter 函数 ········· 57
5.3.3 有关 map 与 filter 的
更多示例 ········· 58
5.3.4 映射带有多个参数的
函数 ········· 60
5.4 lambda ········· 60
5.5 折叠纸鹤 ········· 62
5.5.1 通过 foldl 进行左折叠 ········· 63
5.5.2 通过 foldr 进行右折叠 ········· 63
5.5.3 foldl1 函数与 foldr1
函数 ········· 64
5.5.4 折叠的几个例子 ········· 65
5.5.5 另一个角度看折叠 ········· 66
5.5.6 无限列表的折叠 ········· 67
5.5.7 扫描 ········· 68
5.6 有$的函数应用 ········· 68
5.7 函数组合 ········· 70
5.7.1 带有多个参数函数的
组合 ········· 70
5.7.2 Point-Free 风格 ········· 71

第 6 章 模块 ········· 73

6.1 导入模块 ········· 73
6.2 使用模块中的函数求解问题 ········· 75
6.2.1 统计单词数 ········· 75
6.2.2 干草堆中的缝纫针 ········· 76
6.2.3 凯撒密码沙拉 ········· 77
6.2.4 严格左折叠 ········· 79
6.2.5 寻找酷数 ········· 80
6.3 映射键与值 ········· 82
6.3.1 几乎一样好：关联列表 ········· 82
6.3.2 进入 Data.Map ········· 83
6.4 构造自己的模块 ········· 87
6.4.1 几何模块 ········· 87
6.4.2 模块的层次结构 ········· 89

第 7 章 构造我们自己的类型和类型类 ········· 91

7.1 定义新的数据类型 ········· 91
7.2 成型 ········· 92

7.2.1 借助 Point 数据类型
优化 Shape 数据类型 ········· 93
7.2.2 将图形导出到模块中 ········· 94
7.3 记录语法 ········· 95
7.4 类型参数 ········· 97
7.4.1 要不要参数化我们的
汽车？ ········· 99
7.4.2 末日向量 ········· 100
7.5 派生实例 ········· 102
7.5.1 相同的人 ········· 102
7.5.2 告诉我怎么读 ········· 103
7.5.3 法庭内保持秩序！ ········· 104
7.5.4 一周的一天 ········· 105
7.6 类型别名 ········· 106
7.6.1 使我们的电话本
更好看些 ········· 107
7.6.2 参数化类型别名 ········· 108
7.6.3 向左走，向右走 ········· 109
7.7 递归数据结构 ········· 111
7.7.1 优化我们的列表 ········· 111
7.7.2 种一棵树 ········· 113
7.8 类型类 ········· 115
7.8.1 深入 Eq 类型类 ········· 116
7.8.2 TrafficLight
数据类型 ········· 116
7.8.3 子类化 ········· 118
7.8.4 作为类型类实例的
带参数类型 ········· 118
7.9 Yes-No 类型类 ········· 120
7.10 Functor 类型类 ········· 122
7.10.1 Maybe 函子 ········· 124
7.10.2 树也是函子 ········· 124
7.10.3 Either a 函子 ········· 125
7.11 kind 与无名类型 ········· 126

第 8 章 输入与输出 ········· 128

8.1 纯粹与非纯粹的分离 ········· 128
8.2 Hello, World! ········· 129
8.3 组合 I/O 操作 ········· 130
8.3.1 在 I/O 操作中使用 let ········· 132
8.3.2 反过来 ········· 133
8.4 几个实用的 I/O 函数 ········· 135
8.4.1 putStr ········· 135

8.4.2　putChar ··············135
8.4.3　print ···············136
8.4.4　when ················137
8.4.5　sequence ···········137
8.4.6　mapM ················138
8.4.7　forever ············139
8.4.8　forM ················139
8.5　I/O 操作回顾 ············140

第 9 章　更多的输入输出操作 ·······141

9.1　文件和流 ···············141
9.1.1　输入重定向 ·········141
9.1.2　从输入流获取字符串 ···142
9.1.3　转换输入 ···········144
9.2　读写文件 ···············146
9.2.1　使用 withFile 函数 ···147
9.2.2　bracket 的时间到了 ···148
9.2.3　抓住句柄 ···········149
9.3　TODO 列表 ·············149
9.3.1　删除条目 ···········150
9.3.2　清理 ··············152
9.4　命令行参数 ·············153
9.5　关于 TODO 列表的更多
　　　有趣的事 ·············154
9.5.1　一个多任务列表 ·····155
9.5.2　处理错误的输入 ·····158
9.6　随机性 ················159
9.6.1　掷硬币 ············160
9.6.2　更多随机函数 ·······161
9.6.3　随机性和 I/O ·······162
9.7　字节串 ················165
9.7.1　严格的和惰性字节串 ···166
9.7.2　用字节串复制文件 ···167

第 10 章　函数式地解决问题 ·······169

10.1　逆波兰式计算器 ········169
10.1.1　计算 RPN 表达式 ···169
10.1.2　写一个 RPN 函数 ···170
10.1.3　添加更多的操作符 ···172
10.2　从希思罗机场到伦敦 ···173
10.2.1　计算最快的路线 ···174
10.2.2　在 Haskell 中表示
　　　　道路系统 ·········176

10.2.3　实现计算最佳路径的
　　　　函数 ············177
10.2.4　从输入获取道路系统 ···179

第 11 章　applicative 函子 ·······182

11.1　函子再现 ·············182
11.1.1　作为函子的 I/O 操作 ···183
11.1.2　作为函子的函数 ···185
11.2　函子定律 ·············187
11.2.1　定律 1 ···········188
11.2.2　定律 2 ···········188
11.2.3　违反定律 ·········189
11.3　使用 applicative 函子 ···191
11.3.1　向 applicative 问好 ···192
11.3.2　Maybe applicative
　　　　函子 ············192
11.3.3　applicative 风格 ···193
11.3.4　列表 ············195
11.3.5　IO 也是 applicative
　　　　函子 ············197
11.3.6　函数作为 applicative ···198
11.3.7　zip 列表 ·········199
11.3.8　applicative 定律 ···200
11.4　applicative 的实用函数 ···201

第 12 章　Monoid ···············205

12.1　把现有类型包裹成新类型 ···205
12.1.1　用 newtype 创建
　　　　类型类的实例 ·····207
12.1.2　关于 newtype 的惰性 ···208
12.1.3　type、newtype 和
　　　　data 三者的对比 ···210
12.2　关于那些 monoid ········211
12.2.1　Monoid 类型类 ·····212
12.2.2　monoid 定律 ·······213
12.3　认识一些 monoid ········213
12.3.1　列表是 monoid ·····213
12.3.2　Product 和 Sum ···214
12.3.3　Any 和 All ········216
12.3.4　Ordering monoid ···217
12.3.5　Maybe monoid ·····219
12.4　monoid 的折叠 ·········221

第 13 章　更多 monad 的例子･･････････224

13.1　升级我们的 applicative 函子････224
13.2　体会 Maybe ････････････････225
13.3　Monad 类型类 ･･･････････････228
13.4　一往无前 ･････････････････････229
　　13.4.1　代码，代码，代码 ･･･････230
　　13.4.2　我要飞走 ･････････････････231
　　13.4.3　线上的香蕉 ･････････････234
13.5　do 记法 ･･････････････････････235
　　13.5.1　按我所说的去做 ･････････236
　　13.5.2　我皮埃尔又回来了 ･･･････237
　　13.5.3　模式匹配和计算失败 ････238
13.6　列表 monad ･････････････････239
　　13.6.1　do 记法和列表推导式 ･･･241
　　13.6.2　MonadPlus 和
　　　　　　guard 函数 ･･･････････242
　　13.6.3　马的探索 ･･････････････243
13.7　monad 定律 ･･･････････････････245
　　13.7.1　左单位元 ･･･････････････246
　　13.7.2　右单位元 ･･･････････････246
　　13.7.3　结合律 ･････････････････247

第 14 章　再多一些 monad ･･････249

14.1　Writer? 我没听说过啊！ ･･････249
　　14.1.1　monad 赶来营救 ･･･････251
　　14.1.2　Writer 类型 ･･････････253
　　14.1.3　对 Writer 使用
　　　　　　do 记法 ･･････････････254
　　14.1.4　给程序添加日志 ････････255
　　14.1.5　低效的列表构造 ････････257
　　14.1.6　使用差分列表 ･･････････258
　　14.1.7　比较性能 ･･････････････259
14.2　Reader? 呃，不开玩笑了 ･･････260

　　14.2.1　作为 monad 的函数････261
　　14.2.2　Reader monad ･････････261
14.3　带状态计算的优雅表示 ････････262
　　14.3.1　带状态的计算 ･･････････263
　　14.3.2　栈和石头 ･･････････････264
　　14.3.3　State monad ･･･････････265
　　14.3.4　获取和设置状态 ････････267
　　14.3.5　随机性和 State
　　　　　　monad ･･･････････････268
14.4　墙上的 Error ･･･････････････269
14.5　一些实用的 monad 式的函数･･･271
　　14.5.1　liftM 和它的朋友们 ･････271
　　14.5.2　join 函数 ････････････274
　　14.5.3　filterM･･････････････276
　　14.5.4　foldM･･･････････････278
14.6　创建一个安全的 RPN 计算器･･･279
14.7　组合 monad 式的函数 ･････････281
14.8　创建 monad ････････････････282

第 15 章　zipper ･･････････････････287

15.1　在树上移动 ･･･････････････････287
　　15.1.1　面包屑 ･････････････････290
　　15.1.2　向上走 ･････････････････291
　　15.1.3　处理焦点处的树 ････････293
　　15.1.4　一路走到顶端，那里的
　　　　　　空气既新鲜又干净 ･･････294
15.2　在列表上定位 ･････････････････294
15.3　一个非常简单的文件系统 ･･････295
　　15.3.1　为文件系统创建
　　　　　　一个 zipper ･･･････････296
　　15.3.2　操作文件系统 ･･････････298
15.4　小心行事 ･･････････････････････299
15.5　谢谢阅读！ ･･･････････････････301

第 1 章

各就各位，预备！

如果你属于那种从不看前言的人，我建议你还是回头看一下本书前言的最后一节比较好。那里讲解了如何使用本书，以及如何通过 GHC 加载函数。

首先，我们要做的就是进入 GHC 的交互模式，调用几个函数，以便我们简单地体验一把 Haskell。打开终端，输入 ghci，可以看到如下欢迎信息：

```
GHCi, version 6.12.3: http://www.haskell.org/ghc/ :? for help
Loading package ghc-prim ... linking ... done.
Loading package integer-gmp ... linking ... done.
Loading package base ... linking ... done.
Loading package ffi-1.0 ... linking ... done.
```

> **注意** GHCi 的默认命令行提示符为 Prelude>，不过在本书接下来的例子中，我们将使用 ghci>作为命令行提示符。若要设置你的命令行提示符与本书一致，输入:set prompt "ghci> "即可。如果不想每次打开 GHCi 都重新输入一遍，可以在你的 home 目录下创建一个.ghci 文件，使它的内容为:set prompt "ghci>"。

恭喜，你已经进入了 GHCi！试几个简单的运算：

```
ghci> 2 + 15
17
ghci> 49 * 100
4900
ghci> 1892 - 1472
420
ghci> 5 / 2
2.5
```

如果在同一个表达式中使用了多个运算符，Haskell 会按照运算符优先级顺序执行计算。比如*的优先级比-高，50 * 100 - 4999 就相当于(50 * 100) - 4999。

也可以通过括号来显式地指定运算次序，就像这样：

```
ghci> (50 * 100) - 4999
1
ghci> 50 * 100 - 4999
1
ghci> 50 * (100 - 4999)
-244950
```

很酷，是吧？（哼，我知道一点也不酷，但请容许我自 High 一下嘛。）

有个小陷阱需要注意：只要表达式中存在负数常量，就最好用括号将它括起来。比如，执行 5 * -3 会使 GHCi 报错，而 5*(-3) 就不会有问题。

Haskell 中的逻辑运算也同样直白。同许多编程语言一样，Haskell 的布尔值为 True 与 False，也有&&用来求逻辑与（布尔与运算）、||用来求逻辑或（布尔或运算），以及 not 用来对 True 或者 False 取反。

```
ghci> True && False
False
ghci> True && True
True
ghci> False || True
True
ghci> not False
True
ghci> not (True && True)
False
```

也可以通过==与/=来判断两个值相等还是不等：

```
ghci> 5 == 5
True
ghci> 1 == 0
False
ghci> 5 /= 5
False
ghci> 5 /= 4
True
ghci> "hello" == "hello"
True
```

在同一个表达式中混用不一样的值要十分小心！如果我们输入了 5 + "llama"这样的代码，就会得到下面这样的出错消息了：

```
No instance for (Num [Char])
arising from a use of `+' at <interactive> :1:0-9
Possible fix: add an instance declaration for (Num [Char])
In the expression: 5 + "llama"
In the definition of `it': it = 5 + "llama"
```

GHCi 告诉我们，"llama"并不是数值，所以它不知道怎样才能给它加上 5。+运算符要求它的两个参数都是数值才行。

另一方面，==可以比较任何两个可以比较的值，唯一标准就是：这两个值的类型必须相同。比如，我们如果输入 True==5，GHCi 就会报错。

> **注意** 5 + 4.0是合法的表达式，虽说4.0不是整数，但5既可以被看做整数也可以被看做浮点数。这样看，5与浮点数4.0的类型就匹配起来了。

到后面，我们会更加深入地学习类型。

1.1 调用函数

也许你并未察觉，从始至终我们一直都在使用函数。*就是一个函数，它可以将两个数相乘。可见，在应用（又称调用）这个函数时，我们就像夹三明治一样用两个参数将它夹在中央，这种函数被称作中缀函数（infix function）。

至于其他的大部分函数，则属于前缀函数（prefix function）。在 Haskell 中调用前缀函数时，先是函数名和一个空格，后跟参数列表（也是由空格分隔）。简单举个例子，我们尝试调用 Haskell 中最无聊的函数 succ：

```
ghci> succ 8
9
```

succ 函数可以取得参数的后继，前提是它要有明确的后继。一个整数的后继，就是比它大的下一个数了。

接下来尝试调用两个前缀函数 min 和 max：

```
ghci> min 9 10
9
ghci> min 3.4 3.2
3.2
ghci> max 100 101
101
```

min 和 max 接受两个可比较大小的参数（如数），相应地返回较大或者较小的那个数。

在 Haskell 中，函数应用拥有最高的优先级。因而如下两句是等效的：

```
ghci> succ 9 + max 5 4 + 1
16
ghci> (succ 9) + (max 5 4) + 1
16
```

也就是说，取 9 乘 10 的后继，简单地像下面这样写是不行的：

```
ghci> succ 9 * 10
```

因为运算有优先级，这种写法相当于先取 9 的后继（得到 10），然后再乘以 10 得 100。要得到正确的写法，应该改成这样：

```
ghci> succ (9 * 10)
```

得 91。

如果某函数有两个参数，也可以用反引号（`）将它括起，以中缀函数的形式调用它。比如，div 函数可以用来求两个整数的商，如下：

```
ghci> div 92 10
9
```

但这种形式并不容易理解：究竟是哪个数是除数，哪个数被除数？用上反引号，按照中缀函数的形式调用它就清晰多了：

```
ghci> 92 `div` 10
9
```

从命令式编程走过来的程序员往往觉得函数调用离不开括号，以至于一下子无法接受 Haskell 的风格。其实很简单：只要见到 bar (bar 3) 之类的东西，就是说以 3 为参数调用 bar 函数，随后用所得的结果再次调用 bar。对应的 C 代码大约就是这样：bar(bar(3))。

1.2   小朋友的第一个函数

函数的声明与它的调用形式大体相同，都是先函数名，后跟由空格分隔的参数表。不过后面多了个等号（=），并且后面的代码定义了函数的行为。

举个例子，我们先写一个简单的函数，让它将一个数字乘以 2。打开你最喜欢的编辑器，输入如下代码：

```
doubleMe x = x + x
```

将它保存为 baby.hs 或者任意名称，然后转至文件所在目录，打开 GHCi，执行 :l baby 装载它。随后就可以跟我们的函数小朋友玩耍了：

```
ghci> :l baby
[1 of 1] Compiling Main             ( baby.hs, interpreted )
Ok, modules loaded: Main.
ghci> doubleMe 9
18
ghci> doubleMe 8.3
16.6
```

+运算符对整数和浮点数都可用（实际上所有有数字特征的值都可以），所以我们的函数可以处理一切数值。

接下来声明一个取两个参数的函数，让它分别将两个参数乘以 2 再相加。修改 baby.hs，将如下代码加到后面：

```
doubleUs x y = x * 2 + y * 2
```

> **注意** Haskell 中的函数定义并没有顺序的概念，所以 baby.hs 中函数定义的先后对程序没有任何影响。

将它保存，在 GHCi 中输入 :l baby 再次装载。测试它的结果是否符合预期：

```
ghci> doubleUs 4 9
26
ghci> doubleUs 2.3 34.2
73.0
ghci> doubleUs 28 88 + doubleMe 123
478
```

你也可以在函数中调用其他的函数，如此一来我们可以将 doubleUs 函数改为：

```
doubleUs x y = doubleMe x + doubleMe y
```

这种模式在 Haskell 中十分常见：编写一些明显正确的简单函数，然后将它们组合起来，形成一个较为复杂的函数。这是减少重复工作的金科玉律。设想，如果哪天有个数学家验证说 2 其实该是 3，我们该怎么改？在这里，我们只需要将 doubleMe 改为 x + x + x 即可，由于 doubleUs 调用 doubleMe，于是整个程序便轻松进入 2 即是 3 的古怪世界。

下面我们再编写一个函数，它将小于等于 100 的数都乘以 2（因为大于 100 的数都已经足够大了）。

```
doubleSmallNumber x = if x > 100
                        then x
                        else x*2
```

这个例子就引出了 Haskell 的 if 语句。你也许已经对其他语言的 else 很熟悉，不过 Haskell 的 if 语句的与众不同之处就在于，else 部分是不可省略的。

在命令式语言中，程序的执行就是一步又一步的操作，if 语句可以没有 else 部分，如果条件不符合，就直接跳过这一步。因此，命令式语言中的 if 语句可以什么都不做。

而在 Haskell 中，程序是一系列函数的集合：函数取数据作为参数，并将它们转为想要的结果。每个函数都会返回一个结果，也都可以为其他函数所用。既然必须返回结果，那么每个 if 就必须同时跟着一个 else，不管条件满足还是失败，都需要返回一个结果。一言以蔽之，Haskell 中的 if 是一个必然返回结果的表达式（expression），而非语句（statement）。

假如我们想让之前的 doubleSmallNumber 函数的结果都加 1，新的函数的定义将是如下的模样：

```
doubleSmallNumber' x = (if x > 100 then x else x*2) + 1
```

可以留意这里括号的使用，如果忽略掉括号，函数就会只在 x 小于等于 100 时给结果加 1 了。另外，也可以留意函数名最后的那个单引号，它没有任何特殊含义，只是一个函数名的合法字符罢了。通常我们会使用单引号来区分这是某函数的严格求值（与惰性求值相对）版本，或者是一个稍经修改但差别不大的函数。

既然 ' 是合法字符，定义这样的函数也是可以的：

```
conanO'Brien = "It's a-me, Conan O'Brien!"
```

在这里有两点需要注意。首先就是我们没有大写 Conan 的首字母，因为函数是不能以大写字母开始的（我们将在后面讨论其原因），另外就是这个函数并没有任何参数。没有参数的函数通常被称作定义或者名字，在函数被定义之后我们就再也不能修改它的内容，conanO'Brien 从此与字符串 "It's a-me, Conan O'Brien!" 完全等价。

1.3 列表入门

在 Haskell 中，列表是一种单类型的（homogeneous）数据结构，可以用来存储多个类型相同的元素。我们可以在里面装一组数字或者一组字符，但不能把字符和数字装在一起。

列表由方括号括起，其中的元素用逗号分隔开来：

```
ghci> let lostNumbers = [4,8,15,16,23,42]
ghci> lostNumbers
[4,8,15,16,23,42]
```

> **注意** 在 GHCi 中，可以使用 let 关键字来定义一个常量。在 GHCi 中执行 let a = 1 与在脚本中编写 a=1 随后用 :l 装载的效果是等价的。

1.3.1 拼接列表

拼接两个列表可以算是最常见的操作之一了，在 Haskell 中这可以通过 ++ 运算符实现：

```
ghci> [1,2,3,4] ++ [9,10,11,12]
[1,2,3,4,9,10,11,12]
ghci> "hello" ++ " " ++ "world"
"hello world"
ghci> ['w','o'] ++ ['o','t']
"woot"
```

> **注意** Haskell 中的字符串实际上就是一组字符组成的列表。"hello"只是['h','e','l', 'l','o']的语法糖而已。因此，我们可以使用处理列表的函数来对字符串进行操作。

在使用++运算符处理长字符串时要格外小心（对长的列表也是同样），Haskell 会遍历整个第一个列表（++符号左边的列表）。在处理较短的字符串时问题还不大，但要是在一个长度为5000万的列表上追加元素，那可得执行好一会儿了。

不过，仅仅将一个元素插入列表头部的成本几乎为零，这里使用: 运算符（被称作 Cons[①]运算符）即可：

```
ghci> 'A':" SMALL CAT"
"A SMALL CAT"
ghci> 5:[1,2,3,4,5]
[5,1,2,3,4,5]
```

可以留意，第一个例子中，取一个字符和一个字符构成的列表（即字符串）作为参数；第二个例子很相似，取一个数字和一个数字组成的列表作为参数。:运算符的第一个参数的类型一定要与第二个参数中列表中元素的类型保持一致。

而++运算符总是取两个列表作为参数。若要使用++运算符拼接单个元素到一个列表的最后，必须用方括号把它括起来，使之成为单元素的列表。

```
ghci> [1,2,3,4] ++ [5]
[1,2,3,4,5]
```

这里如果写成[1,2,3,4] ++ 5 就错了，因为++运算符的两边都必须是列表才行，这里的5 是个数，不是列表。

有趣的是，[1,2,3]实际上是1:2:3:[]的语法糖。[]表示一个空列表，若从前端插入3，它就成了[3]，再插入2，它就成了[2,3]，依此类推。

> **注意** []、[[]]和[[], [], []]是不同的。第一个是一个空的列表，第二个是含有一个空列表的列表，第三个是含有三个空列表的列表。

---

① Cons 来自于 Lisp，意为构建（construct）一个序对，而序对正是 Lisp 中列表的基本节点。——译者注

1.3.2　访问列表中的元素

若是要按照索引取得列表中的元素，可以使用!!运算符，下标从 0 开始。

```
ghci> "Steve Buscemi" !! 6
'B'
ghci> [9.4,33.2,96.2,11.2,23.25] !! 1
33.2
```

但你如果想在一个只含有 4 个元素的列表中取它的第 6 个元素，就会得到一个错误。要小心！

1.3.3　嵌套列表

列表同样也可以以列表为元素，甚至是列表的列表的列表：

```
ghci> let b = [[1,2,3,4],[5,3,3,3],[1,2,2,3,4],[1,2,3]]
ghci> b
[[1,2,3,4],[5,3,3,3],[1,2,2,3,4],[1,2,3]]
ghci> b ++ [[1,1,1,1]]
[[1,2,3,4],[5,3,3,3],[1,2,2,3,4],[1,2,3],[1,1,1,1]]
ghci> [6,6,6]:b
[[6,6,6],[1,2,3,4],[5,3,3,3],[1,2,2,3,4],[1,2,3]]
ghci> b !! 2
[1,2,2,3,4]
```

列表中的列表可以是不同长度的，但类型必须相同。与不能在同一个列表中混合放置字符和数组一样，混合放置数的列表和字符的列表也是不可以的。

1.3.4　比较列表

只要列表内的元素是可以比较的，那就可以使用<、>、>= 和 <= 来比较两个列表的大小。它会按照字典顺序，先比较两个列表的第一个元素，若它们的值相等，则比较二者的第二个元素，如果第二个仍然相等，再比较第三个，依此类推，直至遇到不同为止。两个列表的大小以二者第一个不等的元素的大小为准。

比如，执行[3, 4, 2] < [3, 4, 3]时，Haskell 就会发现 3 与 3 相等，随后比较 4 与 4，依然相等，再比较 2 与 3，这时就得出结论了：第一个列表比第二个列表小。>、>=与<=也是同样的道理。

```
ghci> [3,2,1] > [2,1,0]
True
ghci> [3,2,1] > [2,10,100]
True
ghci> [3,4,2] < [3,4,3]
```

```
True
ghci> [3,4,2] > [2,4]
True
ghci> [3,4,2] == [3,4,2]
True
```

此外，非空列表总认为比空列表更大。这样即可保证两个列表总是可以顺利地做比较，即使其中一个列表完全等同于另一个列表的开头部分。

1.3.5　更多列表操作

下面是几个有关列表的常用函数，稍带用途与示例。

head 函数返回一个列表的头部，也就是列表的第一个元素。

```
ghci> head [5,4,3,2,1]
5
```

tail 函数返回一个列表的尾部，也就是列表除去头部之后的部分：

```
ghci> tail [5,4,3,2,1]
[4,3,2,1]
```

last 函数返回一个列表的最后一个元素。

```
ghci> last [5,4,3,2,1]
1
```

init 函数返回一个列表除去最后一个元素的部分。

```
ghci> init [5,4,3,2,1]
[5,4,3,2]
```

要更直观地看这些函数，我们可以把列表想象为一头怪兽，下面就是它的样子：

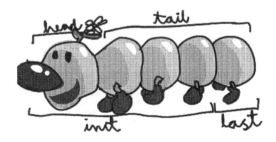

试一下，若是取一个空列表的头部又会怎样？

```
ghci> head []
*** Exception: Prelude.head: empty list
```

天哪，它翻脸了！如果怪兽压根就不存在，head 又从何而来？在使用 head、tail、last 和 init 时要小心，不要用到空列表上。这个错误不会在编译时被捕获，所以说做些工作以防止 Haskell 从空列表中取值是一个好的习惯。

length 函数返回一个列表的长度：

```
ghci> length [5,4,3,2,1]
5
```

null 函数检查一个列表是否为空。如果是，则返回 True；否则返回 False：

```
ghci> null [1,2,3]
False
ghci> null []
True
```

reverse 函数将一个列表反转：

```
ghci> reverse [5,4,3,2,1]
[1,2,3,4,5]
```

take 函数取一个数字和一个列表作为参数，返回列表中指定的前几个元素，如下：

```
ghci> take 3 [5,4,3,2,1]
[5,4,3]
ghci> take 1 [3,9,3]
[3]
ghci> take 5 [1,2]
[1,2]
ghci> take 0 [6,6,6]
[]
```

如上，若是试图取超过列表长度的元素个数，只能得到原先的列表。若取 0 个元素，就会得到一个空列表。

drop 函数的用法大体相同，不过它是删除一个列表中指定的前几个元素：

```
ghci> drop 3 [8,4,2,1,5,6]
[1,5,6]
ghci> drop 0 [1,2,3,4]
[1,2,3,4]
ghci> drop 100 [1,2,3,4]
[]
```

maximum 函数取一个列表作为参数，并返回最大的元素，其中的元素必须可以做比较。minimum 函数与之相似，不过是返回最小的元素。

```
ghci> maximum [1,9,2,3,4]
9
ghci> minimum [8,4,2,1,5,6]
1
```

sum 函数返回一个列表中所有元素的和。product 函数返回一个列表中所有元素的积。

```
ghci> sum [5,2,1,6,3,2,5,7]
31
ghci> product [6,2,1,2]
24
ghci> product [1,2,5,6,7,9,2,0]
0
```

elem 函数可用来判断一个元素是否包含于一个列表，通常以中缀函数的形式调用它，这样更加清晰。

```
ghci> 4 `elem` [3,4,5,6]
True
ghci> 10 `elem` [3,4,5,6]
False
```

1.4 得州区间①

该怎样得到一个由 1～20 所有数组成的列表呢？我们完全可以用手把它们全都录入一遍，但显而易见，这并不是完美人士的方案，完美人士都用区间（range）。区间是构造列表的方法之一，而其中的值必须是可枚举的，或者说，是可以排序的。

例如，数字可以枚举为 1、2、3、4 等。字符同样也可以枚举：字母表就是 A～Z 所有字符的枚举。然而人名就不可以枚举了，"John"后面是谁？我不知道。

要得到包含 1～20 中所有自然数的列表，只要录入[1..20]即可，这与录入[1,2,3,4,5,6,7,8, 9,10,11,12,13,14,15,16, 17,18,19,20]完全等价。两者的唯一区别是手写一串非常长的列表比较笨。

下面是一些例子：

```
ghci> [1..20]
[1,2,3,4,5,6,7,8,9,10,11,12,13,14,15,16,17,18,19,20]
ghci> ['a'..'z']
"abcdefghijklmnopqrstuvwxyz"
ghci> ['K'..'Z']
"KLMNOPQRSTUVWXYZ"
```

区间很聪明，允许你告诉它一个步长。要得到 1～20 中所有的偶数，或者 3 的倍数该怎样？只要用逗号将前两个元素隔开，再标上区间的上限就好了：

---

① range 为作者的双关语，它既有"区间"的意思，亦有"牧场"的意思。因此在这里的插图是得州牛仔。——译者注

```
ghci> [2,4..20]
[2,4,6,8,10,12,14,16,18,20]
ghci> [3,6..20]
[3,6,9,12,15,18]
```

尽管区间很聪明，但它恐怕还是难以满足人们对它过分的期许。比如，你就不能通过 [1,2,4,8,16..100]这样的语句来获得100以下的所有2的幂。一方面是因为步长只能标明一次，另一方面就是仅凭前几项，数组后面的项也有可能是无法确定的。

> **注意** 要得到从20到1之间的列表，[20..1]是不可以的，必须得[20,19..1]。对于没有提供步长的区间（如[20..1]），Haskell会先构造一个空的列表，随后从区间的下限开始，不停地赠长，直到大于等于上限为止。既然20已经大于1了，那么所得的结果只能是个空列表。

你也可以不标明区间的上限，从而得到一个无限长度的列表。在后面我们会讲解关于无限列表的更多细节。取前24个13的倍数该怎样？下面是一种方法：

```
ghci> [13,26..24*13]
[13,26,39,52,65,78,91,104,117,130,143,156,169,182,195,208,221,234,247,260,273,286,
299,312]
```

但有更好的方法——使用无限长度的列表：

```
ghci> take 24 [13,26..]
[13,26,39,52,65,78,91,104,117,130,143,156,169,182,195,208,221,234,247,260,273,286,
299,312]
```

由于 Haskell 是惰性的，它不会对无限长度的列表直接求值（不然会没完没了）。它会等着，看你会从它那儿取哪些元素。在这里它见你只要前24个元素，便欣然交差。

下面是几个生成无限列表的函数。

● cycle 函数接受一个列表作为参数并返回一个无限列表。

```
ghci> take 10 (cycle [1,2,3])
[1,2,3,1,2,3,1,2,3,1]
ghci> take 12 (cycle "LOL ")
"LOL LOL LOL "
```

● repeat 函数接受一个值作为参数，并返回一个仅包含该值的无限列表。这与用 cycle 处理单元素列表的效果差不多。

```
ghci> take 10 (repeat 5)
[5,5,5,5,5,5,5,5,5,5]
```

● 若只是想得到包含相同元素的列表，直接使用 replicate 函数将更加简单，它取一个参数表示列表的长度，一个参数表示列表中要复制的元素：

```
ghci> replicate 3 10
[10,10,10]
```

最后，在区间中使用浮点数要格外小心！浮点数依据定义，只能实现有限的精度。若是在区间中使用浮点数，你就会得到如下的糟糕结果：

```
ghci> [0.1, 0.3 .. 1]
[0.1,0.3,0.5,0.7,0.8999999999999999,1.0999999999999999]
```

1.5 我是列表推导式

列表推导式（list comprehension）是一种过滤、转换或者组合列表的方法。

学过数学的你对集合推导式（set comprehension）概念一定不会陌生。通过它，可以从既有的集合中按照规则产生一个新集合。前 10 个偶数的集合推导式可以写为 $\{2 \cdot x | x \in \mathbf{N}, x \leqslant 10\}$，先不管语法，它的含义十分直观："取所有小于等于 10 的自然数，各自乘以 2，将所得的结果组成一个新的集合。"

若要在 Haskell 中实现上述表达式，我们可以通过类似 `take 10 [2,4..]` 的代码来实现。不过，使用列表推导式也是同样的轻而易举：

```
ghci> [x*2 | x <- [1..10]]
[2,4,6,8,10,12,14,16,18,20]
```

我们可以再仔细看看这段代码，理解一下列表推导式的语法。

在 `[x*2 | x <- [1..10]]` 这段代码中，我们通过 `[x <- [1..10]]` 取了 `[1..10]` 这个列表中的每一项元素，x 即 `[1..10]` 中的每一项元素的值，也可以说，x 是 `[1..10]` 中每一项元素的绑定。竖线（|）前面的部分指列表推导式的输出，表示所取的值与计算结果的映射关系。在这个例子里，我们就是取 `[1..10]` 中的所有数字的 2 倍了。

看起来，这要比第一个例子长得多，也复杂得多。但是让所有数字乘以 2 只是一种简单的情景，如果遇到更复杂的情况该怎么办？这才是列表推导式大显身手的地方。

比如，我们想给这个列表推导式再添一条谓词（predicate）。它位于列表推导式最后面，与前面的部分由一个逗号分隔。在这里，我们只取乘以 2 后大于等于 12 的元素。

```
ghci> [x*2 | x <- [1..10], x*2 >= 12]
[12,14,16,18,20]
```

若是取 50～100 中所有除 7 的余数为 3 的元素该怎么办？很简单：

```
ghci> [ x | x <- [50..100], x `mod` 7 == 3]
[52,59,66,73,80,87,94]
```

> **注意** 从一个列表中筛选出符合特定谓词的元素的操作，也称为过滤（filter）。

再举个例子，假如我们想要一个列表推导式，它能够使列表中所有大于 10 的奇数变为 "BANG"，小于 10 的奇数变为"BOOM"，其他则统统扔掉。方便起见，我们将这个推导式置于一个函数之中，使它易于重用。

```
boomBangs xs = [ if x < 10 then "BOOM!" else "BANG!" | x <- xs, odd x]
```

> **注意** 记住，如果是在 GHCi 中定义这个函数，必须在函数名前面放一个 let 关键字。不过将函数写在脚本里再装载到 GHCi 的话就不必再加 let 了。

odd 函数判断一个数是否为奇数：如果是，返回 True；否则返回 False。某项元素只有满足所有谓词时，才会被列表推导式留下。

```
ghci> boomBangs [7..13]
["BOOM!","BOOM!","BANG!","BANG!"]
```

也可以加多个谓词，中间用逗号隔开。比如，取 10～20 中所有不等于 13、15 或 19 的数，可以这样：

```
ghci> [ x | x <- [10..20], x /= 13, x /= 15, x /= 19]
[10,11,12,14,16,17,18,20]
```

除了多项谓词之外，从多个列表中取元素也是可以的。当分别从多个列表中取元素时，将得到这些列表中元素的所有组合：

```
ghci> [x+y | x <- [1,2,3], y <- [10,100,1000]]
[11,101,1001,12,102,1002,13,103,1003]
```

这里的 x 取自[1, 2, 3]，y 取自[10, 100, 1000]。随后这两个列表按照如下的方式组合：首先 x 成为 1，同时 y 分别取[10, 100, 1000]中的每一个值。由于列表推导式的输出为 x+y，可得到 11、101、1001 作为结果的开头部分（即 1 分别与 10、100 与 1000 相加的结果）。随后 x 成为 2，同理可得 12、102 与 1002，追加到结果的后面。对 3 也同理。

按照这一规律，[1,2,3]中的每个元素都与[10,100,1000]中的元素按照所有可能的方式相组合，再按 x+y 取得所有这些组合的和。

下面是另一个例子。假设有两个列表，即[2,5,10]和[8,10,11]，要取它们所有组合的积，可以写出这样的列表推导式：

```
ghci> [ x*y | x <- [2,5,10], y <- [8,10,11]]
[16,20,22,40,50,55,80,100,110]
```

意料之中，得到的新列表长度为 9。若只取乘积大于 50 的结果该怎样？只需要再加一条谓词：

```
ghci> [ x*y | x <-[2,5,10], y <- [8,10,11], x*y > 50]
[55,80,100,110]
```

我们再取一个包含一组名词和形容词的列表推导式吧，写诗的话也许用得着。

```
ghci> let nouns = ["hobo","frog","pope"]
ghci> let adjectives = ["lazy","grouchy","scheming"]
ghci> [adjective ++ " " ++ noun | adjective <- adjectives, noun <- nouns]
["lazy hobo","lazy frog","lazy pope","grouchy hobo","grouchy frog",
"grouchy pope","scheming hobo", "scheming frog","scheming pope"]
```

我们甚至可以通过列表推导式来编写自己的 length 函数！就叫它 length'。这个函数首
先将列表中的每个元素替换为 1，随后通过 sum 将它们加起来，从而得到列表长度。

```
length' xs = sum [1 | _ <- xs]
```

这里我们用了一个下划线（_）作为绑定列表中元素的临时变量，表示我们并不关心它具体
的值。

记住，字符串也是列表，完全可以使用列表推导式来处理字符串。下面是一个除去字符串中
所有非大写字母的函数：

```
removeNonUppercase st = [ c | c <- st, c `elem` ['A'..'Z']]
```

在这里，主要的工作由谓词完成。它给出了保证：只有位于['A'..'Z']这一区间之内的字
符才被视为是大写。我们可以将这个函数装载到 GHCi 测试一下：

```
ghci> removeNonUppercase "Hahaha! Ahahaha!"
"HA"
ghci> removeNonUppercase "IdontLIKEFROGS"
"ILIKEFROGS"
```

对于列表的列表可以通过嵌套的列表推导式处理。假设有一个包含许多数值的列表的列表，
让我们在不拆开它的前提下除去其中的所有奇数：

```
ghci> let xxs = [[1,3,5,2,3,1,2,4,5],[1,2,3,4,5,6,7,8,9],[1,2,4,2,1,6,3,1,3,2,3,6]]
ghci> [ [ x | x <- xs, even x ] | xs <- xxs]
[[2,2,4],[2,4,6,8],[2,4,2,6,2,6]]
```

这里的输出部分嵌套了另一个列表推导式。已知列表推导式的返回结果永远是列表，因而可
以看出，这里的返回结果是一个由数值组成的列表的列表。

> **注意** 为提升可读性，将列表推导式分成多行也是可以的。若非在 GHCi 之下，还是将列表
> 推导式分成多行比较好，尤其是需要嵌套的时候。

1.6   元组

元组（tuple）允许我们将多个异构的值组合成为一个单一的值。

从某种意义上讲，元组很像列表。但它们却有着本质的不同。首先就像前面所说，元组是异构的，这表示单个元组可以含有多种类型的元素。其次，元组的长度固定，在将元素存入元组的同时，必须明确元素的数目。

元组由括号括起，其中的项由逗号隔开。

```
ghci> (1, 3)
(1,3)
ghci> (3, 'a', "hello")
(3,'a',"hello")
ghci> (50, 50.4, "hello", 'b')
(50,50.4,"hello",'b')
```

1.6.1   使用元组

为理解元组的用途，我们可以思考一下 Haskell 中二维向量的表示方法。使用列表是可以的，按照[x, y]的形式，它倒也工作良好。若要将一组向量置于一个列表中来表示二维坐标系中的平面图形又该怎样？我们可以写个列表的列表，像这样：[[1,2],[8,11],[4,5]]。

但是，如果遇到[[1,2],[8,11,5],[4,5]]这样的列表并把它当做向量列表来使用，这种方法就有问题了。它并不是合法的向量列表，却是一个合法的列表的列表，毕竟其中元素的类型都相同（数值的列表组成的列表）。有这种情况存在，编写处理向量与图形的函数将复杂得多。

然而长度为 2 的元组（也称作序对，pair）与长度为 3 的元组（也称作三元组，triple）被视为不同的类型。这便意味着一个包含一组序对的列表不能再加入一个三元组。基于这个性质，使用元组来表示向量无疑更加合适。

要将原先的向量改为用元组表示，可以把里面的方括号改成括号，像这样[(1, 2), (8, 11), (4, 5)]。如果不小心将二元组与三元组混到了一起，就会报出以下的错误：

```
ghci> [(1,2),(8,11,5),(4,5)]
Couldn't match expected type `(t, t1)'
against inferred type `(t2, t3, t4)'
In the expression: (8, 11, 5)
In the expression: [(1, 2), (8, 11, 5), (4, 5)]
In the definition of `it': it = [(1, 2), (8, 11, 5), (4, 5)]
```

同样，即使两个元组的长度相同，但其中的元素的类型不一样，Haskell 也会将它们视为不同的类型。比如[(1,2),("one",2)]这样的列表就有问题，因为其中的第一个元组是一对数，而第二个元组却成了一个字符串和一个数。

元组可以方便地用来表示一组数据的关联关系。比如，我们要表示一个人的姓名与年龄，可以使用这样的三元组：("Christopher", "Walken", 55)。

需要记住，元组是固定大小的——使用元组时应事先了解它里面含有多少项。乍一接触可能会觉得挺死板，不过每个不同长度的元组都是独立的类型，这也就意味着你无法写一个通用的函数为它追加元素。而只能单独写一个将元素与二元组构成三元组的函数、将元素与三元组构成四元组的函数，以及将元素与四元组构成五元组的函数，依此类推。

同列表相同，只要其中的项是可比较的，元组也可以比较大小，只是不可以像比较不同长度的列表那样比较不同长度的元组。

可以有单元素的列表，但元组不行。可以这样想：单元素的元组的性质与它里面包含的元素本身几乎一模一样，那么徒增一个新的类型又有什么用处呢？

1.6.2　使用序对

在 Haskell 中，将数据保存在序对里十分常见。对此，Haskell 内置了许多有用的函数来处理序对。下面给出的是其中的两个函数。

● fst 取一个序对作为参数，返回其首项。

```
ghci> fst (8,11)
8
ghci> fst ("Wow", False)
"Wow"
```

● snd 取一个序对作为参数，返回其尾项。

```
ghci> snd (8,11)
11
ghci> snd ("Wow", False)
False
```

> **注意**　这两个函数仅对序对有效，而不能应用于三元组、四元组和五元组之上。稍后，我们将过一遍从元组中取数据的所有方式。

zip 函数可以用来酷酷地生成一组序对的列表。它取两个列表作为参数，然后将它们交叉配对，形成一组序对。它的外表很简单，不过当你需要同时遍历两个列表时，就可以体会到它的实用。比如：

```
ghci> zip [1,2,3,4,5] [5,5,5,5,5]
[(1,5),(2,5),(3,5),(4,5),(5,5)]
ghci> zip [1 .. 5] ["one", "two", "three", "four", "five"]
[(1,"one"),(2,"two"),(3,"three"),(4,"four"),(5,"five")]
```

注意，由于序对中可以含有不同的类型，zip 函数也可以将不同类型的序对组合在一起。不过，若要组合两个不同长度的列表会怎么样？

```
ghci> zip [5,3,2,6,2,7,2,5,4,6,6] ["im","a","turtle"]
[(5,"im"),(3,"a"),(2,"turtle")]
```

可见，较长的列表会在中间断开，至较短的列表结束为止，余下的部分就直接忽略掉了。而且，由于 Haskell 是惰性的，我们也可以使用 zip 组合有限的和无限的列表：

```
ghci> zip [1..] ["apple", "orange", "cherry", "mango"]
[(1,"apple"),(2,"orange"),(3,"cherry"),(4,"mango")]
```

1.6.3　找直角三角形

接下来思考一道同时用到元组与列表推导式的题目，使用 Haskell 来找到所有满足下列条件的直角三角形：

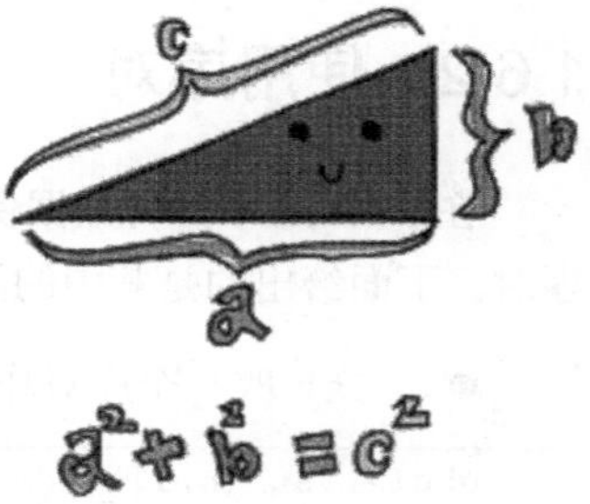

- 三边长度皆为整数；

- 三边长度皆小于等于 10；

- 周长（三边之和）为 24 的直角三角形。

如果三角形中有一个角是直角，那它就是一个直角三角形。直角三角形有一条重要的性质，那就是直角的两条边的平方和等于对边的平方。如图所示，两条直角边分别标记为 a 和 b，直角的对边标记为 c。其中 c 也被称作斜边。

首先，把所有三个元素都小于等于 10 的元组都列出来：

```
ghci> let triples = [ (a,b,c) | c <- [1..10], a <- [1..10], b <- [1..10] ]
```

我们在三个列表中取值，并且左侧的输出部分将它们组合为一个三元组。随后在 GHCi 下边执行 triples，可得到一个含有 1000 个元素的列表，就不在这里列出了。

我们接下来给它添加一个过滤条件，使其符合勾股定理（$a^2+b^2=c^2$）。同时也考虑上 a 边要短于斜边（c 边），b 边要短于 a 边情况：

```
ghci> let rightTriangles = [ (a,b,c) | c <- [1..10], a <- [1..c], b <- [1..a],
a^2 + b^2 == c^2]
```

注意，在这里我们限制了求解的区间，不再检查多余的三元组，比如 b 边比斜边长的情形（直角三角形中，斜边总比直角边长），同时假定 b 边总不长于 a 边。这对结果是没有影响的，即使忽略掉所有使 a^2+b^2=c^2 且 b>a 的(a, b, c)，还有(b, a, c)在——它们实际上同一个三角形，只是直角边的顺序相反罢了。否则，我们得到的列表将无端多出一半重复的三角形。

> **注意** 在 GHCi 中，不允许将定义与表达式拆为多行。不过在本书中，因为版面的原因，我们偶尔不得不将一行代码折行。（不然这本书将特别特别宽，宽到放不到普通的书架上了——读者也就只有买个大书架才行呢。）

已经差不多了。最后修改函数，告诉它只要周长为 24 的三角形。

```
ghci> let rightTriangles' = [ (a,b,c) | c <- [1..10], a <- [1..c], b <- [1..a],
a^2 + b^2 == c^2, a+b+c == 24]
ghci> rightTriangles'
[(8,6,10)]
```

得到正确结果！这便是函数式编程的一般思路：先取一个初始的集合并将其变形，随后持续地利用过滤条件缩小计算范围，最终取得一个（或多个）最终解。

第 2 章

相信类型

强大的类型系统是 Haskell 的秘密武器。

在 Haskell 中，每个表达式都会在编译时得到明确的类型，从而提高代码的安全性。若你写的程序试图让布尔值与数相除，就不会通过编译。这样的好处就是与其让程序在运行时崩溃，不如在编译时捕获可能的错误。Haskell 中一切皆有类型，因此编译器在编译时可以得到较多的信息来检查错误。

与 Java 和 Pascal 不同，Haskell 支持类型推导（type inference）。写下一个数，不必额外告诉 Haskell 说 "它是个数"，Haskell 自己就能推导出来。

在此之前，我们对 Haskell 类型的讲解还只是一扫而过而已，到这里不妨打起精神来，因为理解这套类型系统对于 Haskell 的学习是至关重要的。

2.1　显式类型声明

我们可以使用 GHCi 来检查表达式的类型。通过 :t 命令，后跟任何合法的表达式，即可得到该表达式的类型。先试一下：

```
ghci> :t 'a'
'a' :: Char
ghci> :t True
True :: Bool
ghci> :t "HELLO!"
"HELLO!" :: [Char]
ghci> :t (True, 'a')
(True, 'a') :: (Bool, Char)
```

```
ghci> :t 4 == 5
4 == 5 :: Bool
```

`::`读作"它的类型为"。凡是明确的类型，其首字母必为大写。`'a'`是 Char 类型，意为字符（**character**）类型；`True` 是 Bool 类型，意为布尔（**Boolean**）类型；而字符串`"HELLO!"`的类型显示为`[Char]`，其中的方括号表示这是个列表，所以我们可以将它读作"一组字符的列表"。元组与列表不同，每个不同长度的元组都有其独立的类型，于是`(True, 'a')`的类型为`(Bool, Char)`，而`('a', 'b', 'c')`的类型为`(Char, Char, Char)`。`4 == 5`必返回 False，因此它的类型为 Bool。

同样，函数也有类型。编写函数时，给它一个显式的类型声明是一个好习惯（至于比较短的函数就不必多此一举了）。从此刻开始，我们会对我们创建的所有函数都给出类型声明。

还记得第 1 章中我们写的那个过滤大写字母的列表推导式吗？给它加上类型声明便是这个样子：

```
removeNonUppercase :: [Char] -> [Char]
removeNonUppercase st = [ c | c <- st, c `elem` ['A'..'Z']]
```

这里 removeNonUppercase 的类型为`[Char] -> [Char]`，意为它取一个字符串作为参数，返回另一个字符串作为结果。

不过，多个参数的函数该怎样指定其类型呢？下面便是一个将三个整数相加的简单函数。

```
addThree :: Int -> Int -> Int -> Int
addThree x y z = x + y + z
```

参数与返回类型之间都是通过`->`分隔，最后一项就是返回值的类型了。（在第 5 章，我们将讲解为何统统采用`->`分隔，而非 Int, Int, Int -> Int 之类"更好看"的方式。）

如果你打算给自己的函数加上类型声明，却拿不准它的类型是什么。那就先不管它，把函数先写出来，再使用`:t`命令测一下即可。因为函数也是表达式，所以`:t`对函数也是同样可用的。

2.2　Haskell 的常见类型

接下来我们看几个 Haskell 中常见的基本类型，比如用于表示数、字符、布尔值的类型。

- Int 意为整数。7 可以是 Int，但 7.2 不可以。Int 是有界的（**bounded**），它的值一定界于最小值与最大值之间。

> **注意**　我们使用的 GHC 编译器规定 Int 的界限与机器相关。如果你的机器采用 64 位CPU，那么 Int 的最小值一般为-2^{63}，最大值为$2^{63}-1$。

- Integer 也是用来表示整数的，但它是无界的。这就意味着可以用它存放非常非常
  大的数（真的非常非常大!），不过它的效率不如 Int 高。拿下面的函数作为例子，可
  以将下面的函数保存到一个文件中：

```
factorial :: Integer -> Integer
factorial n = product [1..n]
```

　　然后通过:l 将它装载入 GHCi 并进行测试：

```
ghci> factorial 50
30414093201713378043612608166064768844377641568960512000000000000
```

- Float 表示单精度浮点数。将下面的函数加入刚才的文件：

```
circumference :: Float -> Float
circumference r = 2 * pi * r
```

　　随后装载并测试：

```
ghci> circumference 4.0
25.132742
```

- Double 表示双精度浮点数。双精度的数值类型中的位是一般的数值类型的两倍，这些多
  出来的位使它的精度更高，同时也占据更大的内存空间。继续将下面的这个函数加入文件：

```
circumference' :: Double -> Double
circumference' r = 2 * pi * r
```

　　装载并测试。可以特别留意 circumference 与 circumference'两者在精度上的差异。

```
ghci> circumference' 4.0
25.132741228718345
```

- Bool 表示布尔值，它只有两种值，即 True 和 False。
- Char 表示一个 Unicode 字符。一个字符由单引号括起，一组字符的列表即字符串。
- 元组也是类型，不过它们的类型取决于其中项的类型及数目，因而理论上可以有无限
  种元组类型（实际上元组中的项的数目最大为 62——已经远大于我们日常的需求了）。
  注意，空元组同样也是个类型，它只有一种值，即()。

2.3 类型变量

　　有时让一些函数处理多种类型将更加合理。比如 head 函数，它可以取一个列表作为参数，
返回这一列表头部的元素。在这里列表中元素的类型不管是数值、字符还是列表，都不重要。

不管它具体的类型是什么，只要是列表，head 函数都能够处理。

猜猜 head 函数的类型是什么呢？用 :t 检查一下：

```
ghci> :t head
head :: [a] -> a
```

这里的 a 是什么？是类型吗？想想我们在前面说过，凡是类型其首字母必大写，所以它不是类型。它其实是个类型变量（type variable），意味着 a 可以是任何类型。

通过类型变量，我们可以在类型安全（type safe）的前提下，轻而易举地编写能够处理多种类型的函数。这一点与其他语言中的泛型（generic）很相似，但在 Haskell 中要更为强大，更容易写出通用的函数。

使用了类型变量的函数被称作多态函数（polymorphic function）。head 函数即为此例，从它的类型声明中可以看出，它的参数类型为任意类型的元素组成的列表，返回的类型也正是该类型。

> **注意** 在命名上，类型变量使用多个字符是合法的，不过约定俗成，通常都是使用单个字符作为名字，如 a,b,c,d...

还记得 fst 吗？它可以返回一个序对中的首项。查一下它的类型：

```
ghci> :t fst
fst :: (a, b) -> a
```

可以看出 fst 取一个元组作为参数，且返回类型与元组中首项的类型相同。这便是 fst 能够处理任何类型序对的原因。注意，a 和 b 是不同的类型变量，并非特指二者表示的类型不同，这就意味着，在这段类型声明中元组首项的类型与返回值的类型可以相同。

2.4 类型类入门

类型类（typeclass）是定义行为的接口。如果一个类型是某类型类的实例（instance），那它必实现了该类型类所描述的行为。

说得更具体些，类型类是一组函数的集合，如果将某类型实现为某类型类的实例，那就需要为这一类型提供这些函数的相应实现。

可以拿定义相等性的类型类作为例子。许多类型的值都可以通过 == 运算符来判断相等性，我们先检查一下它的类型签名：

```
ghci> :t (==)
(==) :: (Eq a) => a -> a -> Bool
```

注意，判断相等性的==运算符实际上是一个函数，+、-、*、/之类的运算符也是同样。如果一个函数的名字皆为特殊字符，则默认为中缀函数。若要检查它的类型、传递给其他函数调用或者作为前缀函数调用，就必须得像上面的例子那样，用括号将它括起来。

在这里我们见到了一个新东西，即=>符号。它的左侧叫做类型约束（type constraint）。我们可以这样读这段类型声明："相等性函数取两个相同类型的值作为参数并返回一个布尔值，而这两个参数的类型同为 Eq 类的实例。"

Eq 这一类型类提供了判断相等性的接口，凡是可比较相等性的类型必属于 Eq 类。Haskell 中所有的标准类型都是 Eq 类的实例（除与输入输出相关的类型和函数之外）。

> **注意** 千万不要将 Haskell 的类型类与面向对象语言中类（Class）的概念混淆。

接下来我们将观察几个 Haskell 中最常见的类型类，比如判断相等性的类型类、判断次序的类型类、打印为字符串的类型类等。

2.4.1 **Eq** 类型类

前面已提到，Eq 类型类用于可判断相等性的类型，要求它的实例必须实现==和/=两个函数。如果函数中的某个类型变量声明了属于 Eq 的类型约束，那么它就必然定义了==和/=。也就是说，对于这一类型提供了特定的函数实现。下面即是操作 Eq 类型类的几个实例的例子：

```
ghci> 5 == 5
True
ghci> 5 /= 5
False
ghci> 'a' == 'a'
True
ghci> "Ho Ho" == "Ho Ho"
True
ghci> 3.432 == 3.432
True
```

2.4.2 **Ord** 类型类

Ord 类型类用于可比较大小的类型。作为一个例子，我们先看看大于号也就是>运算符的类型声明：

```
ghci> :t (>)
(>) :: (Ord a) => a -> a -> Bool
```

>运算符的类型与==很相似。取两个参数，返回一个 Bool 类型的值，告诉我们这两个参

数是否满足大于关系。

除了函数以外，我们目前所谈到的所有类型都是 Ord 的实例。Ord 类型类中包含了所有标准的比较函数，如<、>、<=、>=等。

compare 函数取两个 Ord 中的相同类型的值作为参数，返回一个 Ordering 类型的值。Ordering 类型有 GT、LT 和 EQ 三种值，分别表示大于、小于和等于。

```
ghci> "Abrakadabra" < "Zebra"
True
ghci> "Abrakadabra" `compare` "Zebra"
LT
ghci> 5 >= 2
True
ghci> 5 `compare` 3
GT
ghci> 'b' > 'a'
True
```

2.4.3 Show 类型类

Show 类型类的实例为可以表示为字符串的类型。目前为止，我们提到的除函数以外的所有类型都是 Show 的实例。操作 Show 类型类的实例的函数中，最常用的是 show。它可以取任一 Show 的实例类型作为参数，并将其转为字符串：

```
ghci> show 3
"3"
ghci> show 5.334
"5.334"
ghci> show True
"True"
```

2.4.4 Read 类型类

Read 类型类可以看做是与 Show 相反的类型类。同样，我们提到的所有类型都是 Read 的实例。read 函数可以取一个字符串作为参数并转为 Read 的某个实例的类型。

```
ghci> read "True" || False
True
ghci> read "8.2" + 3.8
12.0
ghci> read "5" - 2
3
ghci> read "[1,2,3,4]" ++ [3]
[1,2,3,4,3]
```

至此一切良好。但是，尝试 read "4" 又会怎样？

```
ghci> read "4"
<interactive >:1:0:
   Ambiguous type variable 'a' in the constraint:
     'Read a' arising from a use of 'read' at <interactive>:1:0-7
   Probable fix: add a type signature that fixes these type variable(s)
```

GHCi 跟我们抱怨，搞不清楚我们想要的返回值究竟是什么类型。注意前面我们调用 read 之后，都利用所得的结果进行了进一步运算，GHCi 也正是通过这一点来辨认类型的。如果我们的表达式的最终结果是一个布尔值，它就知道 read 的返回类型应该是 Bool。在这里它只知道我们要的类型属于 Read 类型类，但不能明确到底是哪个类型。看一下 read 函数的类型签名吧：

```
ghci> :t read
read :: (Read a) => String -> a
```

> **注意**　String 只是 [Char] 的一个别名。String 与 [Char] 完全等价、可以互换，不过从现在开始，我们将尽量多用 String 了，因为 String 更易于书写，可读性也更高。

可见，read 的返回值属于 Read 类型类的实例，但我们若用不到这个值，它就永远都不会知道返回值的类型。要解决这一问题，我们可以使用类型注解（type annotation）。

类型注解跟在表达式后面，通过 :: 分隔，用来显式地告知 Haskell 某表达式的类型。

```
ghci> read "5" :: Int
5
ghci> read "5" :: Float
5.0
ghci> (read "5" :: Float) * 4
20.0
ghci> read "[1,2,3,4]" :: [Int]
[1,2,3,4]
ghci> read "(3, 'a')" :: (Int, Char)
(3, 'a')
```

编译器通常可以辨认出大部分表达式的类型，但也不是万能的。比如，遇到 read "5" 时，编译器就会无法分辨这个类型究竟是 Int 还是 Float 了。只有经过运算，Haskell 才能明确其类型；同时由于 Haskell 是一门静态类型语言，它必须在编译之前（或者在 GHCi 的解释之前）搞清楚所有表达式的类型。所以我们最好提前给它打声招呼："嘿，这个表达式应该是这个类型，免得你认不出来！"

要 Haskell 辨认出 read 的返回类型，我们只需提供最少的信息即可。比如，我们将 read 的结果放到一个列表中，Haskell 即可通过这个列表中的其他元素的类型来分辨出正确的类型。

```
ghci> [read "True", False, True, False]
[True, False, True, False]
```

在这里我们将 `read "True"` 作为由 `Bool` 值组成的列表中的一个元素，Haskell 看到了这里的 `Bool` 类型，就知道 `read "True"` 的类型一定是 `Bool` 了。

2.4.5 **Enum** 类型类

`Enum` 的实例类型都是有连续顺序的——它们的值都是可以枚举的。`Enum` 类型类的主要好处在于我们可以在区间中使用这些类型：每个值都有相应的后继（successer）和前趋（predecesor），分别可以通过 `succ` 函数和 `pred` 函数得到。该类型类包含的类型主要有 `()`、`Bool`、`Char`、`Ordering`、`Int`、`Integer`、`Float` 和 `Double`。

```
ghci> ['a'..'e']
"abcde"
ghci> [LT .. GT]
[LT,EQ,GT]
ghci> [3 .. 5]
[3,4,5]
ghci> succ 'B'
'C'
```

2.4.6 **Bounded** 类型类

`Bounded` 类型类的实例类型都有一个上限和下限，分别可以通过 `maxBound` 和 `minBound` 两个函数得到。

```
ghci> minBound :: Int
-2147483648
ghci> maxBound :: Char
'\1114111'
ghci> maxBound :: Bool
True
ghci> minBound :: Bool
False
```

`minBound` 与 `maxBound` 两个函数很有趣，类型都是 `(Bounded a) => a`。可以说，它们都是多态常量（polymorphic constant）。

注意，如果元组中项的类型都属于 `Bounded` 类型类的实例，那么这个元组也属于 `Bounded` 的实例了。

```
ghci> maxBound :: (Bool, Int, Char)
(True,2147483647,'\1114111')
```

2.4.7 **Num** 类型类

Num 是一个表示数值的类型类，它的实例类型都具有数的特征。先检查一个数的类型：

```
ghci> :t 20
20 :: (Num t) => t
```

看样子所有的数都是多态常量，它可以具有任何 Num 类型类中的实例类型的特征，如 Int、Integer、Float 或 Double。

```
ghci> 20 :: Int
20
ghci> 20 :: Integer
20
ghci> 20 :: Float
20.0
ghci> 20 :: Double
20.0
```

作为例子，我们检查一下 * 运算符的类型：

```
ghci> :t (*)
(*) :: (Num a) => a -> a -> a
```

可见 * 取两个相同类型的数值作为参数，并返回同一类型的数值。由于类型约束，所以 (5 :: Int) * (6 :: Integer) 会导致一个类型错误，而 5 * (6 :: Integer) 就不会有问题。5 既可以是 Int 类型也可以是 Integer 类型，但 Integer 类型与 Int 类型不能同时用。

只有已经属于 Show 与 Eq 的实例类型，才可以成为 Num 类型类的实例。

2.4.8 **Floating** 类型类

Floating 类型类仅包含 Float 和 Double 两种浮点类型，用于存储浮点数。

使用 Floating 类型类的实例类型作为参数类型或者返回类型的函数，一般是需要用到浮点数来进行某种计算的，如 sin、cos 与 sqrt。

2.4.9 **Integeral** 类型类

Integral 是另一个表示数值的类型类。Num 类型类包含了实数和整数在内的所有的数值相关类型，而 Intgeral 仅包含整数，其实例类型有 Int 和 Integer。

有一个函数在处理数字时会非常有用，它便是 fromIntegral。其类型声明为：

```
fromIntegral :: (Integral a, Num b) => a -> b
```

> **注意** 留意 fromIntegral 的类型签名中用到了多个类型约束，这是合法的，只要将多个类型约束放到括号里用逗号隔开即可。

从这段类型签名中可以看出，fromIntegeral 函数取一个整数作为参数并返回一个更加通用的数值，这在同时处理整数和浮点数时尤为有用。举例来说，length 函数的类型声明为：

```
length :: [a] -> Int
```

这就意味着，如果取了一个列表的长度，再给它加 3.2 就会报错（因为这是将 Int 类型与浮点数类型相加）。面对这种情况，我们即可通过 fromIntegral 来解决，具体如下：

```
ghci> fromIntegral (length [1,2,3,4]) + 3.2
7.2
```

2.4.10　有关类型类的最后总结

由于类型类定义的是一个抽象的接口，一个类型可以作为多个类型类的实例，一个类型类也可以含有多个类型作为实例。比如，Char 类型就是多个类型类的实例，其中包括 Ord 和 Eq，我们可以比较两个字符是否相等，也可以按照字母表顺序来比较它们。

有时，一个类型必须在成为某类型类的实例之后，才能成为另一个类型类的实例。比如，某类型若要成为 Ord 的实例，那它必须首先成为 Eq 的实例才行。或者说，成为 Eq 的实例，是成为 Ord 的实例的先决条件（prerequisite）。这一点不难明白，比如当我们比较两个值的顺序时，一定可以顺便得出这两个值是否相等。

第 3 章

函数的语法

本章讲解 Haskell 中函数的语法，借助它们可以使得函数更加可读、更富有表现力。我们还会在本章看到，怎样快速地解析（deconstruct）输入的值，如何避免大坨的 if else 链，以及如何保存中间结果便于复用。

3.1　模式匹配

模式匹配（pattern matching）通过检查数据的特定结构来检查是否匹配，并按模式从中解析出数据。

在 Haskell 中定义函数时，你可以为不同的模式分别定义函数体，这就让代码更加简洁、易读。你可以匹配一切数据类型——数、字符、列表、元组等。举个例子，我们写一个简单的函数，令它检查我们传给它的数是不是 7。

```
lucky :: Int -> String
lucky 7 = "LUCKY NUMBER SEVEN!"
lucky x = "Sorry, you're out of luck, pal!"
```

在调用 lucky 时，会将传入的参数按从上至下的顺序检查各模式，一旦有匹配，对应的函数体就被应用。7 是唯一可以匹配第一个模式的值，那么传入的参数如果是 7，则得到函数体"LUCKY NUMBER SEVEN!"；如果不是 7，则转到下一个模式，它匹配一切数值并将其绑定为 x。

如果我们在模式中给出一个小写字母的名字（如 x、y 或者 myNumber）而非具体的值（如 7），那这就是一个万能模式（catchall pattern）。它总能够匹配输入的参数，并将其绑定到模式中的名字供我们引用。

回头看这个函数，它完全可以使用 if 实现。不过如果我们需要一个稍微复杂一点的函数，使它能分辨 1 到 5 之间的数字并转化成对应的单词，并且将其他数输出为"Not between 1 and 5"，又该怎么办呢？如果没有模式匹配的话，那可得写出好大一棵 if-then-else 树。有模式匹配在手，这就非常简单：

```
sayMe :: Int -> String
sayMe 1 = "One!"
sayMe 2 = "Two!"
sayMe 3 = "Three!"
sayMe 4 = "Four!"
sayMe 5 = "Five!"
sayMe x = "Not between 1 and 5"
```

注意，如果我们将最后的模式 **sayMe x** 挪到最前面，函数的结果就永远都是"Not between 1 and 5"。因为它匹配所有数，不给后面的模式留任何机会。

记得前面实现的那个阶乘函数吗？当时是把 n 的阶乘定义成了 product[1..n]。到这里，我们也可以递归地写出阶乘函数的实现。一个函数的定义中如果调用了自身，那么它就被称为递归函数，而阶乘的定义也正是递归函数的典型例子：先说明 0 的阶乘是 1，再说明每个正整数的阶乘都是这个数与它前趋对应的阶乘的积。下面便是翻译成 Haskell 的样子：

```
factorial :: Int -> Int
factorial 0 = 1
factorial n = n * factorial (n - 1)
```

这就是我们定义的第一个递归函数。递归在 Haskell 中十分重要，我们会在第 4 章深入地学习它。

模式匹配可能会失败。比如，定义这样的函数：

```
charName :: Char -> String
charName 'a' = "Albert"
charName 'b' = "Broseph"
charName 'c' = "Cecil"
```

这个函数看上去能正常工作。然而拿一个它没有考虑到的字符去调用它，你就会看到这样的错误：

```
ghci> charName 'a'
"Albert"
ghci> charName 'b'
"Broseph"
ghci> charName 'h'
"*** Exception: tut.hs:(53,0)-(55,21): Non-exhaustive patterns in function charName
```

它向我们抱怨："Non-exhaustive patterns"（这套模式不够全面）。因此，在定义模式时，一定要留一个万能模式，这样我们的程序就不会因为不可预料的输入而崩溃了。

3.1.1 元组的模式匹配

对元组同样可以使用模式匹配。写个函数，计算二维空间中的向量（以序对的形式表示）的和，该怎么做？（向量和即两个向量的 *x* 项和 *y* 项分别相加。）如果不了解模式匹配，我们很可能会写出这样的代码：

```
addVectors :: (Double, Double) -> (Double, Double) -> (Double, Double)
addVectors a b = (fst a + fst b, snd a + snd b)
```

嗯，可以运行。但有更好的方法，修改代码，用上模式匹配：

```
addVectors :: (Double, Double) -> (Double, Double) -> (Double, Double)
addVectors (x1, y1) (x2, y2) = (x1 + x2, y1 + y2)
```

漂亮多了。参数都是元组，使人一目了然，同时也为元组中的各项赋予了名字，大大地提高了可读性。注意，它已经是个万能的匹配了。前面两个 addVectors 的类型一致，可保证输入的参数都是序对：

```
ghci> :t addVectors
addVectors :: (Double, Double) -> (Double, Double) -> (Double, Double)
```

fst 和 snd 可以从序对中取出元素。三元组呢？好吧，没有现成的函数可以从三元组中取出某一个部分，但我们可以自己动手：

```
first :: (a, b, c) -> a
first (x, _, _) = x

second :: (a, b, c) -> b
second (_, y, _) = y

third :: (a, b, c) -> c
third (_,_, z) = z
```

这里的_就和列表推导式中的_一样，表示我们不关心这部分的具体内容，只用一个泛变量（generic variable）_来占位就够了。

3.1.2 列表与列表推导式的模式匹配

在列表推导式中也可以使用模式匹配：

```
ghci> let xs = [(1,3), (4,3), (2,4), (5,3), (5,6), (3,1)]
ghci> [a+b | (a,b) <- xs]
[4,7,6,8,11,4]
```

一旦模式匹配失败，它就简单挪到下一个元素，匹配失败的元素不会被包含在列表推导式的结果中。

对于普通的列表也可以使用模式匹配。你可以用[]来匹配空列表，也可以配合使用：与[]来匹配非空列表（记住[1,2,3]本质就是 1:2:3:[]的语法糖）。像 x:xs 这样的模式可以将列表的头部绑定为 x，余下的部分绑定为 xs。如果列表只有一个元素，那么 xs 就是一个空列表。

> **注意** x:xs 模式在 Haskell 中应用非常广泛，尤其是递归函数。不过它只能匹配长度大于等于 1 的列表。

我们已经知道了对列表做模式匹配的方法，就实现一个我们自己的 head 函数吧。

```
head' :: [a] -> a
head' [] = error "Can't call head on an empty list, dummy!"
head' (x:_) = x
```

装载这个函数，测试一下，看看管不管用：

```
ghci> head' [4,5,6]
4
ghci> head' "Hello"
'H'
```

注意，若要绑定多个变量（即使是_），我们必须用括号将其括起，不然 Haskell 有可能会无法正确解析这段代码。

同时注意一下这里的 error 函数，它可以生成一个运行时错误，用参数中的字符串表示对错误的描述。它会直接导致程序崩溃，因此应谨慎使用。（可是对一个空列表调用 head 也不是合理的做法！）

另一个例子，编写一个简单的函数，让它用饶舌的啰嗦话为我们展开一个列表的前几项：

```
tell :: (Show a) => [a] -> String
tell [] = "The list is empty"
tell (x:[]) = "The list has one element: " ++ show x
tell (x:y:[]) = "The list has two elements: " ++ show x ++ " and " ++ show y
tell (x:y:_) = "This list is long. The first two elements are: " ++ show x
               ++ " and " ++ show y
```

注意这里的（x:[]）与（x:y:[]）也可以写作[x]和[x,y]。不过（x:y:_）这样的模式就不能用方括号的模式来表示了，因为它所匹配的并非固定长度的列表。

下面是调用这个函数的几个例子：

```
ghci> tell [1]
"The list has one element: 1"
ghci> tell [True,False]
"The list has two elements: True and False"
ghci> tell [1,2,3,4]
"This list is long. The first two elements are: 1 and 2"
ghci> tell []
```

```
"The list is empty"
```

tell 函数匹配空列表、单元素列表、双元素列表以及多元素列表，因此它是安全的。它知道任何长度的列表的处理方法，因而它总能够返回一个有用的结果。

反过来，我们能不能定义一个只处理三个元素的列表的函数呢？下面是这种函数的一个例子：

```
badAdd :: (Num a) => [a] -> a
badAdd (x:y:z:[]) = x + y + z
```

一旦输入的列表不是它的预期，得到的结果就会是这样了：

```
ghci> badAdd [100,20]
*** Exception: examples.hs:8:0-25: Non-exhaustive patterns in function badAdd
```

呀，一点也不酷！如果这段代码是在一个编译过的程序中而非在 GHCi 中的话，就会导致整个程序崩溃。

关于列表的模式匹配需要注意的最后一点是：不能在模式匹配中使用++（回忆一下，++是拼接两个列表的运算符）。假如试图通过（xs ++ ys）进行模式匹配，Haskell 将无法分辨列表的哪一部分属于 xs，哪一部分属于 ys。此外，尽管（xs ++ [x, y, z]）甚至(xs ++ [x])的匹配方式在逻辑上很合理，但是基于列表的性质，它们仍然不是合法的模式。

3.1.3 As 模式

还有一种特殊的模式，即 as 模式（as-pattern），它允许我们按模式把一个值分割成多个项，同时仍保留对其整体的引用。要使用 as 模式，只要将一个名字和@置于普通模式的前面即可。

以 xs@(x:y:ys)这个 as 模式为例。它能够匹配出的内容与 x:y:ys 一致，此外通过 xs 即可访问整个列表，而不必在函数体中重复使用 x:y:ys 将列表重新构造一遍。下面是一个使用 as 模式的简单函数：

```
firstletter :: String -> String
firstletter "" = "Empty string, whoops!"
firstletter all@(x:xs) = "The first letter of " ++ all ++ " is " ++ [x]
```

将这个函数装载之后，可以这样测试：

```
ghci> firstletter "Dracula"
"The first letter of Dracula is D"
```

3.2 注意，哨卫!

模式用来检查参数的结构是否匹配，哨卫（guard）则用来检查参数的性质是否为真。乍一看有点像是 if 语句，实际上也正是如此。不过处理多个条件分支时，哨卫的可读性要更高，并且与模式匹配契合得很好。

在讲解它的语法前，我们先看一个用到哨卫的函数。它会依据你的 BMI 值（Body Mass Index，体重指数）来不同程度地侮辱你。BMI 值等于体重（单位为公斤）除以身高（单位为米）的平方。如果小于 18.5，就是太瘦；如果在 18.5～25，就是正常；在 25～30，超重；如果超过 30，肥胖。（留意这个函数并不管 BMI 的计算，它只管直接取一个 BMI 值，并返回诊断结果。）下面是这个函数的定义：

```
bmiTell :: Double -> String
bmiTell bmi
    | bmi <= 18.5 = "You're underweight, you emo, you!"
    | bmi <= 25.0 = "You're supposedly normal. Pffft, I bet you're ugly!"
    | bmi <= 30.0 = "You're fat! Lose some weight, fatty!"
    | otherwise   = "You're a whale, congratulations!"
```

哨卫跟在竖线（|）符号的右边，一个哨卫就是一个布尔表达式，如果计算为 True，就选择对应的函数体；如果为 False，函数就开始对下一个哨卫求值，不断重复这一过程。每条哨卫语句至少缩进一个空格（我个人比较喜欢缩进四个空格，这样代码更加易读）。

如果我们以 24.3 为参数调用这个函数，它就会先检查它是否小于等于 18.5，显然不是，于是对下一个哨卫求值。24.3 小于 25.0，于是通过了第二个哨卫的检查，返回第二个字符串。

这段逻辑的可读性很好，不过不难想象这在命令式语言中将会是怎样的一棵 if/else 树。由于 if/else 的大树一般都难免杂乱，若出现问题将非常难理清头绪。哨卫正是应对这一情景的得力工具。

一般而言，排在最后的哨卫都是 otherwise，它能够捕获一切条件。如果一个函数的所有哨卫都没有通过，且没有提供 otherwise 作为万能条件，就转入函数的下一个模式（这便是哨卫与模式契合的地方）。如果始终没有找到合适的哨卫或模式，就会发生一个错误。

当然，哨卫可以在多个参数的函数中使用。我们修改下 bmiTell 函数，让它取身高和体重作为参数，直接为我们计算 BMI 值。

```
bmiTell :: Double -> Double -> String
bmiTell weight height
    | weight / height ^ 2 <= 18.5 = "You're underweight, you emo, you!"
    | weight / height ^ 2 <= 25.0 = "You're supposedly normal. Pffft, I bet you're ugly!"
    | weight / height ^ 2 <= 30.0 = "You're fat! Lose some weight, fatty!"
    | otherwise = "You're a whale, congratulations!"
```

好，看看我胖不胖…….

```
ghci> bmiTell 85 1.90
"You're supposedly normal. Pffft, I bet you're ugly!"
```

好棒！我不胖！不过 Haskell 依然说我很丑。什么道理……

> **注意**　有个新人很容易出错的地方：在第一个哨卫之前，函数名和参数的后面并没有=，不然就会得到一个语法错误。

接下来是另一个简单的例子：实现自己的max 函数，令它取两个可比较的值，返回较大的那个：

```
max' :: (Ord a) => a -> a -> a
max' a b
    | a < b = b
    | otherwise = a
```

继续，我们可以用哨卫实现自己的 compare 函数：

```
myCompare :: (Ord a) => a -> a -> Ordering
a `myCompare` b
    | a == b     = EQ
    | a <= b     = LT
    | otherwise = GT
```

```
ghci> 3 `myCompare` 2
GT
```

> **注意**　通过反单引号，我们不仅可以以中缀形式调用函数，也可以使用它直接按照中缀的形式定义函数。有时这样会更加易读。

3.3　where？！

在编程时人们通常希望避免重复计算同一个值，而尽可能地只计算一次，保存计算的结果供反复使用。在命令式语言中，可以将计算的结果保存到一个变量中。在本节，我们将看到如何借助 Haskell 的 where 关键字来保存计算的中间结果，从而实现类似的功能。

前一节中，我们实现了这个 BMI 计算函数：

```
bmiTell :: Double -> Double -> String
bmiTell weight height
    | weight / height ^ 2 <= 18.5 = "You're underweight, you emo, you!"
    | weight / height ^ 2 <= 25.0 = "You're supposedly normal. Pffft, I bet you're ugly!"
    | weight / height ^ 2 <= 30.0 = "You're fat! Lose some weight, fatty!"
    | otherwise = "You're a whale, congratulations!"
```

注意，在这段代码中我们重复了 3 次 BMI 的计算。更好的做法是使用 where 关键字将计算的结果绑定到一个变量中，并用这个变量替换原先 BMI 的计算，就像这样：

```
bmiTell :: Double -> Double -> String
bmiTell weight height
   | bmi <= 18.5 = "You're underweight, you emo, you!"
   | bmi <= 25.0 = "You're supposedly normal. Pffft, I bet you're ugly!"
   | bmi <= 30.0 = "You're fat! Lose some weight, fatty!"
   | otherwise   = "You're a whale, congratulations!"
   where bmi = weight / height ^ 2
```

这里将 where 关键字跟在了哨卫后面，随后即可定义任意数量的名字和函数了。这些名字对每个哨卫都是可见的，这一来就避免了重复。如果我们打算修改 BMI 的计算方式，只需进行一次修改就行了。通过命名，我们也提升了代码的可读性，此外由于 BMI 只计算了一次，函数的执行效率也有所提升。

如果愿意，我们可以对函数做出更激进的修改，像这样：

```
bmiTell :: Double -> Double -> String
bmiTell weight height
   | bmi <= skinny = "You're underweight, you emo, you!"
   | bmi <= normal = "You're supposedly normal. Pffft, I bet you're ugly!"
   | bmi <= fat    = "You're fat! Lose some weight, fatty!"
   | otherwise     = "You're a whale, congratulations!"
   where bmi = weight / height ^ 2
         skinny = 18.5
         normal = 25.0
         fat = 30.0
```

> **注意**　注意其中的变量定义都必须对齐于同一列。如果不这样规范，Haskell 就会搞不清楚它们各自位于哪个代码块了。

3.3.1 **where** 的作用域

函数 where 部分中定义的名字只对本函数可见，因此我们不必担心它会污染其他函数的命名空间。如果你想在不同的函数中重复用到同一名字，就应该把它置于全局定义之中。

此外，where 中定义的名字不能在函数的其他模式中访问。举个例子，假如我们想定义一个函数，给它一个人名作为参数，如果它认识这个人名就礼貌地打招呼，如果不认识则不那么礼貌。可以这样定义：

```
greet :: String -> String
greet "Juan" = niceGreeting ++ " Juan!"
greet "Fernando" = niceGreeting ++ " Fernando!"
greet name = badGreeting ++ " " ++ name
      where niceGreeting = "Hello! So very nice to see you,"
            badGreeting = "Oh! Pfft. It's you."
```

　　这个函数跑不起来。因为 where 中定义的名字不能在函数的其他模式中访问，只有最后一个模式能够见到 where 中定义的打招呼方法。要让这一函数正常工作，我们必须将 badGreeting 和 niceGreeting 放到全局定义里，像这样：

```
badGreeting :: String
badGreeting = "Oh! Pfft. It's you."

niceGreeting :: String
niceGreeting = "Hello! So very nice to see you,"

greet :: String -> String
greet "Juan" = niceGreeting ++ " Juan!"
greet "Fernando" = niceGreeting ++ " Fernando!"
greet name = badGreeting ++ " " ++ name
```

3.3.2　where 中的模式匹配

　　也可以在 where 绑定中使用模式匹配。前面那段 BMI 函数可以改成这样：

```
...
where bmi = weight / height ^ 2
      (skinny, normal, fat) = (18.5, 25.0, 30.0)
```

　　作为例子，我们再写个简单函数，让它告诉我们姓名的首字母：

```
initials :: String -> String -> String
initials  firstname lastname = [f] ++ ". " ++ [l] ++ "."
    where (f:_) = firstname
          (l:_) = lastname
```

　　我们完全可以在函数的参数上直接使用模式匹配（这样更短更简洁），在这里只是为了演示在 where 绑定中同样可以使用模式匹配。

3.3.3　where 块中的函数

　　除了前面对常量的定义，在 where 块中也可以定义函数。保持健康的编程风格，我们定义一个函数取一个体重/身高序对的列表作为参数，并分别计算 BMI 指数：

```
calcBmis :: [(Double,Double)] -> [Double]
calcBmis xs = [bmi w h | (w, h)< - xs]
    where bmi weight height = weight / height ^ 2
```

　　这就全了！在这个例子中，我们将 bmi 定义为一个函数，是因为 calcBmis 的参数是一个列表，无法直接拿来计算 BMI 指数。要计算 BMI 指数，只能遍历这个列表，针对不同的序对单独进行计算。

3.4 **let**

let 表达式与 where 绑定很相似。where 允许我们在函数底部绑定变量,对包括所有哨卫在内的整个函数可见。let 则是一个表达式,允许你在任何位置定义局部变量,且不能对其他哨卫可见。正如 Haskell 中所有赋值结构一样,let 表达式也可以使用模式匹配。

接下来看一下 let 的实际应用,比如下面的函数可以依据半径和高度求圆柱体表面积:

```
cylinder :: Double -> Double -> Double
cylinder r h =
    let sideArea = 2 * pi * r * h
        topArea = pi * r ^2
    in  sideArea + 2 * topArea
```

let 表达式的格式为 let <bindings> in <expressions>。在 let 中绑定的名字仅对于 in 部分可见。是的,不难看出这用 where 绑定也可以做到。那么两者之间有什么区别呢?看起来无非就是,let 把绑定放在语句前面,后跟表达式,而 where 与之相反。

真正的不同之处在于,let 表达式本身是个 "……嗯……" 表达式,而 where 绑定并不是。只要是表达式,就一定会有返回值。"boo!"是一个表达式,3+5 是一个表达式,head [1,2,3] 也是。这意味着你几乎可以将 let 表达式放到代码的任何位置。

```
ghci> 4 * (let a = 9 in a + 1) + 2
42
```

下面是 let 表达式的几个常见用法。

● 在局部作用域中定义函数:

```
ghci> [let square x = x * x in (square 5, square 3, square 2)]
[(25,9,4)]
```

● 当需要在一行中绑定多个名字时,将这些名字排成一列显然是不行的,这时可以用分号将其分开:

```
ghci> (let a = 100; b = 200; c = 300 in a*b*c, let foo="Hey "; bar = "there!" in foo ++ bar)
(6000000,"Hey there!")
```

● 当需要从一个元组中取值时,使用 let 表达式配合模式匹配将十分方便:

```
ghci> (let (a,b,c) = (1,2,3) in a+b+c) * 100
 600
```

这里我们使用 let 表达式配合模式匹配从一个三元组（1，2，3）中取值，令其中的第一项为 a，第二项为 b，第三项为 c。随后的 in a+b+c 部分表示 let 表达式的返回值为 a+b+c。最后将结果乘以 100。

● 也可以在列表推导式中使用 let 表达式，这将在下面详细介绍。

既然 let 已经这么好了，为什么不总是用它呢？好吧，因为 let 是一个表达式，作用域被限制得非常小，因此不能在不同的哨卫中使用。一些朋友更喜欢 where，因为它跟在函数体后面，允许将主函数体距离函数名与类型声明得更近些，使代码的可读性更高。

3.4.1 列表推导式中的 let

我们重写一下前面那个依据体重和身高的列表来计算 BMI 指数的函数，通过列表推导式中的 let 表达式替换原先的 where 来定义辅助函数。

```
calcBmis :: [(Double, Double)] -> [Double]
calcBmis xs = [bmi | (w, h) <- xs, let bmi = w / h ^ 2]
```

列表推导式的每次迭代都会从源列表中的一项绑定到 w 和 h，let 表达式将 w / h ^ 2 的结果绑定为 bmi。然后，我们将 bmi 作为列表推导式的输出部分。

这里 let 表达式的样子与列表推导式的谓词差不多，只不过它做的不是过滤，而是绑定名字。let 表达式中定义的名字在列表推导式的输出部分（|前面的部分）及谓词中可见。借助这一性质，就可以让我们的函数只返回胖子的 BMI 指数：

```
calcBmis :: [(Double, Double)] -> [Double]
calcBmis xs = [bmi | (w, h) <- xs, let bmi = w / h ^ 2, bmi > 25.0]
```

其中列表推导式的 (w, h) <- xs 部分被称为生成器（generator）。我们无法在生成器中引用 bmi 变量，因为它是在 let 绑定之前定义的。

3.4.2 GHCi 中的 let

直接在 GHCi 中定义函数和常量时，let 的 in 部分也可以省略。如果省略，名字的定义将在整个会话过程中可见。

```
ghci> let zoot x y z = x * y + z
ghci> zoot 3 9 2
29
ghci> let boot x y z = x * y + z in boot 3 4 2
14
ghci> boot
<interactive>:1:0: Not in scope: `boot'
```

这里我们在第一行中省略了 let 的 in 部分，GHCi 即得知我们没有在那行代码中直接用到 zoot，在随后的会话中就一直记住它。不过第二个 let 表达式提供了 in 部分，且直接用某些参数调用了 boot。没有省略 in 部分的 let 依然是个有返回值的表达式，GHCi 只管打印出它的返回值就算了，不会对其中定义的名字再做多余的记忆。

3.5 case 表达式

拥有其他编程语言基础的你对 case 表达式的概念一定不会感到陌生。它取一个变量，对应不同的值选择代码块并执行，也是在代码中的任意位置使用模式匹配的一种方式。

Haskell 采用了这一概念并融合其中。顾名思义，case 表达式是一种表达式。跟 if..else 表达式和 let 表达式一样的表达式。用它可以对变量的不同情况分别求值，还可以使用模式匹配。

这与函数定义中对参数的模式匹配十分相似，取一个值，对它进行模式匹配，随后依据模式匹配的结果选择对应的代码块并执行计算。实际上，函数定义中的模式匹配本质上不过就是 case 表达式的语法糖而已。比如，下面这两段代码就是完全等价的：

```
head' :: [a] -> a
head' [] = error "No head for empty lists!"
head' (x:_) = x
```

```
head' :: [a] -> a
head' xs = case xs of [] -> error "No head for empty lists!"
                      (x:_) -> x
```

case 表达式的语法结构如下：

```
case expression of pattern -> result
                   pattern -> result
                   pattern -> result
                   ...
```

非常简单。第一个模式若匹配，就执行第一段代码块；否则就交给下一个模式。如果到最后依然没有匹配的模式，就会产生一个运行时错误。

函数参数的模式匹配只能在定义函数时使用，而 case 表达式的模式匹配可以用在任何地方。比如，你可以在任意一个表达式中套用它，来执行模式匹配：

```
describeList :: [a] -> String
describeList ls = "The list is " ++ case ls of [] -> "empty."
                                                [x] -> "a singleton list."
                                                xs -> "a longer list."
```

这个 case 表达式的执行过程如下：先检查 ls 是否为空列表，如果为空，则 case 表达式的返回值为"empty."；如果 ls 不为空，则继续检查下一个模式，即是否为单元素列表。如果模式匹配成功，则返回值为"a singleton list."；如果前两个模式匹配都失败了，就应用最后的万能模式 xs。最后，case 表达式的返回值与前面的字符串"The list is "拼接到一起。case 表达式总会返回一个值且类型相同，所以通过++将"The list is "与我们的 case 表达式拼接起来是没有问题的。

由于函数定义中的模式匹配本质上就是 case 表达式的语法糖，那么将 discribleList 函数定义写成这样也是等价的：

```
describeList :: [a] -> String
describeList ls = "The list is " ++ what ls
    where what [] = "empty."
          what [x] = "a singleton list."
          what xs = "a longer list."
```

虽说在这个函数中采用的语法结构不同，但执行过程与前一个例子无异。在这个函数里，以 ls 为参数调用 what 函数，随后是普通的模式匹配，最后返回一个字符串，与"The list is" 拼接起来。

第 4 章

你好，递归

本章我们好好看一下递归，体会它为何在 Haskell 中如此重要，并借助递归的思想，寻找简洁、优雅的求解方法。

递归是指在函数的定义中应用自身的方式，或者说，函数自己调用自己。如果你还不明白什么是递归，就读这个句子。（哈哈！玩笑而已！）

抛开玩笑话，按照递归函数的思想，一般倾向于将问题展开为同样的子问题，并不断地对子问题进行展开、求解，直至抵达问题的基准条件（base case）为止。在基准条件中，问题不必再做分解，而必须由程序员明确地给出一个非递归的结果。

在数学定义中，递归随处可见，如斐波那契数列（Fibonacci sequence）。它先是定义两个非递归数：$F(0)=0$ 和 $F(1)=1$，表示斐波那契数列的前两个数为 0 和 1，也就是我们的基准条件。

然后是 0 与 1 之外的其他自然数，相应的斐波那契数为它前面两个斐波那契数的和，即 $F(N) = F(N-1) + F(N-2)$。比如，$F(3)$ 等于 $F(2) + F(1)$，进一步便是 $(F(1) + F(0)) + F(1)$。已经下降到了前面定义的非递归斐波那契数，可以放心地说 $F(3)$ 就是 2 了。

递归在 Haskell 中至关重要。命令式语言要求你告知如何（how）进行计算，Haskell 则倾向于让你声明是什么（what）问题。这便是为什么说在 Haskell 编程中，重要的不是给出求解步骤，而是定义问题与解的描述。而这一般也正是递归发挥威力的地方。

4.1 不可思议的最大值

接下来我们看一个现有的 Haskell 函数，观察一下受 "R 齿轮"（R 就是递归——Recursion

的第一个字母）驱动的大脑是怎么编写函数的。

maximum 函数取一组可排序的元素（即属于 Ord 类型类的实例）组成的列表作为参数，并返回其中的最大值。通过递归，可以漂亮地将它表示出来。

不过在讨论递归之前不妨先想想，在命令式风格中这一函数该怎么实现。你很可能会设一个变量来存储当前的最大值，然后用循环遍历该列表的每个元素，若存在比这个值更大的元素，则修改该变量为这一元素的值。到循环的最后，变量的值就是运算结果。

再看看递归的思路是怎样的。我们先定下一个基准条件：处理单元素的列表时，这个唯一的元素就是列表的最大值。对于多个元素的列表呢？嗯，在这里加一个检查，将列表的第一个元素（头部）与列表的余下部分（尾部）中的最大值做比较，其中较大的值便是整个列表的最大值。下面就是我们在 Haskell 中通过递归实现的 maximum' 函数：

```
maximum' :: (Ord a) => [a] -> a
maximum' [] = error "maximum of empty list"
maximum' [x] = x
maximum' (x:xs) = max x (maximum' xs)
```

如你所见，模式匹配在递归函数的定义中十分有用。通过在模式匹配中取值的性质，可以很方便地将"找最大值"的问题分解为几种情况，并划分为可递归的子问题。

第一个模式说，如果该列表为空，程序就该崩溃。这是合理的，一个空列表不可能含有最大值。第二个模式说，如果列表中仅包含单个元素，就返回该元素的值。

第三个模式是真正开始递归的地方。通过模式匹配，将列表分割为头部和尾部，并将头部赋予 x，将尾部赋予 xs。随后请出我们的老朋友 max 函数，它取两个可比较的值作为参数，并返回其中较大的值。如果 x 大于 xs 中的最大值，那么函数返回 x；否则返回 xs 中的最大值。不过，又该怎样得到 xs 中的最大值？那简单——递归地调用自己！

为了避免读者仍不清楚 maximum' 的工作原理，我们取一个列表[2,5,1]作为示例，观察它的执行过程。当调用 maximum' 处理它时，前两个模式不会被匹配，而第三个模式匹配了，并将其分为 2 和[5,1]，随后使用[5,1]继续调用 maximum'。

在这次新的调用中，[5, 1]与第三个模式匹配，并再次分割，得到 5 和[1]。递归调用 maximum' 取[1]的最大值，[1]是个单元素列表，也就下降到了基准条件，返回 1 作为结果。

接下来回到上面一层，利用 max 函数将 5 与[1]中的最大值做比较，易知 5 更大，这样我们就得到了[5,1]的最大值。

最后，将 2 与[5,1]中的最大值相比较，可得 5 更大，最终得[2，5，1]中的最大值为 5。

4.2　更多的几个递归函数

现在我们已了解了递归的思路，接下来利用递归来实现几个函数。同 maximum 一样，这些函数都是 Haskell 中现有的函数，我们将逐一实现一套我们自己的版本，练习我们递归肌肉组织中递归肌肉中的递归肌纤维。动手吧，伙计！

4.2.1　replicate

首先，我们来实现 replicate 函数。回忆一下，replicate 取一个整数和一个元素作为参数，返回一个包含多个重复元素的列表（重复次数即函数的第一个整数参数）。例如，replicate 3 5 返回[5,5,5]。

考虑一下基准条件。不难想到重复 0 次或者负数次，应该返回怎样的返回值。如果重复一个元素 0 次，应得到一个空的列表。重复负数次是不合理的，为此我们声明令它同样返回一个空列表。

```
replicate' :: Int -> a -> [a]
replicate' n x
    | n <= 0    = []
    | otherwise = x:replicate' (n-1) x
```

在这里我们使用了哨卫而非模式匹配，是因为这里做的是布尔判断。

4.2.2　take

接下来实现 take 函数，它可以从一个列表取出一定数量的元素。例如，take 3 [5,4,3,2,1]，将返回[5,4,3]。若要取零或负数个的话就会得到一个空列表。而且，若试图从一个空列表中取值，也会得到一个空列表。注意，这里有两个基准条件。将函数写出来：

```
take' :: (Num i, Ord i) => i -> [a] -> [a]
take' n _
    | n <= 0    = []
take' _ []      = []
take' n (x:xs) = x : take' (n-1) xs
```

第一个模式辨认若为 0 或负数，则返回空列表。留意，对第二个参数我们用了一个_占位符，表示在这里我们并不关心列表的值。同时注意，这里用了一个哨卫却没有指定 otherwise

部分，这就意味着 n 若大于 0，就会转入下一个模式。

第二个模式指明了若试图从一个空列表中取值，则返回空
列表。

第三个模式将列表分割为头部和尾部，并将头部赋予 x，
将尾部赋予 xs。然后表明从一个列表中取多个元素等同于令
x 作为头部后接从尾部取 n-1 个元素所得的列表。

4.2.3 **reverse**

reverse 函数取一个列表作为参数，并返回反转的同等长度的列表。空列表又一次成为了
基准条件，空列表的反转结果还是空列表。接下来的函数怎么写？若将一个列表分割为头部与
尾部，那它反转的结果就是反转后的尾部与头部相连所得的列表。

```
reverse' :: [a] -> [a]
reverse' [] = []
reverse' (x:xs) = reverse' xs ++ [x]
```

4.2.4 **repeat**

repeat 函数取一个元素作为参数，返回一个仅包含该元素的无限列表。它的递归实现十
分简单：

```
repeat' :: a -> [a]
repeat' x = x:repeat' x
```

调用 repeat 3 会得到一个以 3 为头部且有无限数量的 3 为尾部的列表。调用 repeat 3
运算起来就是 3:repeat 3，然后 3:(3:repeat 3)，再 3:(3:(3:repeat 3))，直至无
穷。直接调用 repeat 3 的运算永远都不会结束，不过调用 take 5 (repeat 3) 可以只得
到 5 个 3，与调用 replicate 5 3 差不多。

通过这个例子，我们了解到，通过没有基准条件的递归函数获取无限列表的方法——只要
保证能够在某位置截断它即可。

4.2.5 **zip**

zip 也是第 1 章中提到过的列表处理函数，它取两个列表作为参数并将其捆绑在一起。例
如，zip [1,2,3] [7,8]返回[(1,7),(2,8)]（它会把较长的列表从中间断开，以匹配较
短的列表）。

通过 zip 试图捆绑一个列表与空列表的结果是空列表，这就是基准条件了。不过 zip 取两个列表作为参数，所以要有两个基准条件：

```
zip' :: [a] -> [b] -> [(a,b)]
zip' _ [] = []
zip' [] _ = []
zip' (x:xs) (y:ys) = (x,y):zip' xs ys
```

前两个模式表示基准条件：两个列表中若存在空列表，则返回空列表。第三个模式表示捆绑两个列表这一行为，即将其头部配对并后跟捆绑的尾部。

举个例子，用 zip 处理[1,2,3]与['a','b']，函数会先得到(1, 'a')作为返回结果的第一个元素，然后捆绑[2,3]与['b']。再进一步递归，就会在试图捆绑[3]与[]时会与一个基准条件匹配。最终得到(1,'a'):(2,'b'):[]的结果，即[(1,'a'),(2,'b')]。

4.2.6 `elem`

再实现一个标准库函数——elem。它取一个元素与一个列表作为参数，并检测该元素在此列表中是否存在。基准条件仍是空列表——既然空列表中不包含任何元素，那么参数中指定的元素肯定不存在。至于一般情况，如果元素正好等于列表的头部，那么就可以判定为存在；否则，继续检查元素是否存在于列表的尾部。代码如下：

```
elem' :: (Eq a) => a -> [a] -> Bool
elem' a [] = False
elem' a (x:xs)
    | a == x    = True
    | otherwise = a `elem'` xs
```

4.3 快点，排序！

取一组可比较的元素（如数字）构成的列表，并对它进行排序，这一问题天生适合递归求解。有许多递归的排序算法，这里我们只看最酷的快速排序（quick sort）。我们先看一下这一算法的思路，然后再用 Haskell 来实现它。

4.3.1 算法思路

快速排序算法的思路大致是这样的：取一个待排序的列表，如[5,1,9,4,6,7,3]，取它的第一个元素，得 5，找出列表中所有比 5 小的元素安排到 5 的左侧，同时找出所有比 5 大的元素安排到 5 的右侧，得[1,4,3,5,9,

6,7]。在这里，5 被称作基准（pivot），基于它对列表中其他所有的元素做比较，并分列在 5 的左侧和右侧。之所以选择列表的第一个元素作为基准，仅仅是因为这样比较方便模式匹配而已。实际上，列表中的任何元素都可以作为基准。

然后对基准的左侧与右侧分别递归地调用同一个函数，即可得到一个排好序的列表！

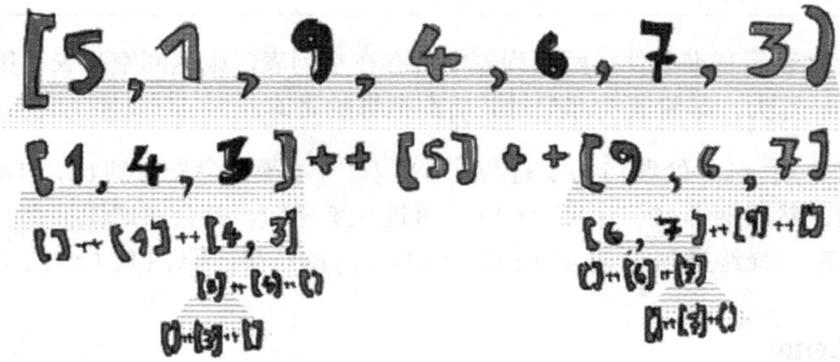

上图演示了快速排序算法在这个例子中的执行过程。要对[5,1,9,4,6,7,3]进行排序，那么先取 5 作为基准，并基于 5 将列表划分为[1，4，3]和[9，6，7]，随后分别对[1，4，3]和[9，6，7]使用同样的步骤进行排序。

排序[1，4，3]时，取它的第一个元素 1 作为基准，在寻找比它小的元素时，得到了一个空列表，因为 1 已经是[1，4，3]中最小的元素了。比它大的元素排在 1 的右侧，得[4，3]。对[4，3]也按照相同的步骤进行排序，它在分解时最终也会得到一个空列表，最终重新组合得[3，4]。

算法返回到 1 的右侧，已知 1 的左侧是空列表，即可得到已排序的[1，3，4]，这就是最终的 5 的左侧。

当 5 的右侧也按照相同的步骤计算出来时，我们也就得到了最终的排序结果：[1,3,4,5,6,7,9]。

4.3.2 编写代码

现在我们已经对快速排序的算法有所了解，接下来在 Haskell 中实现它：

```
quicksort :: (Ord a) => [a] -> [a]
quicksort [] = []
quicksort (x:xs) =
  let smallerOrEqual = [a | a <- xs, a <= x]
      larger = [a | a <- xs, a > x]
  in quicksort smallerOrEqual ++ [x] ++ quicksort larger
```

可见它的类型声明为 quicksort :: (Ord a) => [a] -> [a]，基准条件为空列表。

　　按照前面的算法，我们将所有小于等于 x（我们的基准）的元素置于 x 的左侧。为得到这些元素，我们使用了列表推导式[a | a <- xs, a <= x]，从 xs（列表除去基准之外的部分）中取值，过滤出满足 a <= x 条件（即小于等于 x）的所有元素。同理，也可以过滤出列表中大于 x 的所有元素。

　　这里通过 let 将两个列表绑定为合适的名字，即 smallerOrEqual 与 larger。最后使用列表拼接符(++)将对两个列表递归调用 quicksort 所得的结果拼接起来，也就是排过序的 smallerOrEqual 列表、基准、排好序的 larger 列表，得到最终结果。

　　测试一下，看看结果是否正确：

```
ghci> quicksort [10,2,5,3,1,6,7,4,2,3,4,8,9]
[1,2,2,3,3,4,4,5,6,7,8,9,10]
ghci> quicksort "the quick brown fox jumps over the lazy dog"
"        abcdeeefghhijklmnoooopqrrsttuuvwxyz"
```

就跟我们说的一样！

4.4　递归地思考

　　我们已经写了不少递归了，也许你已经发觉了其中的固定模式。首先定义基准条件，也就是应对特殊输入的简单非递归解。比如，空列表的排序结果仍是空列表，原因是——显然毫无疑问。

　　然后将问题分解为一个或者多个子问题，并递归地调用自身，最后基于子问题里得到的结果，组合成为最终解。比如，在快速排序中，我们将列表分解为两个列表和一个基准，并对这两个列表分别应用同一个函数进行排序，最后将取得的结果重新组合起来，就可以得到最终排过序的列表了。

　　使用递归来解决问题，最好的方式是先确认基准条件，并把问题分解为几个相似的子问题。一旦确定了正确的基准条件和子问题，接下来甚至都不需要对其余的细节多费心了。只要确信子问题的正确性，然后根据子问题的求解结果组合成最终解即可。

第 5 章

高阶函数

Haskell 中的函数可以接受函数作为参数，也可以将函数用做返回值，这样的函数被称作高阶函数。它们是解决问题、简化代码的得力工具，在 Haskell 这类函数式编程语言中，高阶函数不可或缺。

5.1 柯里函数

本质上，Haskell 的所有函数都只有一个参数，那么我们先前编写了那些多个参数的函数又是怎么回事呢？

哼哼，小伎俩而已！我们见过的所有多参数的函数都是柯里函数。柯里函数不会一次性取完所有参数，而是在每次调用时只取一个参数，并返回一个一元函数来取下一个参数，依此类推。

举一个例子最好理解，就拿我们的好朋友 max 函数说事儿吧。它看起来像是取两个参数，返回其中较大参数的值。比如，在这个表达式 max 4 5 中，我们利用 4 与 5 为参数调用 max。首先 max 会被应用到 4 上，返回一个一元函数，随后以 5 为参数调用返回的一元函数，并在这一步得到最终结果。也就是说，下面的两个调用是等价的：

```
ghci> max 4 5
5
ghci> (max 4) 5
5
```

为了方便理解上述过程，我们看一下 max 函数的类型：

```
ghci> :t max
max :: (Ord a) => a -> a -> a
```

上面的声明也可以写成下面的样子：

```
max :: (Ord a) => a -> (a -> a)
```

　　只要在类型签名中见到箭头符号（->），就一律意味着它是一个将箭头左侧部分视为参数类型并将箭头右侧部分视作返回类型的函数。如果遇到 a -> (a -> a)这样的类型签名，就是说它是一个函数，会取一个类型为 a 的值作为参数，并返回一个函数，它同样取类型为 a 的值作为参数，且返回类型为 a。

　　这样的好处又是什么呢？简言之，我们只要以部分的参数来调用某函数，就可以得到一个部分应用（partial application）函数，部分应用函数所接收的参数的数量，和之前少传入的参数的数量一致。比如 max 4，可得一个一元函数。部分应用（将部分参数应用到函数，只要你高兴）使得构造新函数快捷简便，随时可为传递给其他函数而构造出新函数。

　　看这个函数，简单至极：

```
multThree :: Int -> Int -> Int -> Int
multThree x y z = x * y * z
```

　　如果执行 mulThree 3 5 9 或((mulThree 3) 5) 9，那它在背后会如何运作？首先按照空格分隔，把 3 交给 mulThree，返回一个返回函数的一元函数；然后把 5 交给它，返回一个取一个参数并使之乘以 3 和 5 的函数；最后把 9 交给这一函数，返回 135。

　　你可以将函数看做小工厂，它们会取一些原材料，然后生产一些东西。按照这样的类比，我们将数值 3 喂给 multThree 工厂，不过它的产品不是数值，而是一个更小的工厂。这家小工厂得到数值 5，继续搞出来一家小工厂。第三家工厂得到数值 9，产出最终的结果，也就是 135。

　　记住，这个函数的类型也可以写成下面的样子：

```
multThree :: Int -> (Int -> (Int -> Int))
```

　　->前面的类型（或者类型变量）是函数的参数类型，后面的类型是函数的返回类型。所以说，我们的函数取一个 Int 类型的参数，返回一个类型为 Int -> (Int -> Int)的函数，类似地，该函数返回一个参数类型为 Int 且返回类型为 Int -> Int 的函数。而最后的这个函数就只取一个 Int 类型的参数，并返回一个 Int 类型的值。

　　接下来看一个例子，演示如何通过以少数参数调用函数来创建新函数：

```
ghci> let multTwoWithNine = multThree 9
ghci> multTwoWithNine 2 3
54
```

在这个例子中，表达式 multThree 9 返回一个取两个参数的函数。我们将这个函数命名为 multTwoWithNine，因为 multThree 9 得到的函数会取两个参数。一旦两个参数都提供上，它就会先计算两个参数的积，然后乘以 9，毕竟 multTwoWithNine 是将 multThree 应用到 9 而得到的偏函数。

如果需要类型参数为 Int 并使之与 100 做比较的函数，该怎样写？大可这样：

```
compareWithHundred :: Int -> Ordering
compareWithHundred x = compare 100 x
```

假如使用 99 调用这个函数：

```
ghci> compareWithHundred 99
GT
```

因为 100 大于 99，函数返回 GT，表示大于（greater than）。

接下来想一想 compare 100 会返回什么？一个取单个参数并使之与 100 做比较的函数。这不正是在前一个例子中我们想要的函数？也就是说，下面的定义与上一个例子中的函数是等价的：

```
compareWithHundred :: Int -> Ordering
compareWithHundred = compare 100
```

类型声明依然相同，因为 compare 100 返回的是函数。compare 的类型为 (Ord a) => a -> (a -> Ordering)，用 100 调用它之后，即可得到一个取一个数值为参数、返回一个 Ordering 值的函数。

5.1.1 截断

通过截断（section），我们也可以对中缀函数进行部分应用。将一个参数放在中缀函数的一侧，并在外面用括号括起，即可截断这个中缀函数。最终得到一个一元函数，其参数代表中缀函数剩余的参数。下面是一个简单的例子：

```
divideByTen :: (Floating a) => a -> a
divideByTen = (/10)
```

从下面的代码中可以看出，调用 divideByTen 200 与调用 (/10) 200 或者调用 200 / 10 是等价的。

```
ghci> divideByTen 200
20.0
```

```
ghci> 200 / 10
20.0
ghci> (/10) 200
20.0
```

接着看另一个例子，检查一个字符是否为大写字母的函数：

```
isUpperAlphanum :: Char -> Bool
isUpperAlphanum = (`elem` ['A'..'Z'])
```

使用截断时，唯一需要注意的是-（负号或者减号）运算符。按照截断的定义，(-4) 理应返回一个使参数减去 4 的一元函数。然而为方便起见，Haskell 中 (-4) 表示的是负 4。因此，如果你需要一个将参数减 4 的函数，就部分应用 subtract 函数好了，像这样：(subtract 4)。

5.1.2 打印函数

先前我们都是为部分应用得到的函数赋予一个名字，传给它余下的参数，然后查看结果。不过，我们还没试过直接将函数打印到终端会怎样。为什么不动手试一下？如果不管名字的绑定，在 GHCi 中直接执行 multThree 3 4 会怎样？

```
ghci> multThree 3 4
<interactive>:1:0:
    No instance for (Show (a -> a))
      arising from a use of `print' at<interactive> :1:0-12
    Possible fix: add an instance declaration for (Show (a -> a))
    In the expression: print it
    In a 'do' expression: print it
```

GHCi 说，表达式返回了一个类型为 a -> a 函数，但它不知道如何将它显示到屏幕上。函数并非 Show 类型类的实例，我们无法得知函数内容的字符串表示。它与一般的表达式不同，比如，在 GHCi 中计算 1+1，它会首先计算得 2，然后调用 show 2 得到该数值的字符串表示，也就是"2"，再输出到屏幕。

> **注意** 请确保你已深入地理解了柯里函数与部分应用的工作原理，它们很重要！

5.2 再来点儿高阶函数

如你所见，Haskell 中的函数可以取另一个函数作为参数，也可以返回函数。为演示这一概念，我们写一个函数，使它取一个函数作为参数，并针对某值应用两次。

```
applyTwice :: (a -> a) -> a -> a
applyTwice f x = f (f x)
```

首先注意类型声明。在此之前，我们很少在函数的类型声明中用到括号，因为->是自然的右结合。不过这里的括号是必需的。它标明了第一个参数是一个参数与返回值类型都是 a 的函数，第二个参数与返回值的类型也都是 a。在这里 a 的具体类型并不重要——Int、String 或者什么其他类型都可以——重要的是，这里所有的值的类型都相同。

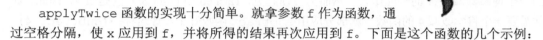

我们已对 Haskell 背后做的手脚有所了解，所有貌似带有多个参数的函数本质上都是返回部分应用函数的一元函数。不过为节约笔墨，接下来我们仍说函数会"取多个参数"。

applyTwice 函数的实现十分简单。就拿参数 f 作为函数，通过空格分隔，使 x 应用到 f，并将所得的结果再次应用到 f。下面是这个函数的几个示例：

```
ghci> applyTwice (+3) 10
16
ghci> applyTwice (++ " HAHA") "HEY"
"HEY HAHA HAHA"
ghci> applyTwice ("HAHA " ++) "HEY"
"HAHA HAHA HEY"
ghci> applyTwice (multThree 2 2) 9
144
ghci> applyTwice (3:) [1]
[3,3,1]
```

现在，部分应用的妙处与实用价值已被充分证实。如果我们的函数需要一元函数作为参数，大可通过部分应用使函数仅剩一个参数，再把它传过去。比如，+函数需要两个参数，在例子中我们对它进行部分应用，截断得到一个一元函数。

5.2.1 实现 zipWith

接下来我们按照高阶函数的编程思想，实现一个标准库中很有用的函数，它就是 zipWith。它取一个函数和两个列表作为参数，然后使用两个列表中相应的元素去调用该函数，将两个列表结合到一起。下面就是我们的实现：

```
zipWith' :: (a -> b -> c) -> [a] -> [b] -> [c]
zipWith' _ [] _ = []
zipWith' _ _ [] = []
zipWith' f (x:xs) (y:ys) = f x y : zipWith' f xs ys
```

先看这段类型声明。它的第一个参数是一个取两个参数并返回一个值的函数，其中两个参数的类型不必相同，不过相同也没关系。第二、三个参数都是列表，返回值也是一个列表。

第一个列表中元素的类型必须是 a，因为这个处理结合的函数的第一个参数类型为 a。第二个列表中元素的类型必为 b，因为这个处理结合的函数的第二个参数类型为 b。返回的结果列表中元素类型为 c。

> **注意**　记住，在编写函数（尤其是高阶函数）时如果拿不准函数的类型，可以先省略类型声明，再利用 :t 查看 Haskell 类型推导的结果。

这个函数的行为与普通的 zip 函数很相似，基准条件也是相同的，不过多了一个参数，也就是处理元素结合的函数。它影响不到函数的基准条件，所以我们可以只留一个 _。最后一个模式的函数体与 zip 也很像，只不过这里是 f x y 而非 (x, y)。

通过下面的例子，可以演示一下我们的 zipWith' 函数可以做的事情：

```
ghci> zipWith' (+) [4,2,5,6] [2,6,2,3]
[6,8,7,9]
ghci> zipWith' max [6,3,2,1] [7,3,1,5]
[7,3,2,5]
ghci> zipWith' (++) ["foo ", "bar ", "baz "] ["fighters", "hoppers", "aldrin"]
["foo fighters","bar hoppers","baz aldrin"]
ghci> zipWith' (*) (replicate 5 2) [1..]
[2,4,6,8,10]
ghci> zipWith' (zipWith' (*)) [[1,2,3],[3,5,6],[2,3,4]][[3,2,2],[3,4,5],[5,4,3]]
[[3,4,6],[9,20,30],[10,12,12]]
```

如你所见，一个简单的高阶函数就可以玩出很多花样。

5.2.2　实现 flip

接下来实现标准库中的另一个函数 flip。flip 函数简单地取一个函数作为参数，返回一个效果相同的新函数，两个函数的唯一区别是，新函数的前两个参数的顺序和原先的函数前两个参数的顺序正好颠倒。可以这样实现：

```
flip' :: (a -> b -> c) -> (b -> a -> c)
flip' f = g
    where g x y = f y x
```

从类型声明中可以看出，flip' 取一个参数类型分别为 a 和 b 的函数，返回一个参数类型为 b 和 a 的函数。函数默认都会柯里化，且 -> 为右结合，因此这里的第二对括号其实并无必要。(a -> b -> c) -> (b -> a -> c) 与 (a -> b -> c) -> (b -> (a -> c)) 等价，也与 (a -> b -> c) -> b -> a -> c 等价。前面我们写了 g x y = f y x，既然这样可行，那么 f y x = g x y 不也一样？这样一来我们可以改成更简单的写法：

```
flip' :: (a -> b -> c) -> b -> a -> c
flip' f y x = f x y
```

在这个新版 `flip'` 中，我们发挥了柯里函数的优势。只要调用 `flip'` f 而不带 y 和 x 两个参数，就能够返回一个参数顺序颠倒过的 f。

`flip` 处理过的函数一般都用来传给其他函数，于是我们可以在处理高阶函数时，发挥柯里函数的优势。预先考虑清楚全应用的情景，根据对参数与返回值的要求，传递合适的高阶函数。

```
ghci> zip [1,2,3,4,5] "hello"
[(1,'h'),(2,'e'),(3,'l'),(4,'l'),(5,'o')]
ghci> flip' zip [1,2,3,4,5] "hello"
[('h',1),('e',2),('l',3),('l',4),('o',5)]
ghci> zipWith div [2,2..] [10,8,6,4,2]
[0,0,0,0,1]
ghci> zipWith (flip' div) [2,2..] [10,8,6,4,2]
[5,4,3,2,1]
```

利用 `flip'` 处理 `zip` 函数之后，可得一个类似 `zip` 但参数顺序相反的函数，其中第一个列表的元素会被放置在元组的第二项，反之亦然。利用 `flip'` 处理 `div` 得到的函数会使它的第二个参数除以第一个参数，可知将 2 与 10 传递给 `flip'` `div` 得到的结果与 `div` 10 2 相同。

5.3 函数式程序员工具箱

身为函数式程序员，我们很少需要对单个值多费心思。更多的情景是，处理一系列的数值、字母或者其他类型的数据，通过转换这一类集合来求取最后的结果。在本节中，我们将学习几个方便处理多个值的实用函数。

5.3.1 **map** 函数

`map` 取一个函数和一个列表作为参数，它会将这个函数应用到该列表的每个元素，产生一个新的列表。下面为它的定义：

```
map :: (a -> b) -> [a] -> [b]
map _ [] = []
map f (x:xs) = f x : map f xs
```

从类型声明中可以看出，它取一个取 a 返回 b 的函数和一组 a 值的列表作为参数，并返回一组 b 值的列表。

`map` 函数多才多艺，有许多不同的用法。下面是几个示例：

```
ghci> map (+3) [1,5,3,1,6]
[4,8,6,4,9]
ghci> map (++ "!") ["BIFF", "BANG", "POW"]
["BIFF!","BANG!","POW!"]
```

```
ghci> map (replicate 3) [3..6]
[[3,3,3],[4,4,4],[5,5,5],[6,6,6]]
ghci> map (map (^2)) [[1,2],[3,4,5,6],[7,8]]
[[1,4],[9,16,25,36],[49,64]]
ghci> map fst [(1,2),(3,5),(6,3),(2,6),(2,5)]
[1,3,6,2,2]
```

你可能会发现，上面的所有代码都可以用列表推导式来实现。比如，map (+3) [1,5,3,1,6]跟[x+3 | x <- [1,5,3,1,6]]完全等价。不过，合理地使用map函数能够使代码更加易读，尤其是需要嵌套map的情景。

5.3.2 `filter` 函数

filter 函数取一个谓词（predicate）和一个列表，返回由列表中所有符合该条件的元素组成的列表。（谓词特指判断事物为 True 还是 False 的函数；也就是返回布尔值的函数。）它的类型签名及实现大致如下：

```
filter :: (a -> Bool) -> [a] -> [a]
filter _ [] = []
filter p (x:xs)
    | p x       = x : filter p xs
    | otherwise = filter p xs
```

如果 p x 所得的结果为 True，就将相关元素加入新列表；否则就忽略掉。

下面是几个使用 filter 的示例：

```
ghci> filter (>3) [1,5,3,2,1,6,4,3,2,1]
[5,6,4]
ghci> filter (==3) [1,2,3,4,5]
[3]
ghci> filter even [1..10]
[2,4,6,8,10]
ghci> let notNull x = not (null x) in filter notNull [[1,2,3],[],[3,4,5],[2,2],[],[],[]]
[[1,2,3],[3,4,5],[2,2]]
ghci> filter (`elem` ['a'..'z']) "u LaUgH aT mE BeCaUsE I aM diFfeRent"
"uagameasadifeent"
ghci> filter (`elem` ['A'..'Z']) "i LAuGh at you bEcause u R all the same"
"LAGER"
```

同map函数一样，上面的例子都可以用列表推导式配合谓词来实现。并没有教条规定你必须在什么情况下用map和filter还是列表推导式，只要考虑当前的代码及其上下文，选择可读性更高的方案即可。

相对于带有多个谓词的列的列表推导式而言，filter 需要执行多次过滤，或者通过逻辑函数&&来组合谓词，才能达到和列表推导式相同的效果。如下：

```
ghci> filter (<15) (filter even [1..20])
[2,4,6,8,10,12,14]
```

在这个例子中，我们取[1..20]作为输入，过滤出其中所有的偶数，然后将新列表传递给filter (<15)，过滤出其中所有小于 15 的数值。下面是等价的列表推导式：

```
ghci> [x | x <- [1..20], x < 15, even x]
[2,4,6,8,10,12,14]
```

在这里，我们利用列表推导式从[1..20]中取值，并在后面列出值需要满足的条件。

还记得第 4 章的那个 quicksort 函数吗？我们用到了列表推导式来过滤大于等于或小于基准的元素。使用 filter 也可以实现同样的功能，且更加易读：

```
quicksort :: (Ord a) => [a] -> [a]
quicksort [] = []
quicksort (x:xs) =
    let smallerOrEqual = filter (<= x) xs
        larger = filter (> x) xs
    in quicksort smallerOrEqual ++ [x] ++ quicksort larger
```

5.3.3　有关 **map** 与 **filter** 的更多示例

作为另一个例子，我们尝试寻找 100 000 以下 3 829 的最大的倍数。需要做的就是过滤已知解所在的集合：

```
largestDivisible :: Integer
largestDivisible = head (filter p [100000,99999..])
    where p x = x `mod` 3829 == 0
```

首先取得所有小于 100 000 的数的降序列表，然后按照谓词过滤它。由于这个列表是降序的，因此结果列表中的首个元素就是符合谓词的最大数。由于我们只取过滤结果的首个元素，所以它并不关心这一列表是有限的还是无限的。Haskell 的惰性允许运算在找到首个合适结果时停止。

下一个例子是找出所有小于 10 000 的奇数的平方，并求和。在这里，我们将用到 takeWhile 函数，它取一个谓词和一个列表作为参数，然后从头开始遍历列表，在元素仍符合谓词时返回元素。一旦遇到不符合条件的元素，它就会停止执行，并返回结果列表。比如，取字符串中的首个单词，我们可以这样：

```
ghci> takeWhile (/=' ') "elephants know how to party"
"elephants"
```

要计算所有小于 10 000 的奇数的平方的和，就首先用(^2)函数映射到无限列表[1..]之上，然后过滤出结果中的奇数。随后利用 takeWhile，保证只在元素仍小于 10 000 时获取元素。最后使用 sum 函数将前面的所有元素加到一起。这一切甚至不需要额外定义一个函数，直接在 GHCi 下一行代码就能完成：

```
ghci> sum (takeWhile (<10000) (filter odd (map (^2) [1..])))
166650
```

不错！先从几个初始数据（表示所有自然数的无限列表）开始，然后映射、过滤、切断，直到它符合我们的要求，最后将结果加在一起。

同样，也可以通过列表推导式来解决这个例子中的问题，像这样：

```
ghci> sum (takeWhile (<10000) [m | m <- [n^2 | n <- [1..]], odd m])
166650
```

下一个问题与克拉兹序列（Collatz sequence）有关。克拉兹序列（也称为克拉兹链）的定义如下：

- 从任意自然数开始；

- 如果是 1，停止；

- 如果是偶数，将它除以 2；

- 如果是奇数，将它乘 3 然后加 1；

- 取所得的结果，重复上述算法。

这样可以得到由一组数构成的链。数学家推论说，无论以任何数开始，这条链到最后都会归 1。比如，拿 13 当做起始数，可以得到这样一个序列：13, 40, 20, 10, 5, 16, 8, 4, 2, 1。（13×3+1 得 40，40 除 2 得 20，依次类推。）可知 13 开始的克拉兹链含有 10 个元素。

在这里我们需要求解的问题是：分别以 1 到 100 之间的所有数作为起始数，有多少克拉兹链的长度大于 15？

第一步是写一个产生链的函数：

```
chain :: Integer -> [Integer]
chain 1 = [1]
chain n
    | even n = n:chain (n 'div' 2)
    | odd n = n:chain (n*3 + 1)
```

这是一个标准的递归函数。克拉兹链都会止于 1，因此基准条件为 1。我们可以测试一下这个函数，看它是否工作正常：

```
ghci> chain 10
[10,5,16,8,4,2,1]
ghci> chain 1
```

```
[1]
ghci> chain 30
[30,15,46,23,70,35,106,53,160,80,40,20,10,5,16,8,4,2,1]
```

接下来编写 `numLongChains` 函数，由它来告诉我们结果：

```
numLongChains :: Int
numLongChains = length (filter isLong (map chain [1..100]))
    where isLong xs = length xs > 15
```

我们把 `chain` 函数映射到[1..100]，得到一组链组成的列表，其中的链也是以列表表示的。然后将列表长度大于 15 作为谓词，执行过滤。过滤完毕之后，即可通过结果列表得出符合条件的链的个数。

> **注意** 这个函数的类型为 `numLongChains :: Int`。这是因为 `length` 函数的返回类型是 `Int`，而非 `Num a`。若要得到一个更通用的 `Num a`，我们可以使用 `fromInterval` 函数来处理所得结果。

5.3.4 映射带有多个参数的函数

我们已经映射过不少取一个参数的函数了（如 `map (*2) [0..]`）。实际上，映射带有多个参数的函数也同样没问题，如 `map (*) [0..]`。在这里`*`函数的类型为`(Num a) => a -> a -> a`，`*`函数会被应用到列表中的每个元素上。

按照之前的经验，将一个参数应用到取两个参数的函数上，可以得到一个取一个参数的函数。如果将`*`映射到列表`[0..]`，可以得到一组由取一个参数的函数组成的列表。

如下面的例子：

```
ghci> let listOfFuns = map (*) [0..]
ghci> (listOfFuns !! 4) 5
20
```

取结果列表中的第四个元素，可以得到一个与`(*4)`等价的函数。然后把 5 应用到这个函数，就跟`(4 *) 5` 或 `4*5` 都是等价的。

5.4 lambda

lambda 就是一次性的匿名函数。

有些时候我们需要传给高阶函数一个特定功能的函数，这就会用到 lambda。要声明一个 lambda，就写一个\（因为它看起来像是希腊字母的 λ——如果你斜着看），后跟函数的参数列表，参数之间用空格分隔，->后面是函数体。通常我们习惯将整个 lambda 用括号括起来。

在前一节，我们在 numLongChain 函数的 where 部分声明了 isLong 作为一个特定功能的函数，并将它传递给 filter。我们也可以用 lambda 代替它，像这样：

```
numLongChains :: Int
numLongChains = length (filter (\xs -> length xs > 15) (map chain [1..100]))
```

 lambda 是一个表达式，因此我们可以任意将其传递给函数。表达式 (\xs -> length xs > 15) 返回一个函数，它可以告诉我们一个列表的长度是否大于 15。

不熟悉柯里函数与部分应用的初学者很容易过度使用 lambda，然而实际上大部分 lambda 都是没必要的。比如，下面的两个表达式是等价的：

```
ghci> map (+3) [1,6,3,2]
[4,9,6,5]
ghci> map (\x -> x + 3) [1,6,3,2]
[4,9,6,5]
```

(+3) 和 (\x -> x+3) 两个表达式都会返回一个将参数加 3 的一元函数，实质上它们的结果相同。不用说，在这种情况下使用部分应用无疑更加易读。

和普通函数一样，lambda 也可以取多个参数：

```
ghci> zipWith (\a b -> (a * 30 + 3) / b) [5,4,3,2,1] [1,2,3,4,5]
[153.0,61.5,31.0,15.75,6.6]
```

此外，同普通函数一样，你也可以在 lambda 中使用模式匹配，不过你无法为一个参数设置多个模式（如[]和(x:xs)，将后者作为前者的后备模式）。

```
ghci> map (\(a,b) -> a + b) [(1,2),(3,5),(6,3),(2,6),(2,5)]
[3,8,9,8,7]
```

注意 只要 lambda 的模式匹配失败，就会引发一个运行时错误，所以请慎用！

来看一个有趣的例子：

```
addThree :: Int -> Int -> Int -> Int
addThree x y z = x + y + z

addThree' :: Int -> Int -> Int -> Int
addThree' = \x -> \y -> \z -> x + y + z
```

由于 Haskell 中的函数默认柯里化，上面两个函数是等价的。当然第一个 `addThree` 显然更加易读，不过第二个函数使得柯里化更容易理解。

> **注意** 留意第二个例子中 lambda 的外面并没有括号。当编写不带括号的 lambda 时，Haskell 会假定箭头->的右侧都是 lambda 的函数体。在这个例子中，省略括号正好可以少打些字。当然，如果你喜欢，再加一层括号也无妨。

也有一些情景使用 lambda 风格替代柯里化风格会更好。比如 `flip` 函数，我想这样定义会最易读：

```
flip' :: (a -> b -> c) -> b -> a -> c
flip' f = \x y -> f y x
```

尽管这样写与 `flip' f x y = f y x` 等价，但是这种风格能够更明确地表现出返回值是一个函数。`flip` 的常见用法是只取一个函数作为参数，或者取一个函数和一个参数作为参数，再将返回的新函数传递给 `map` 或 `zipWith`：

```
ghci> zipWith (flip (++)) ["love you", "love me"] ["i ", "you "]
["i love you","you love me"]
ghci> map (flip subtract 20) [1,2,3,4]
[19,18,17,16]
```

有时函数的用途就是部分应用之后作为参数传递给其他函数，这时像上面那样使用 lambda 能够使代码更加清晰。

5.5 折叠纸鹤

回到第 4 章我们学习递归的情景，我们不难发现处理列表的函数大多拥有固定的模式。通常我们会将基准条件设置为空列表，再引入(x:xs)模式，然后对单个元素和余下的列表做些事情。这一模式是非常常见，因此 Haskell 的设计者引入了一系列函数来使之简化，也就是折叠（fold）函数。折叠允许我们将一个数据结构（像列表）归约为单个值。

所有遍历列表中元素并据此返回一个值的操作都可以基于折叠实现。无论何时需要遍历列表并返回某个值，都可以尝试下折叠。

一个折叠取一个二元函数（取两个参数的函数，如+和 `div`）、一个初始值（通常称为累加值）以及一个待折叠的列表。

列表可以从左端开始折叠，也可以从右端开始折叠。折叠函数会取初始值和列表的起始元素来应用二元函数，得到返回值作为新的累加值。然后，以新的累加值和新的列表第一个元素

（或最后一个元素）调用该函数，依次类推。到列表遍历完毕时，会只剩一个累加值，也就是最终的结果。

5.5.1 通过 `foldl` 进行左折叠

首先看下 `foldl` 函数，它被称为*左折叠*（left fold）。它从列表的左端开始折叠，用初始值和列表的头部调用二元函数，得到一个新的累加值，并用新的累加值与列表的下一个元素调用二元函数，依次类推。

我们再来实现 sum，这次通过折叠替代显式的递归：

```
sum' :: (Num a) => [a] -> a
sum' xs = foldl (\acc x -> acc + x) 0 xs
```

现在来测试下：

```
ghci> sum' [3,5,2,1]
11
```

接下来深入看一下折叠的执行过程：`\acc x-> acc + x` 是一个二元函数，0 是初始值，xs 是待折叠的列表。一开始，累加值为 0，当前项为 3，调用二元函数进行简单的加法计算得 3，作为新的累加值。接着，累加值为 3，列表的下一项为 5，调用二元函数得新累加值 8。再往后，累加值为 8，下一项为 2，得新累加值 10。最后累加值为 10，下一项为 1，相加得 11。恭喜，你已将整个列表折叠完毕！

左边的这个图表示了折叠的执行过程，一步又一步。加号左侧的数字是累加值，你可以从中看出列表是如何从左端一点点加到累加值上的。（唔，对对对！）

如果我们考虑到函数的柯里化，可以写出更简单的实现：

```
sum' :: (Num a) => [a] -> a
sum' = foldl (+) 0
```

lambda 函数（`\acc x -> acc + x`）与`(+)`等价。我们可以把 xs 参数省略掉，调用 `foldl (+) 0` 正好返回一个取列表作为参数的函数。通常，如果你的函数类似于 `foo a = bar b a`，就可以改为 `foo = bar b`，因为有柯里化。

5.5.2 通过 `foldr` 进行右折叠

右折叠函数 `foldr` 的行为与左折叠相似，不过累加值是从列表的右端开始。此外，右折叠的二元函数的参数顺序也是相反的：第一个参数是当前列表值，第二个参数是累加值。（将累加值放在右侧是合理的，毕竟是从右端开始折叠。）

折叠中的累加值（返回值也同样）可以是任何类型，可以是数值、布尔甚至一个新的列表。比如，我们可以用右折叠实现 map 函数，其中的累加值就是一个列表。将 map 处理过的元素一个一个连到一起。很容易想到，初始值就是空列表。

```
map' :: (a -> b) -> [a] -> [b]
map' f xs = foldr (\x acc -> f x : acc) [] xs
```

如果我们将 (+3) 映射到 [1,2,3]，它就会先到达列表的右端，然后取最后那个元素（也就是 3）来应用 (+3)，得 6。将它追加到累加值之前，6:[] 得 [6] 并成为新的累加值。将 (+3) 应用到 2，得 5，通过 (:) 追加到累加值之前，于是累加值成了 [5,6]。再将 (+3) 应用到 1，并将结果 4 追加到累加值之前，最终得结果 [4,5,6]。

当然，我们也可以通过左折叠来实现它，像这样：

```
map' :: (a -> b) -> [a] -> [b]
map' f xs = foldl (\acc x -> acc ++ [f x]) [] xs
```

不过问题是，使用 (++) 往列表后面追加元素的效率要比使用 (:) 低得多。所以需要生成新列表的时候，一般倾向于使用右折叠。

此外，两种折叠有一大区别：左折叠无法处理无限列表，而右折叠可以。

接下来使用右折叠再实现一个函数。我们已经知道，elem 函数检查一个值是否在列表中存在。下面是基于 foldr 的实现：

```
elem' :: (Eq a) => a -> [a] -> Bool
elem' y ys = foldr (\x acc -> if x == y then True else acc) False ys
```

在这里，累加值是一个布尔值（想想累加值的类型与折叠的最终返回值的类型一致）。我们以 False 作为初始值，先假定值并不在于列表中。考虑到折叠一个空列表时会将初始值作为返回值的性质，这一来可以保证列表为空时依然可以得到正确结果。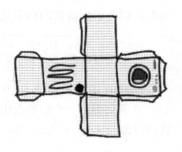

接下来检查当前元素是否与我们期望的元素相等。如果相等，则设置累加值为 True；如果不等，则保持原先累加值不变。如果累加值为 False，就表示在此之前仍未遇到期望的元素；如果累加值为 True，则意味着接下来的折叠中，它将一直为 True。

5.5.3　**foldl1** 函数与 **foldr1** 函数

foldl1 与 foldr1 的行为与 foldl 和 foldr 相似，只是无需明确提供初始值。它们假定列表的第一个（或最后一个）元素是初始值，并从旁边的元素开始折叠。这样一来，我们可以这样实现 maximum 函数：

```
maximum' :: (Ord a) => [a] -> a
maximum' = foldl1 max
```

在基于 foldl1 实现的 maximum' 函数中，我们没有额外提供初始值，而是由 foldl1 设定列表的第一个元素作为初始的累加值。可见 foldl1 只需一个二元函数和一个待折叠的列表就足够了。我们从列表的第一个元素开始遍历，使每个元素与累加值做比较，如果大于累加值，则将累加值替换为当前元素；否则保持当前累加值不变。max 函数的行为正好与之相符：取两个参数，返回其中较大的参数。因此我们直接将 max 作为二元函数传递给 foldl1。待折叠完毕，剩下的便是列表中最大的元素。

这里要求待折叠的列表中至少含有一个元素，若传入空列表就会产生一个运行时错误。不过使用 foldl 和 foldr 处理空列表就不会遇到问题。

> **注意** 在处理折叠时，应先想一下它在遇到空列表时会怎样。如果该函数在理论上不应该处理空列表，可以考虑使用 foldr1 和 foldl1。

5.5.4 折叠的几个例子

为了体会折叠的威力，我们就用它再来实现几个标准库函数。首先编写自己的 reverse 函数：

```
reverse' :: [a] -> [a]
reverse' = foldl (\acc x -> x : acc) []
```

这里我们将空列表作为初始值，然后从原先列表的左端开始遍历，依次将元素追加至累加值的左侧，从而列表反转。

其中\acc x -> x : acc 函数与:的行为类似，不过参数的顺序相反。考虑到这一点，我们可以将 reverse'重写成这样：

```
reverse' :: [a] -> [a]
reverse' = foldl (flip (:)) []
```

现在来实现 product：

```
product' :: (Num a) => [a] -> a
product' = foldl (*) 1
```

要计算列表中所有数值的积，我们将 1 作为起始的累加值，然后利用*函数进行左折叠，使元素依次与累加值相乘。

现在来实现 `filter`:

```
filter' :: (a -> Bool) -> [a] -> [a]
filter' p = foldr (\x acc -> if p x then x : acc else acc) []
```

在这里，我们使用空列表作为起始的累加值，然后从右端开始折叠，遍历每个元素。`p` 就是我们的谓词，如果 `p x` 得 `True`——表示当前元素满足谓词——就将它追加在累加值的前面；否则保留原先的累加值不变。

最后实现 `last`:

```
last' :: [a] -> a
last' = foldl1 (\_ x -> x)
```

我们使用 `foldl1` 来获取列表的最后一个元素。将列表的第一个元素作为初始值，然后使用这样的二元函数：总是丢弃当前的初始值，并将当前元素设置为初始值。待遍历完毕，返回累加值，也就是列表的最后一个元素。

5.5.5 另一个角度看折叠

有另一个理解左折叠与右折叠的思路：折叠是对列表中的所有元素连续地应用某个函数的一种方式。假设我们有个二元函数 `f`，初始累加值 `z`，如果对列表 [3,4,5,6] 进行右折叠，实际执行的就是：

```
f 3 (f 4 (f 5 (f 6 z)))
```

`f` 会以列表的最后一个元素和累加值来调用，所得的结果会作为新的累加值传入下一次应用，依次类推。

将 `f` 代为 `+`，初始值代为 `0`，那么所做的就是：

```
3 + (4 + (5 + (6 + 0)))
```

或将 `+` 换成前缀形式，像这样：

```
(+) 3 ((+) 4 ((+) 5 ((+) 6 0)))
```

类似地，以 `g` 为二元函数，`z` 为累加值，左折叠一个列表与下面的表达式等价：

```
g (g (g (g z 3) 4) 5) 6
```

如果将 `flip (:)` 用做二元函数，`[]` 为累加值（看得出，我们是要反转一个列表），就与下面的代码等价了：

```
flip (:) (flip (:) (flip (:) (flip (:) [] 3) 4) 5) 6
```

显而易见，执行该表达式的结果为 [6,5,4,3]。

5.5.6 无限列表的折叠

将折叠视作针对列表中元素的连续函数应用之后，再看 `foldr` 对无限列表的支持就不难理解了。接下来我们将编写基于 `foldr` 的 and 函数实现。然后像前一个例子那样，写出等价的连续函数应用形式。从中即可看出 `foldr` 利用 Haskell 的惰性来操作无限列表的工作原理。

and 函数取一组布尔值组成的列表作为参数，只要列表中的元素之中存在一个 False，就返回 False；否则返回 True。我们将从右端开始折叠，以 True 为初始值，直接使用&&作为二元函数，以保证所有元素皆为 True 时才返回 True。&&函数会在其中一个参数为 False 时返回 False，因此累加值一旦被设为 False，就可以确认最终的结果是 False 了，即便余下的元素都是 True 也无所谓：

```
and' :: [Bool] -> Bool
and' xs = foldr (&&) True xs
```

我们已对 `foldr` 的工作方式有所了解，可知表达式 and' [True, False, True]的执行过程与下面的代码相似：

```
True && (False && (True && True))
```

其中最后的 True 就是我们的初始值，前三个布尔值则来自列表[True, False, True]。计算该表达式的结果将是 False。

接下来我们拿一个无限列表试一下，比如 repeat False，一组无限多的 False 组成的列表。像这样：

```
False && (False && (False && (False ...
```

Haskell 是惰性的，只在确实必要时才会计算。此外&&函数的性质是只有在两个参数皆为 True 时返回 True，只要它的第一个参数为 False，即可无视第二个参数：

```
(&&) :: Bool -> Bool -> Bool
True && x = x
False && _ = False
```

放在这个无限 False 列表的例子中，会匹配到第二个模式，直接返回 False，Haskell 不必继续计算无限列表中余下的部分：

```
ghci> and' (repeat False)
False
```

当二元函数并不总是需要对第二个参数求值时，即可通过 `foldr` 对无限列表做处理。比如，&&在第一个参数为 False 时，就不需要关心第二个参数了。

5.5.7 扫描

scanl 和 scanr 两个函数与 foldl 和 foldr 相似，不过它们会将累加值的所有变动记录到一个列表中。也有 scanl1 和 scanr1，它们相当于 foldl1 和 foldr1。下面是这些函数的几个例子：

```
ghci> scanl (+) 0 [3,5,2,1]
[0,3,8,10,11]
ghci> scanr (+) 0 [3,5,2,1]
[11,8,3,1,0]
ghci> scanl1 (\acc x -> if x > acc then x else acc) [3,4,5,3,7,9,2,1]
[3,4,5,5,7,9,9,9]
ghci> scanl (flip (:)) [] [3,2,1]
[[],[3],[2,3],[1,2,3]]
```

当使用 scanl 时，最终结果是结果列表的最后一个元素。不过在 scanr 中，则是结果列表的第一个元素。

扫描（scan）可用于跟踪基于折叠实现的函数的执行过程。作为有关扫描的小练习，想想这个问题：将自然数的平方根依次相加，会在何处超过 1000？

先简单地调用 map sqrt [1..]获取所有自然数的平方根，然后通过折叠求和。但在这里，我们更关心求和的过程，所以使用扫描。扫描完毕之后，即可就得到 1000 以下的所有和。

```
sqrtSums :: Int
sqrtSums = length (takeWhile (<1000) (scanl1 (+) (map sqrt [1..]))) + 1
```

为了在数字超过 1000 时及时切断结果列表，这里使用了 takeWhile 而非 filter，否则过滤将无法停止。我们很清楚这个列表是递增的，然而 filter 对此并不了解。因此我们需要使用 takeWhile，好在发现第一个大于 1000 的和时切断列表，停止扫描。

```
ghci> sqrtSums
131
ghci> sum (map sqrt [1..131])
1005.0942035344083
ghci> sum (map sqrt [1..130])
993.6486803921487
```

看，我们的结果是正确的！将前 130 个平方根相加的结果还小于 1000，再加一个平方根就超过 1000 了。

5.6 有$的函数应用

好的，接下来看一下$函数，它也叫做函数应用符（function application operator）。先看它的定义：

```
($) :: (a -> b) -> a -> b
f $ x = f x
```

什么鬼东西？这函数没意义吧？它只是个函数应用罢了！好吧，不全是，但差不多。普通的函数应用（通过空格隔开）有最高的优先级，而$的优先级则最低。用空格的函数调用符是左结合的（如 f a b c 与 ((f a) b) c 等价），而$则是右结合的。

听着不错，但有什么用？在大多数情况下，它可以减少代码中括号的数目。试想有这样一个表达式：sum (map sqrt [1..130])。由于$的低优先级，我们可以将其改为 sum $ map sqrt [1..130]，这一来$右侧的表达式就作为参数应用到左侧函数上了。

sqrt 3 + 4 + 9 会怎样？这会得到 9、4 和 3 的平方根的和。如果想取 (3+4+9) 的平方根，就得写成 sqrt (3+4+9)。用上$之后，则可以写成 sqrt $ 3+4+9。你可以将$看做是在表达式右侧写一对括号的等价形式。

看另一个例子：

```
ghci> sum (filter (> 10) (map (*2) [2..10]))
80
```

唔，括号太多了，不好看！在这里，我们将 (*2) 映射到 [2..10]，然后过滤结果列表，仅保留大于 10 的数值，最后将它们全部加起来。

我们可以利用$函数将前面的例子重写一下，好让眼睛舒服一点：

```
ghci>sum $ filter (> 10) (map (*2) [2..10])
80
```

$是右结合的，意味着 f $ g $ x 与 f $ (g $ x) 等价。了解这一点之后，前面的例子可以继续改为这样：

```
ghci> sum $ filter (> 10) $ map (*2) [2..10]
80
```

除减少括号外，$还可以将函数应用转为函数，这就允许我们映射一个函数应用到一组函数组成的列表：

```
ghci> map ($ 3) [(4+),(10*),(^2),sqrt]
[7.0,30.0,9.0,1.7320508075688772]
```

这里将 ($ 3) 映射到了列表上。($ 3) 函数的功能可能不明显，它会取一个函数作为参数，然后将该函数应用到 3 上。在上面的结果中不难看出，列表中的每个函数都应用到了 3 上。

5.7　函数组合

在数学中，函数组合（function composition）是这样定义的：(f ∘ g)(x) = f(g(x))，表示组合两个函数。这相当于先拿参数调用一个函数，然后取结果作为参数调用下一个函数。

Haskell 中的函数组合与之很像。进行函数组合的函数为 .，其定义为：

```
(.) :: (b -> c) -> (a -> b) -> a -> c
f . g = \x -> f (g x)
```

注意一下这里的类型声明，f 的参数类型必须与 g 的返回类型相同。所以得到的组合函数的参数类型与 g 相同，返回类型与 f 相同。比如，表达式 negate . (*3) 返回一个求一数字乘以 3 后的负数的函数。

函数组合的用处之一就是随时生成新函数，传递给其他函数。当然我们可以用 lambda 实现，但多数情况下，使用函数组合无疑更直白且更简洁。

假设我们有一组由数值组成的列表，要将其全部转为负数，很容易就想到应先取其绝对值，再取负数，像这样：

```
ghci> map (\x -> negate (abs x)) [5,-3,-6,7,-3,2,-19,24]
[-5,-3,-6,-7,-3,-2,-19,-24]
```

注意，这个 lambda 与先前的那个函数组合多么像。用函数组合，可以将代码改为：

```
ghci> map (negate . abs) [5,-3,-6,7,-3,2,-19,24]
[-5,-3,-6,-7,-3,-2,-19,-24]
```

漂亮！函数组合的右结合性允许我们同时组合多个函数。表达式 f (g (z x)) 与 (f . g . z) x 是等价的。按照这个思路，我们可以重新整理下面这段杂乱的代码：

```
ghci> map (\xs -> negate (sum (tail xs))) [[1..5],[3..6],[1..7]]
[-14,-15,-27]
```

改为更清晰的形式，像这样：

```
ghci> map (negate . sum . tail) [[1..5],[3..6],[1..7]]
[-14,-15,-27]
```

negate . sum . tail 返回一个函数，取一个列表作为参数，对其应用 tail 函数，然后对结果应用 sum 函数，最后应用 negate 求取最终结果。可见这与先前的 lambda 是等价的。

5.7.1　带有多个参数函数的组合

不过带多个参数的函数该怎么办呢？嗯，对于这种情景，通过部分应用使每个函数都只剩下一个参数就好了。考虑这段表达式：

```
sum (replicate 5 (max 6.7 8.9))
```

这段表达式可以重写为：

```
(sum . replicate 5 )(max 6.7 8.9)
```

或者相应的等价形式：

```
sum . replicate 5 $ max 6.7 8.9
```

先调用 max 6.7 8.9，使它的结果应用到 replicate 5 返回的函数上，然后对结果应用 sum。注意，我们在这里部分应用了 replicate 函数，使它只剩一个参数。这样一来，将 max 6.7 8.9 的结果传给 replicate 5，得到的是一组数值组成的列表，最后将它传给 sum。

如果你打算用函数组合来省去表达式中大量的括号，可以先找出最里面的函数及参数写下来，在它们前面加一个 $，接着略去其余函数的最后一个参数，通过 . 组合到一起。假如有这样的一段表达式：

```
replicate 2 (product (map (*3) (zipWith max [1,2] [4,5])))
```

可以将其改为这样：

```
replicate 2 . product . map (*3) $ zipWith max [1,2] [4,5]
```

然而具体的修改过程又是怎样进行的呢？首先我们在靠近右括号的部分找到最右侧的函数及其参数，也就是 zipWith max [1,2] [4,5]。先将它记下来，目前的代码是：

```
zipWith max [1,2] [4,5]
```

然后找出应用到 zipWith max [1,2] [4,5]的函数，也就是 map (*3)。在函数与之前的代码之间插入一个 $：

```
map (*3) $ zipWith max [1,2] [4,5]
```

接下来就出现函数组合了。找出应用到前面的结果的函数，即 product，使之与 map (*3) 组合起来：

```
product . map (*3) $ zipWith max [1,2] [4,5]
```

最后，可以看出 replicate 2 函数应用到了之前的结果上，继续修改：

```
replicate 2 . product . map (*3) $ zipWith max [1,2] [4,5]
```

如果遇到表达式以三个括号结尾，使用函数组合的方式进行重写之后，会用到两次函数组合符。

5.7.2 Point-Free 风格

函数组合的另一用途就是定义 Point-Free 风格（也称 pointless 风格）的函数。就拿我们之前写的函数作为例子：

```
sum' :: (Num a) => [a] -> a
sum' xs = foldl (+) 0 xs
```

等号的两端都有 xs。由于柯里化，我们可以同时省掉两端的 xs。foldl (+) 0 返回一个取列表作为参数的函数，这也正是 Point-Free 风格的样子：

```
sum' :: (Num a) => [a] -> a
sum' = foldl (+) 0
```

再找个例子，将下面的函数改为 Point-Free 风格：

```
fn x = ceiling (negate (tan (cos (max 50 x))))
```

像刚才那样简单去掉两端的 x 就不行了，因为函数体中 x 的右侧还有括号。cos (max 50) 会有问题——我们不能求函数的余弦。这里的解决方案便是，将 fn 设为一组函数的组合。

```
fn = ceiling . negate . tan . cos . max 50
```

漂亮！许多时候，Point-Free 风格的代码更加简洁和易读。它使你倾向于思考函数的组合方式，而非数据的传递与变化。利用函数组合，可以很方便地将一组简单的函数组合在一起，使之成为一个复杂的函数。

不过函数若过于复杂，再使用 Point-Free 风格往往会适得其反，降低代码的可读性。因此不鼓励构造较长的函数组合链。更好的风格是使用 let 语句为中间的运算结果绑定一个名字，将问题分解成几个小问题再组合到一起。这样可以使代码的读者更轻松些。

在本章的前半部分，我们求了小于 10 000 的所有奇数的平方的和。如果将整个计算过程置于一个函数之中，就会像下面这样：

```
oddSquareSum :: Integer
oddSquareSum = sum (takeWhile (<10000) (filter odd (map (^2) [1..])))
```

了解了函数组合的知识之后，我们可能会这样改写：

```
oddSquareSum :: Integer
oddSquareSum = sum . takeWhile (<10000) . filter odd $ map (^2) $ [1..]
```

看这段代码，一开始可能会感到奇怪，不过很快就能够习惯这样的风格。我们清理了多余的括号，使得这段代码中没有过多视觉干扰。看这段代码时，你可以这样读：将 filter odd 应用到 map (^2) [1..]的结果上，然后拿结果调用 takeWhile (<10000)，最后将 sum 应用到前面得到的结果上。

第 6 章

模块

Haskell 中的模块（module）是指包含函数、类型与类型类的定义的文件，而 Haskell 程序（program）正是一系列模块的集合。

模块中包含许多函数及类型的定义，且允许导出（export）其中的部分定义。这就意味着，外部世界能够访问并使用模块内部的定义。

将代码分到多个模块中有很多好处。只要一个模块足够通用，它导出的函数便可以为不同的程序服务。如果分离到模块中的代码足够独立，相互之间没有过多依赖（又称松耦合，loosely coupled），即可方便未来的重用。将代码分成几个部分，能够使代码更容易管理。

Haskell 的标准库就被分成了一系列的模块，每个模块都含有一组功能相近或相关的函数和类型。有处理列表的模块，有处理并发的模块，也有处理复数的模块，等等。目前为止，我们谈及的所有函数、类型以及类型类都是 Prelude 模块的一部分，默认情况下，Prelude 模块被自动导入。

本章我们将学习几个常用的模块以及其中的函数。不过在此之前，我们需要先了解一下导入模块的方法。

6.1 导入模块

在 Haskell 中，导入模块的语法为 import ModuleName。导入模块的语句必须放置在任何函数的定义之前，所以一般都是将它置于代码的顶部。无疑，一段代码中可以装载多个模块，只要在每个代码行中单独使用一条 import 语句即可。

举一个实用的模块做例子，Data.List 内部含有很多列表处理函数。我们导入这个模块，

使用其中的一个函数来实现一个计算列表中不重复的元素数量的新函数:

```
import Data.List

numUniques :: (Eq a) => [a] -> Int
numUniques = length . nub
```

导入 `Data.List` 之后,`Data.List` 中包含的所有函数就都进入了全局命名空间。也就是说,你可以在代码的任意位置调用这些函数。其中的一个函数,即 `nub`,可以筛掉一个列表中所有的重复元素。用点号将 `length` 和 `nub` 组合起来,即 `length . nub`,即可得到一个与(`\xs -> length (nub xs)`)等价的函数。

> **注意** 要检查函数的定义或查找函数位于哪个模块,就用 Hoogle,它的网址为 http://www.haskell.org/hoogle/。非常了不起的 Haskell 搜索引擎!你可以将函数名、模块名,甚至类型签名作为搜索的条件。

在使用 GHCi 时,你也可以导入模块,并访问其中的函数。若要访问 `Data.List` 中导出的函数,就这样:

```
ghci> :m + Data.List
```

若要在 **GHCi** 中装载多个模块,不必执行多次 `:m +` 命令,一次性装载多个模块就行了,像这样:

```
ghci> :m + Data.List Data.Map Data.Set
```

如果装载的脚本已经包含了某模块,就不必再用 `:m +` 来访问它了。如果你只需要用到某模块的两个函数,也可以选择性地仅导入要用的这两个函数。以 **Data.List** 为例,仅从中导入 `nub` 和 `sort` 的话就这样:

```
import Data.List (nub, sort)
```

也可以只导入除某函数之外的所有其他函数,这在避免多个模块中函数的命名冲突时很有用。假设我们的代码中已经有了一个叫做 `nub` 的函数,在需要导入 `Data.List` 模块时,希望把它里面的 `nub` 忽略。忽略的方法如下:

```
import Data.List hiding (nub)
```

处理命名冲突还有个方法,便是限定导入(qualified import)。比如 `Data.Map` 模块提供了一个按键搜索值的数据结构,它里面有几个函数和 Prelude 模块中的定义重名,如 `filter` 和 `null`。导入 `Data.Map` 模块之后再调用 `filter`,Haskell 就会搞不清该使用哪个函数。解决方法如下:

```
import qualified Data.Map
```

这样一来,再调用 `Data.Map` 中的 `filter` 函数,就必须通过 `Data.Map.filter`,而 `filter` 依然是我们熟悉和喜爱的样子。但是要在每个函数前面都加个 `Data.Map` 实在是太烦人了!好在我们可以为限定导入的名字赋予一个别名,让它短些:

```
import qualified Data.Map as M
```

好，以后再调用 Data.Map 模块的 filter 函数的话仅需用 M.filter 就行了。

可以看出，点号.用于引用限定导入的模块中的函数，如 M.filter，此外我们也用它进行函数组合。那么 Haskell 怎样区分它的用途呢？嗯，当点号位于限定导入的模块名与函数中间且没有空格时，会视作对模块中函数的引用；否则视作函数组合。

在学习 Haskell 中的新东西时，最好的办法就是去查模块和函数的文档。你也可以阅读一下 Haskell 各模块的源代码，这对于深入了解 Haskell 非常有帮助。

6.2 使用模块中的函数求解问题

标准库中的模块提供了许多函数，使我们日常的 Haskell 编程轻松许多。接下来看几个例子，观察如何利用不同的 Haskell 模块来求解问题。

6.2.1 统计单词数

假设有一个字符串，我们希望统计其中每个单词出现的次数。在这里我们将首先用到的模块函数是 Data.List 中的 words。它能够将一个字符串转换成一组字符串组成的列表，而其中的每个字符串都是一个单词。下面是个简单的演示：

```
ghci> words "hey these are the words in this sentence"
["hey","these","are","the","words","in","this","sentence"]
ghci> words "hey these        are    the words in this sentence"
["hey","these","are","the","words","in","this","sentence"]
```

接下来使用 group 函数，我们用它来将列表中相同的单词分组。它也是 Data.List 模块的成员，取一个列表作为参数，能够将列表中相邻且相等的元素分组到单独的子列表中：

```
ghci> group [1,1,1,1,2,2,2,2,3,3,2,2,2,5,6,7]
[[1,1,1,1],[2,2,2,2],[3,3],[2,2,2],[5],[6],[7]]
```

不过，如果列表中的两个元素相同但不相邻会怎样？

```
ghci> group ["boom","bip","bip","boom","boom"]
[["boom"],["bip","bip"],["boom","boom"]]
```

我们得到了两个含有"boom"的列表，但我们期望的是将不同的单词分隔在不同的列表中。接下来该怎么办呢？没关系，我们可以预先将单词列表排序！于是会用到 sort 函数，它也在 Data.List 名下。sort 函数取一组可排序的元素组成的列表作为参数，将它按照从小到大的顺序排列，作为返回结果：

```
ghci> sort [5,4,3,7,2,1]
[1,2,3,4,5,7]
ghci> sort ["boom","bip","bip","boom","boom"]
```

```
["bip","bip","boom","boom","boom"]
```

注意，其中的字符串是按照字典序排列的。

万事俱备，只差写下来了。我们会取一个字符串，将它分成一组单词列表，然后对这些单词排序，再分组。最后，使用映射生成一些元组作为结果，比如("boom", 3)，表示"boom"出现了三次。

```
import Data.List

wordNums :: String -> [(String,Int)]
wordNums = map (\ws -> (head ws, length ws)) . group . sort . words
```

在这里，我们使用函数组合构造了完整的一个函数。它会取一个字符串，如"wa wa wee wa"，对它应用 words 函数，得["wa","wa","wee","wa"]。再将 sort 应用到前面的结果，得["wa","wa","wa","wee"]。应用 group 函数将相同的元素分组，得到一个单词列表的列表[["wa","wa","wa"],["wee"]]。最后映射一个函数到分过组的单词列表上，它取一个列表作为参数，返回一个元组，其中元组的首项为列表的头部，第二项为列表的长度。得到最终的结果：[("wa", 3), ("wee", 1)]。

下面为不使用函数组合的写法：

```
wordNums xs = map (\ws -> (head ws,length ws)) (group (sort (words xs)))
```

哇，括号太多了！我想，函数组合能够提高多少可读性，已显而易见。

6.2.2 干草堆中的缝纫针

接下来接到的任务是，写一个取两个列表作为参数的函数，判断第一个列表是否包含于第二个列表之中。比如，列表[3,4]包含于列表[1,2,3,4,5]之中，而未包含于列表[2,5]中。我们将待搜索的列表称作干草堆（haystack），而将搜索的对象称为缝纫针（needle）。

在这个任务里，我们会用到 tails 函数，它也是 Data.List 的家庭成员。tails 函数取一个列表作为参数，逐次对列表应用 tail 函数。下面是一个例子：

```
ghci> tails "party"
["party","arty","rty","ty","y",""]
ghci> tails [1,2,3]
[[1,2,3],[2,3],[3],[]]
```

到这里，tails 的用处可能还不明显，再来一个例子就清楚了。

假设我们要在字符串"party"中搜索字符串"art"。那么，首先调用 tails 得到列表的所有尾部。随后检查每个尾部，如果某尾部的开头为字符串"art"，那就找到"干草堆里的缝纫针"了！反过来，如果在字符串"party"中查找"boo"，将不会找到任何以"boo"开头的字符串。

要判断字符串是否以另一个字符串为开头，可以再找 Data.List，使用其中的 isPrefixOf

函数。它取两个列表作为参数，能够告诉我们第二个列表是否以第一个列表开头。

```
ghci> "hawaii" `isPrefixOf` "hawaii joe"
True
ghci> "haha" `isPrefixOf` "ha"
False
ghci> "ha" `isPrefixOf` "ha"
True
```

接下来我们需要做的，只剩下检查干草堆中是否存在以缝纫针开头的尾部了。这时可以用到 Data.List 中的 any 函数，它取一个限制条件和一个列表作为参数，能够告诉我们是否列表中存在满足该条件的元素。如下：

```
ghci> any (> 4) [1,2,3]
False
ghci> any (=='F') "Frank Sobotka"
True
ghci> any (\x -> x > 5 && x < 10) [1,4,11]
False
```

将这些函数拼到一起：

```
import Data.List

isIn :: (Eq a) => [a] -> [a] -> Bool
needle `isIn` haystack = any (needle `isPrefixOf`) (tails haystack)
```

这就都全了！我们使用 tails 生成干草堆的所有尾部，然后判断其中是否存在以缝纫针开头的元素。测试一下：

```
ghci> "art" `isIn` "party"
True
ghci> [1,2] `isIn` [1,3,5]
False
```

噢，等一等！我们搞的函数其实在 Data.List 模块中已经有了！当然，它叫做 isInfixOf，做的事情与我们的 isIn 函数完全相同。

6.2.3 凯撒密码沙拉[①]

盖乌斯·朱利尤斯·凯撒为我们安排了一项重要的任务，我们必将须一段机密情报传递给身在高卢的马克·安东尼。以防万一被捉住泄漏情报，我们将使用凯撒密码（Caesar ciper），配合 Data.Char 中的几个函数，暗中将情报加密。

凯撒密码是一个基本的加密算法，它会按照字母表，将情报中的字符移动固定的字数来实现加密。我们可以很轻松地写出自己的凯撒密码算法，不过我们不会将自己限制在字母表里——我们将使用整个 Unicode 字符集。

---

① 凯撒密码是广为人知的入门加密算法，而凯撒沙拉也是一道脍炙人口的意式名菜。——译者注

要基于字母表移动字符，我们会用到 Data.Char 模块中的 ord 函数与 chr 函数。它们能够将字符转换为数值，或者将数值转换为字符。

```
ghci> ord 'a'
97
ghci> chr 97
'a'
ghci> map ord "abcdefgh"
[97,98,99,100,101,102,103,104]
```

ord 'a' 返回 97，因为 'a' 是 Unicode 编码表中的第 97 个字符。

两个字符的 ord 值的差，就代表着两个字符在 Unicode 编码表中的距离。

我们写一个函数，令它取一个表示编码表移动位数的数字和一个字符串作为参数，并返回字符串中的每个字符按字母表进行移动之后的字符串。

```
import Data.Char

encode :: Int -> String -> String
encode offset msg = map (\c -> chr $ ord c + offset) msg
```

加密一个字符串的操作非常简单，无非就是为表示情报的字符串映射一个函数，这个函数取一个字符作为参数，将它转换为数字，增加位移，然后再将它转换回字符。将这项任务交给函数组合狂人的话，代码可能会被写成 (chr . (+ offset) . ord)。

```
ghci> encode 3 "hey mark"
"kh|#pdun"
ghci> encode 5 "please instruct your men"
"uqjfxj%nsxywzhy%~tzw%rjs"
ghci> encode 1 "to party hard"
"up!qbsuz!ibse"
```

显然已经加密了！

解密一段情报的话，只需减少相应的位移，使字符恢复为移动之前的值即可：

```
decode :: Int -> String -> String
decode shift msg = encode (negate shift) msg
```

接下来，我们就可以取凯撒的情报来测试一下：

```
ghci> decode 3 "kh|#pdun"
"hey mark"
ghci> decode 5 "uqjfxj%nsxywzhy%~tzw%rjs"
"please instruct your men"
ghci> decode 1 "up!qbsuz!ibse"
"to party hard"
```

6.2.4 严格左折叠

在上一章，我们学习了 `foldl` 的工作原理，以及基于它来实现各种酷酷的函数的方法。不过仍有一个需要特殊注意的地方没有提到：有时使用 `foldl` 会出现栈溢出错误，而栈溢出的原因通常是应用程序占据了过多内存。为演示这个错误，我们先使用 `foldl` 配合+函数来计算一百个 1 组成的列表的和：

```
ghci> foldl (+) 0 (replicate 100 1)
100
```

看起来工作良好。然而，如果我们想利用 `foldl` 来计算一个较大的列表的和，比如交给它邪恶的一百万个 1 组成的列表，又会怎样？

```
ghci> foldl (+) 0 (replicate 1000000 1)
*** Exception: stack overflow
```

噢，真的好邪恶！那么为什么会出现这样的错误？罪魁祸首就是 Haskell 的惰性：在执行计算时，Haskell 总会尽可能地将计算延迟，直到不得不计算时为止。在 `foldl` 的每一步折叠中，都不会立即计算累加值，而是延迟计算。到下一步折叠中，即使需要用到上一个累加值，Haskell 仍会延迟计算。由于延迟计算之间的依赖关系，内存中被延迟的计算将越来越多。随着折叠的进行，大量的延迟计算遗留了下来，而每一步延迟计算都会占据一块内存。到最后，便产生了栈溢出错误。

下面是 Haskell 执行表达式 `foldl (+) 0 [1,2,3]`时的计算过程：

```
foldl (+) 0 [1,2,3] =
foldl (+) (0 + 1) [2,3] =
foldl (+) ((0 + 1) + 2) [3] =
foldl (+) (((0 + 1) + 2) + 3) [] =
((0 + 1) + 2) + 3 =
(1 + 2) + 3 =
3+3=
6
```

可见，Haskell 在执行过程中构建了一个大的延迟计算栈。直到折叠的目标成为空列表之后，才真正开始对先前延迟的计算进行求值。对小的列表而言，这并不是什么问题，不过对于含有上百万元素的大列表而言，栈溢出就不可避免了，毕竟所有的延迟计算都是按照递归的形式进行求值的。试想如果有一个不延迟计算的函数，比如 `foldl'`，会不会很棒？它执行起来会像这样：

```
foldl' (+) 0 [1,2,3] =
foldl' (+) 1 [2,3] =
foldl' (+) 3 [3] =
foldl' (+) 6 [] =
6
```

在 `foldl'` 的几步折叠中，不会延迟任何计算，而是立即求值。好在我们很幸运，`Data.List` 已经提供了 `foldl` 的严格计算版本，正叫做 `foldl'`。尝试使用 `foldl'`来计算一百万个 1 的和：

```
ghci> foldl' (+) 0 (replicate 1000000 1)
1000000
```

顺利搞定！就像这样，如果你在使用 `foldl` 时遇到栈溢出错误，就尝试将它换成 `foldl'`。`foldl1` 也有相应的严格版本，即 `foldl1'`。

6.2.5 寻找酷数

你在街上散步，半路遇到一位老奶奶，她问："打扰一下，请问各位相加正好等于 40 的第一个自然数是多少？"

唔，好刺激，这世界怎么了？用些 Haskell 魔法来找这个数就好了。比如，将 123 的各位加在一起，得 6，因为 1 + 2 + 3 等于 6。那么，第一个满足各位相加得 40 这一性质的自然数是多少？

首先我们写一个函数，令它取一个整数作为参数，返回整数各位的和。在这里，我们会用到一个很酷的技巧。首先，我们使用 `show` 函数将这个整数转换为字符串，然后将字符串中的每个字符转换回数值，这就得到一组整数组成的列表了，最后求取列表中数值的和即可。要将一个字符转换为数值，可以使用 `Data.Char` 中的一个好用的函数，即 `digitToInt`。它取一个 `Char` 类型的参数，返回一个类型为 `Int` 的结果。

```
ghci> digitToInt '2'
2
ghci> digitToInt 'F'
15
ghci> digitToInt 'z'
*** Exception: Char.digitToInt: not a digit 'z'
```

`digitToInt` 可用于'0'到'9'以及'A'到'F'（也可以小写）之间的字符。

下面就是我们的函数，取一个整数作为参数，返回整数各位的和：

```
import Data.Char
import Data.List

digitSum :: Int -> Int
digitSum = sum . map digitToInt . show
```

我们将参数转换为字符串，然后向它映射 `digitToInt`，最后计算返回的列表中的数字的和。

接下来需要做的只是找到应用 `digitToInt` 之后得 40 的第一个自然数了。在这里，我们将用到 Data.List 中的 find 函数。它取一个限制条件和一个列表作为参数,返回列表中第一个满足限制条件的元素。不过,它有一个奇怪的类型声明:

```
ghci> :t find
find :: (a -> Bool) -> [a] -> Maybe a
```

第一个参数是一个限制条件,第二个参数是一个列表——还没有什么特殊的地方。不过它的返回值是怎么回事?写着 Maybe a——之前从没见过这样的类型。Maybe a 类型的值与[a]类型的列表相似,一个列表可以为空,可以含有一个元素,也可以含有多个元素,而 Maybe a 类型的值可以为空,也可以只含有一个元素。我们一般通过 Maybe 来表示可能会失败的计算。如需表示值为空,就用 Nothing,它相当于空列表。要构造一个含有元素的值,比如含有字符串"hey",那就写作 Just "hey"。下面是一段简单的演示:

```
ghci> Nothing
Nothing
ghci> Just "hey"
Just "hey"
ghci> Just 3
Just 3
ghci> :t Just "hey"
Just "hey" :: Maybe [Char]
ghci> :t Just True
Just True :: Maybe Bool
```

如你所见,Just True 的类型为 Maybe Bool,这与布尔值组成的列表的类型[Bool]相似。

如果 find 函数找到了满足限制条件的元素,它就会将这个元素包装在 Just 中并返回;否则返回 Nothing:

```
ghci> find (> 4) [3,4,5,6,7]
Just 5
ghci> find odd [2,4,6,8,9]
Just 9
ghci> find (=='z') "mjolnir"
Nothing
```

回来继续编写我们的函数。我们已经有了 digitSum 函数,也搞清楚了 find 的工作方式,剩下的只是将二者结合起来。想想我们要做的是找出第一个各位相加为 40 的整数:

```
firstTo40 :: Maybe Int
firstTo40 = find (\x -> digitSum x == 40) [1..]
```

先取无限列表[1..],然后查找其中第一个满足应用 digitSum 得 40 的整数。

```
ghci> firstTo40
Just 49999
```

这就是我们想要的结果！如果想编写一个更通用的函数，不再使用固定的 40 而是取参数作为期望的和，可以这样修改：

```
firstTo :: Int -> Maybe Int
firstTo n = find (\x -> digitSum x == n) [1..]
```

快速测试一下：

```
ghci> firstTo 27
Just 999
ghci> firstTo 1
Just 1
ghci> firstTo 13
Just 49
```

6.3　映射键与值

在处理某一类数据的集合时，我们往往并不关心数据的顺序，而更希望能够通过一个特定的键（key）来检索它。假如我们已知一个地址，想知道目前谁住在这里，我们需要做的就是根据地址查找对应的人名。这种做法也被称为根据特定的键（地址）查找对应的值（人名）。

6.3.1　几乎一样好：关联列表

实现键与值的映射有很多方法，其中之一即关联列表（association list）。关联列表（也叫做字典）是将数据按照键值对的形式进行存储而不关心存储顺序的一种列表。例如，我们用关联列表存储电话号码，电话号码就是值，人名就是键。我们并不关心它们的存储顺序，只要能按人名得到正确的电话号码就好。

在 Haskell 中表示关联列表最简单的方法就是二元组的列表，而这二元组首项为键，后项为值。下面便是一个表示电话号码的关联列表：

```
phoneBook =
    [("betty","555-2938")
    ,("bonnie","452-2928")
    ,("patsy","493-2928")
    ,("lucille","205-2928")
    ,("wendy","939-8282")
    ,("penny","853-2492")
    ]
```

尽管缩进看上去有点儿古怪，它只是一列字符串的序对组成的列表而已。

针对关联列表最常见的操作就是按键索值，我们就写一个函数，使它能够按照指定的键来查找相应的值。

```
findKey :: (Eq k) => k -> [(k,v)] -> v
findKey key xs = snd . head . filter (\(k,v) -> key == k) $ xs
```

非常简单。这个函数取一个键和一个列表作为参数，过滤列表，仅保留与键相匹配的元素，取首个键值对，返回其中的值。

但是，如果关联列表中不存在这个键那会怎样？嗯，那就会试图在空列表中取头部，从而引发一个运行时错误。无论如何也不能让程序就这么轻易地崩溃，所以应该用 Maybe 数据类型。如果没找到相应的键，返回 Nothing;如果找到了，则返回 Just *something*，其中的 *something* 就是键对应的值。

```
findKey :: (Eq k) => k -> [(k, v)] -> Maybe v
findKey key [] = Nothing
findKey key ((k,v):xs)
    | key == x = Just v
    | otherwise = findKey key xs
```

看类型声明，它取一个可判断相等性的键和一个关联列表作为参数，可能（Maybe）找得到相应的值。听起来不错。

这便是一个标准的处理列表的递归函数，基准条件、分割列表、递归调用都全了。这也是一个典型的折叠模式，不妨试一下基于折叠怎样实现它:

```
findKey :: (Eq k) => k -> [(k,v)] -> Maybe v
findKey key xs = foldr (\(k,v) acc -> if key == k then Just v else acc) Nothing xs
```

> **注意**　对于这种典型的列表递归，使用折叠来替代类似的递归函数会更好。基于折叠的代码让人一目了然，人们看到 foldr，就能搞清楚这是一个折叠操作，然而要看明白显式的递归则往往需要花费更多力气。

```
ghci> findKey "penny" phoneBook
Just "853-2492"
ghci> findKey "betty" phoneBook
Just "555-2938"
ghci> findKey "wilma" phoneBook
Nothing
```

如魔咒般灵验！只要表里有女孩的号码，我们就可以查到（把结果包裹在 Just 中），不然就查不到（返回 Nothing）。

6.3.2　进入 **Data.Map**

刚才我们实现的函数便是 Data.List 模块的 lookup。按键检索相应的值时，它必须遍历整个列表，直到找到为止。

而 Data.Map 模块提供了更高效的关联列表的实现，同时提供了一组实用的函数。从现在开始，我们将扔掉关联列表，改用映射（map）。

由于 Data.Map 中的一些函数与 Prelude 和 Data.List 模块存在命名冲突，所以我们使用限定引入。

```
import qualified Data.Map as Map
```

在脚本中加上这一行 import 语句，并装载到 GHCi 中。

我们将通过 Data.Map 中的 fromList 将一个关联列表转换为一个与之等价的映射。先演示下 fromList 的用法：

```
ghci> Map.fromList [(3,"shoes"),(4,"trees"),(9,"bees")]
fromList [(3,"shoes"),(4,"trees"),(9,"bees")]
ghci> Map.fromList [("kima","greggs"),("jimmy","mcnulty"),("jay","landsman")]
fromList [("jay","landsman"),("jimmy","mcnulty"),("kima","greggs")]
```

当在终端上显示一个来自 Data.Map 的映射时，它的格式为 fromList 加等价的关联列表，虽然映射已经不是列表了。

若原先的关联列表中存在重复的键，那么会将先前的旧键忽略。

```
ghci> Map.fromList [("MS",1),("MS",2),("MS",3)]
fromList [("MS",3)]
```

下面为 fromList 的类型签名：

```
Map.fromList :: (Ord k) => [(k, v)] -> Map.Map k v
```

这表示它取一组键值对的列表，返回一个将 k 映射为 v 的映射。注意一下，当使用普通的关联列表时，只需要键可判断相等性就行了（属于 Eq 类型类中的类型）。然而在这里，它还必须是可排序的。这是 Data.Map 模块规定的强制约束，它需要考虑键的排序来安排键值对的存储，从而使查找更为高效。

到这里，我们可以将原先 phoneBook 实现中的关联列表改为映射。此外，顺便为它加一个类型声明也无妨：

```
import qualified Data.Map as Map

phoneBook :: Map.Map String String
phoneBook = Map.fromList $
    [("betty", "555-2938")
    ,("bonnie", "452-2928")
    ,("patsy", "493-2928")
    ,("lucille", "205-2928")
    ,("wendy", "939-8282")
```

```
        ,("penny", "853-2492")
        ]
```

酷！将这段脚本装载到 GHCi，然后就可以拿出 phoneBook 玩一下了。首先尝试使用 lookup 查找些电话号码。lookup 取一个键和一个映射作为参数，尝试在映射中查找相应的值，如果找到，就返回包裹在 Just 中的值；否则返回 Nothing：

```
ghci> :t Map.lookup
Map.lookup :: (Ord k) => k -> Map.Map k a -> Maybe a
ghci> Map.lookup "betty" phoneBook
Just "555-2938"
ghci> Map.lookup "wendy" phoneBook
Just "939-8282"
ghci> Map.lookup "grace" phoneBook
Nothing
```

下一个游戏是，通过 insert 函数往 phoneBook 里面插入一条新的号码，从而生成一个新的映射。insert 函数取一个键、一个值和一个映射作为参数，返回一个插入了给定键值对的新映射：

```
ghci> :t Map.insert
Map.insert :: (Ord k) => k -> a -> Map.Map k a -> Map.Map k a
ghci> Map.lookup "grace" phoneBook
Nothing
ghci> let newBook = Map.insert "grace" "341-9021" phoneBook
ghci> Map.lookup "grace" newBook
Just "341-9021"
```

检查一下我们已经记录了多少号码吧。这时可以使用 Data.Map 中的 size 函数，它取一个映射作为参数，返回映射的大小。很直白：、

```
ghci> :t Map.size
Map.size :: Map.Map k a -> Int
ghci> Map.size phoneBook
6
ghci> Map.size newBook
7
```

我们的电话本中的号码是按照字符串的形式存储的。假如我们希望改用 Int 的列表来存储电话号码，比如将原先"939-8282"这样的号码，改成[9,3,9,8,2,8,2]这样的形式。首先，我们会编写一个函数，将一个字符串表示的号码，转换为一组 Int 值组成的列表。首先想到的方案是，映射 Data.Char 中的 digitToInt 到我们的字符串上，但是我们的号码中除了数字还有横杠！因此，我们需要通过 Data.Char 中的 isDigit 函数，将字符串中不是数字的部分过滤掉。isDigit 取一个字符作为参数，判断它是否为数字。待字符串过滤完毕，即可直接向它映射

digitToInt。

```
string2digits :: String -> [Int]
string2digits = map digitToInt . filter isDigit
```

哦，请确保没忘记导入 Data.Char。

试一下：

```
ghci> string2digits "948-9282"
[9,4,8,9,2,8,2]
```

很酷！接下来使用 Data.Map 中的 map 函数，将 string2digits 映射到我们的电话本上：

```
ghci> let intBook = Map.map string2digits phoneBook
ghci> :t intBook
intBook :: Map.Map String [Int]
ghci> Map.lookup "betty" intBook
Just [5,5,5,2,9,3,8]
```

Data.Map 中的 map 函数取一个函数和一个映射作为参数，会将函数应用到映射中的每个值上。

接下来扩展我们的电话本。设想一个人可能会拥有多个电话号码，而我们拥有这样的关联列表：

```
phoneBook =
    [("betty", "555-2938")
    ,("betty", "342-2492")
    ,("bonnie", "452-2928")
    ,("patsy", "493-2928")
    ,("patsy", "943-2929")
    ,("patsy", "827-9162")
    ,("lucille", "205-2928")
    ,("wendy", "939-8282")
    ,("penny", "853-2492")
    ,("penny", "555-2111")
    ]
```

直接使用 fromList 将它转换为映射的话，就会丢失很多号码！正确的做法是，使用 Data.Map 中的另一个函数 fromListWith。这个函数与 fromList 相似，但不会直接丢弃重复的键，而是提供一个函数，由它来决定重复键的处理方法。

```
phoneBookToMap :: (Ord k) => [(k, String)] -> Map.Map k String
phoneBookToMap xs = Map.fromListWith add xs
    where add number1 number2 = number1 ++ ", " ++ number2
```

如果 fromListWith 发现了重复的键，它就会调用这个函数使插入的值和旧的值连接到一起，生成一个新的值，并将冲突的值替换为新的值：

```
ghci> Map.lookup "patsy" $ phoneBookToMap phoneBook
Just"827-9162, 943-2929, 493-2928"
ghci> Map.lookup "wendy" $ phoneBookToMap phoneBook
Just "939-8282"
```

```
ghci> Map.lookup "betty" $ phoneBookToMap phoneBook
Just "342-2492, 555-2938"
```

我们也可以令关联列表中的所有值都按照单元素列表的形式存在，随后使用 ++ 将这些号码组合到一起：

```
phoneBookToMap :: (Ord k) => [(k, a)] -> Map.Map k [a]
phoneBookToMap xs = Map.fromListWith (++) $ map (\(k, v) -> (k, [v])) xs
```

在 GHCi 中测试一下：

```
ghci> Map.lookup "patsy" $ phoneBookToMap phoneBook
Just ["827-9162","943-2929","493-2928"]
```

很漂亮！

接下来假设我们需要基于一组由数值组成的关联列表来构造映射，当遇到重复的键时，我们希望保留其中最大的值。可以这样做：

```
ghci> Map.fromListWith max [(2,3),(2,5),(2,100),(3,29),(3,22),(3,11),(4,22),(4,15)]
fromList [(2,100),(3,29),(4,22)]
```

或者希望将相同键的所有值加到一起：

```
ghci> Map.fromListWith (+) [(2,3),(2,5),(2,100),(3,29),(3,22),(3,11),(4,22),(4,15)]
fromList [(2,108),(3,62),(4,37)]
```

好，到这里你已看到了 Data.Map 以及 Haskell 中的其他几个内置模块的漂亮之处。接下来，我们将学习怎样构造自己的模块。

6.4　构造自己的模块

本章开头已经提过，在编程时，将功能相近的函数和类型放置到单独的模块中是一个很好的习惯。这样就可以在其他程序中，通过导入模块来复用函数。

模块会导出一些函数。待你导入一个模块之后，就可以使用这个模块导出的函数了。模块内部也存在一些自用的函数，这些函数对外不可见，我们只可以使用它导出的函数。

6.4.1　几何模块

作为演示，接下来我们将构造一个模块，它的主要功能是计算几何图形的面积与体积。先从新建一个名为 Geometry.hs 的文件开始。

在模块的开头定义模块的名称，如果文件名叫做 Geometry.hs，那它的名字就得是 Geometry。先列出它导出的函数，然后编写函数的实现。就这样开头：

```
module Geometry
( sphereVolume
, sphereArea
, cubeVolume
, cubeArea
, cuboidArea
, cuboidVolume
) where
```

如你所见，我们会在这里提供计算球体、正方体和长方体的面积和体积的函数。球体是一个圆圆的东西，像葡萄柚；正方体像骰子；（长方形的）长方体像个香烟盒。（小朋友不许抽烟！）

接下来给出函数的定义：

```
module Geometry
( sphereVolume
, sphereArea
, cubeVolume
, cubeArea
, cuboidArea
, cuboidVolume
) where

sphereVolume :: Float -> Float
sphereVolume radius = (4.0 / 3.0) * pi * (radius ^ 3)

sphereArea :: Float -> Float
sphereArea radius = 4 * pi * (radius ^ 2)

cubeVolume :: Float -> Float
cubeVolume side = cuboidVolume side side side

cubeArea :: Float -> Float
cubeArea side = cuboidArea side side side

cuboidVolume :: Float -> Float -> Float -> Float
cuboidVolume a b c = rectArea a b * c

cuboidArea :: Float -> Float -> Float -> Float
cuboidArea a b c = rectArea a b * 2 + rectArea a c * 2 + rectArea c b * 2

rectArea :: Float -> Float -> Float
rectArea a b = a * b
```

这是标准的几何公式，不过有几个地方需要注意一下。其一，由于正方体只是长方体的特殊形式，在求它的面积和体积的时候我们就将它当做边长相等的长方体来处理。在这里还定义了一个辅助函数，即 rectArea，它可以通过长方体的两条边计算出长方体的面积。仅仅是普通的相乘操作，很简单。注意，我们仅在这一模块中调用这个函数，但没有导出它！因为我们希望这个模块专注于处理三维图形。

当构造一个模块的时候，我们通常只导出部分函数作为模块的接口，而将其内部实现隐藏起来。如果有人用到了 Geometry 模块，就不需要关心它在内部未导出的函数。我们作为模块的作者，完全可以在新的版本中随意修改这些函数甚至将其删掉（比如，我们可以删掉 rectArea 函数，而用简单的*替换），没有人会注意到里面的变动，毕竟我们没有把它们导出。

要使用我们的模块只需一行代码：

```
import Geometry
```

需要注意的是，Geometry.hs 文件必须与导入它的模块位于同一目录中。

6.4.2 模块的层次结构

模块也可以按照分层的结构来组织，每个模块都可以含有多个子模块。而子模块还可以含有自己的子模块。我们可以把 Geometry 分成三个子模块，而每个模块对应一个几何图形。

首先，建立一个名为 **Geometry** 的文件夹，注意首字母要大写，在里面新建三个文件，即 **Sphere.hs**、**Cuboid.hs** 和 **Cube.hs**。接下来分别看一下各个文件的内容。

Sphere.hs 的内容：

```
module Geometry.Sphere
( volume
, area
) where

volume :: Float -> Float
volume radius = (4.0 / 3.0) * pi * (radius ^ 3)

area :: Float -> Float
area radius = 4 * pi * (radius ^ 2)
```

Cuboid.hs 的内容：

```
module Geometry.Cuboid
( volume
, area
) where
```

```
volume :: Float -> Float -> Float -> Float
volume a b c = rectArea a b * c

area :: Float -> Float -> Float -> Float
area a b c = recteArea a b * 2 + recteArea a c * 2 + rectArea c b * 2

rectArea :: Float -> Float -> Float
rectArea a b = a * b
```

最后一个文件，Cube.hs 的内容：

```
module Geometry.Cube
( volume
, area
) where

import qualified Geometry.Cuboid as Cuboid

volume :: Float -> Float
volume side = Cuboid.volume side side side

area :: Float -> Float
area side = Cuboid.area side side side
```

 注意，我们将 Sphere.hs 放到了 Geometry 文件夹下，并将模块的名字定为 Geometry.Sphere。对正方体与长方体也是同样。还要注意一下，在这三个模块中我们定义了许多名称相同的函数，因为所在模块不同，所以不会产生命名冲突。

好，现在可以这样导入模块：

```
import Geometry.Sphere
```

随后就可以调用 area 和 volume 了，它们能够分别为我们计算球体的面积和体积。

若要用到两个或更多含有同名函数的模块，就必须通过限定导入来避免重名。下面是一个例子：

```
import qualified Geometry.Sphere as Sphere
import qualified Geometry.Cuboid as Cuboid
import qualified Geometry.Cube as Cube
```

然后就可以调用 Sphere.area、Sphere.volume、Cuboid.area 等函数来计算其对应物体的面积和体积了。

以后，如果你发现自己的代码体积庞大且函数众多，那么就应该尝试找出那些具有相同意图的函数，并考虑将它们拆分到独立的模块中。日后的编程中如需用到相关的功能，只要导入相应的模块即可。

第 7 章

构造我们自己的类型和类型类

前面我们已经见过了许多数据类型，如 Bool、Int、Char、Maybe 等。但是，我们该怎样定义自己的类型呢？在本章中，我们将学习如何构造自定义类型，并将它们投入实战。

7.1 定义新的数据类型

使用 data 关键字是构造自定义类型的一种方法。我们先看看标准库中 Bool 是怎样定义的：

```
data Bool = False | True
```

这样使用 data 关键字，表示我们要定义一个新的数据类型。等号左端的部分为类型的名称，即 Bool；等号右端的为值构造器（value constructor），它们指定了该类型可能的值。其中 | 读作"或"，因此可以这样阅读这段声明：Bool 类型的值可以为 True 或 False。注意，类型名与值构造器的首字母必须大写。

与之相似，我们可以假想 Int 类型是这样定义的：

```
data Int = -2147483648 | -2147483647 | ... | -1 | 0 | 1 | 2 | ... | 2147483647
```

其中第一个和最后一个值构造器分别表示 Int 类型可能的最小值和最大值。当然，真实的声明肯定不是这样——看得出来我们在中间省略了一大串数字——这样写只是为了便于演示。

接下来我们想想如何在 Haskell 中表示图形。圆形可以通过一个元组来表示，如 (43.1,55.0,10.4)，前两项表示圆心的位置，末项表示半径。看起来不错，然而也存在其他通过三个数值表示的图形，如 3D 向量，我们又该怎样区分呢？更好的方法就是自己构造一个表示图形的类型。

7.2   成型

假定图形可以是圆（circle）或长方形（rectangle），下面是一种可行的定义：

```
data Shape = Circle Float Float Float | Rectangle Float Float Float Float
```

这是什么意思呢？这样想：`Circle` 值构造器含有三个字段，皆为浮点类型。可见在定义值构造器时，可以选择在值构造器的后面跟几个类型，表示它包含值的类型。在这里，前两项表示圆心的坐标，尾项表示半径。`Rectangle` 的值构造器取四个浮点字段，前两个字段表示左上角的坐标，后两个字段表示右下角的坐标。

值构造器本质上是一个返回某数据类型值的函数。让我们看一下这两个值构造器的类型签名：

```
ghci> :t Circle
Circle :: Float -> Float -> Float -> Shape
ghci> :t Rectangle
Rectangle :: Float -> Float -> Float -> Float -> Shape
```

这么说值构造器就跟普通函数并无二致了，谁想得到？数据类型中的字段就对应着值构造器的参数。

接下来我们写一个函数，令它取一个 `Shape` 类型的值，返回相应的面积。

```
area :: Shape -> Float
area (Circle _ _ r) = pi * r ^ 2
area (Rectangle x1 y1 x2 y2) = (abs $ x2 - x1) * (abs $ y2 - y1)
```

值得一提的是，它的类型声明表示了该函数取一个 `Shape` 值并返回一个 `Float` 值。写 `Circle -> Float` 是错误的，因为 `Circle` 并非类型，真正的类型应该是 `Shape`。（这与不能写 `True -> Int` 的道理是一样的。）

再就是，我们可以对值构造器进行模式匹配。之前我们曾匹配过 []、`False` 和 5，这些值都不含字段。然而在这里，我们写下了一个构造器，并为它的各个字段绑定名字。我们只关心圆的半径，因此不需理会表示坐标的前两个字段：

```
ghci> area $ Circle 10 20 10
314.15927
ghci> area $ Rectangle 0 0 100 100
10000.0
```

耶，工作良好！不过我们若尝试输出 `Circle 10 20`，就会得到一个错误。这是因为 Haskell 还不知道该类型的字符串表示方法。想想，当我们输出值的时候，Haskell 会先调用 `show` 函数得到这个值的字符串表示才会输出。

因此需要将我们的 `Shape` 类型成为 `Show` 类型类的成员。可以这样修改：

```
data Shape = Circle Float Float Float | Rectangle Float Float Float Float
    deriving (Show)
```

暂时先不去深究这里的 deriving 关键字，可以先这样理解：若在 data 声明的后面加上 deriving (Show)，那么 **Haskell** 就会自动将该类型置于 Show 类型类之中。在 7.5 节，我们会详细地讨论它。

现在我们可以这样做：

```
ghci> Circle 10 20 5
Circle 10.0 20.0 5.0
ghci> Rectangle 50 230 60 90
Rectangle 50.0 230.0 60.0 90.0
```

由于值构造器本质上是函数，因此我们可以对它进行部分应用，以及所有其他可以对函数做的事情。如果我们希望得到一组不同半径的同心圆，可以这样：

```
ghci> map (Circle 10 20) [4,5,6,6]
[Circle 10.0 20.0 4.0,Circle 10.0 20.0 5.0,Circle 10.0 20.0 6.0,Circle 10.0 20.0 6.0]
```

7.2.1　借助 Point 数据类型优化 Shape 数据类型

我们的数据类型已经不错了，但仍有优化空间。增加一个中间数据类型，用以表示二维空间中的点，可以让我们的 Shape 更加容易理解：

```
data Point = Point Float Float deriving (Show)
data Shape = Circle Point Float | Rectangle Point Point deriving (Show)
```

注意 Point 的定义，它的类型与值构造器采用了相同的名字。这里没有什么特殊含义，实际上，在一个类型仅有唯一值构造器时这种重名是很常见的。好，现在我们的 Circle 含有两个字段，一个是 Point 类型；一个是 Float 类型，更容易做区分。Rectangle 也是同样。接下来我们需要修改 area 函数，适应类型定义的变化。

```
area :: Shape -> Float
area (Circle _ r) = pi * r ^ 2
area (Rectangle (Point x1 y1) (Point x2 y2)) = (abs $ x2 - x1) * (abs $ y2 - y1)
```

唯一需要修改的地方就是模式。在 Circle 的模式中，我们忽略了整个 Point。而在 Rectangle 的模式中，我们用了一个嵌套的模式来获取 Point 中的字段。若出于某种原因需要整个 Point，那么使用 **as** 模式就好。

现在我们可以测试一下优化后的版本：

```
ghci> area (Rectangle (Point 0 0) (Point 100 100))
10000.0
ghci> area (Circle (Point 0 0) 24)
1809.5574
```

表示移动一个图形的函数该怎么写？它应当取一个图形和分别表示 *x* 轴与 *y* 轴位移的两个数，返回一个位于坐标系中新位置的新图形。

```
nudge :: Shape -> Float -> Float -> Shape
nudge (Circle (Point x y) r) a b = Circle (Point (x+a) (y+b)) r
nudge (Rectangle (Point x1 y1) (Point x2 y2)) a b = Rectangle (Point (x1+a) (y1+b))
(Point (x2+a) (y2+b))
```

很直白。接下来，我们为这一图形的坐标点增加位移量。

```
ghci> nudge (Circle (Point 34 34) 10) 5 10
Circle (Point 39.0 44.0) 10.0
```

如果不想直接处理 Point，我们可以做些辅助函数，用以从原点创建初始图形，再移动它们。

首先，编写一个函数取半径作为参数，返回一个位于坐标系原点的圆，使其半径等同于参数。

```
baseCircle :: Float -> Shape
baseCircle r = Circle (Point 0 0) r
```

随后创建一个函数，使它取宽度与高度作为参数，生成一个左下角位于原点的长方形。

```
baseRect :: Float -> Float -> Shape
baseRect width height = Rectangle (Point 0 0) (Point width height)
```

接下来，我们就可以使用这些函数来构造出位于坐标系原点的图形，然后将它们移动到任意位置，使图形的创建更加容易：

```
ghci> nudge (baseRect 40 100) 60 23
Rectangle (Point 60.0 23.0) (Point 100.0 123.0)
```

7.2.2　将图形导出到模块中

毫无疑问，你可以把你的数据类型导出到自定义的模块中。只要把你要导出的类型与函数写到一起就是了。再在后面跟一个括号，列出要导出的值构造器，用逗号隔开。如果要导出所有的值构造器，那就写两个点号(..)。

假如我们希望将这里定义的所有函数和类型都导出到一个模块中，可以这样：

```
module Shapes
( Point(..)
, Shape(..)
, area
, nudge
, baseCircle
, baseRect
) where
```

通过 Shape (..)，我们就导出了 Shape 的所有值构造器。这样一来，无论谁导入我们

的 模 块 ， 都 可 以 用 Rectangle 和 Circle 值 构 造 器 来 构 造 Shape 。 这 与 写 Shape(Rectangle,Circle)等价，但更加简短。

此外，由于..已经默认导出了指定类型的所有值构造器，如果日后我们打算为类型增加值构造器的话，就不必再修改导出语句了。

我们也可以在导出语句中只写 Shape，不带括号，从而不导出任何 Shape 的值构造器。这样一来，使用我们模块的人就只能用辅助函数 baseCircle 和 baseRect 来得到 Shape 了。

应该记住，值构造器只是函数而已，取类型的字段作为参数，返回特定类型的值（如 Shape）。如果我们不导出它们，就阻止了使用我们的模块的人直接调用它们。不导出数据类型的值构造器隐藏了它们的内部实现，使类型的抽象度更高。同时，我们的模块的使用者也就无法使用该值构造器进行模式匹配了。这样的好处是，有时我们希望模块的使用者仅通过模块提供的辅助函数来处理该类型，而不必关心模块的内部实现。只要导出的函数保持行为不变，我们便可以随意地修改模块的内部实现。

Data.Map 就采用的这一套方案。你不能直接通过它的值构造器来构造映射，因为它没有导出任何一个值构造器；但你可以用它导出的辅助函数，比如 Map.fromList，来构造新的映射。因而 Data.Map 的维护者能够在不影响现有程序的前提下修改它的内部表示。

但是，对于简单的数据类型而言，直接导出值构造器也完全没有问题。

7.3 记录语法

接下来看另一种数据类型的创建方法。假如我们需要一个描述一个人的数据类型，希望在里面保存人的姓、名、年龄、身高、体重、电话号码以及最爱的冰激淋。（我不知你的想法，不过我认为通过这些信息已足以了解一个人。）就这样，实现出来！

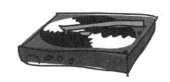

```
data Person = Person String String Int Float String String deriving (Show)
```

第一个字段是名字，第二个字段是姓，第三个字段是年龄，等等。就这样构造一个人：

```
ghci> let guy = Person "Buddy" "Finklestein" 43 184.2 "526-2928" "Chocolate"
ghci> guy
Person "Buddy" "Finklestein" 43 184.2 "526-2928" "Chocolate"
```

貌似很酷，就是难读了些。

如果我们希望创建一些单独的函数来读取人的某一项信息，该怎么做呢？比如，我们需要一个函数来获取某人的姓，一个函数来获取某人的名，等等。好吧，我们可能这样定义它们：

```
firstName :: Person -> String
firstName (Person firstname _ _ _ _ _) = firstname

lastName :: Person -> String
```

```
lastName (Person _ lastname _ _ _ _) = lastname

age :: Person -> Int
age (Person _ _ age _ _ _) = age

height :: Person -> Float
height (Person _ _ _ height _ _) = height

phoneNumber :: Person -> String
phoneNumber (Person _ _ _ _ number _) = number

flavor :: Person -> String
flavor (Person _ _ _ _ _ flavor) = flavor
```

唔，我可不愿写这样的代码！虽说能够正常工作，但实在无聊了些。

```
ghci> let guy = Person "Buddy" "Finklestein" 43 184.2 "526-2928" "Chocolate"
ghci> firstName guy
"Buddy"
ghci> height guy
184.2
ghci> flavor guy
"Chocolate"
```

你可能会说："一定有更好的方法！"呃，抱歉，没有。

开个玩笑，其实是有的，哈哈哈！

Haskell 为我们提供了另一种编写数据类型的方式，即记录语法（record syntax）。基于它，我们可以很容易地实现与上面等价的功能：

```
data Person = Person { firstName :: String
                     , lastName :: String
                     , age :: Int
                     , height :: Float
                     , phoneNumber :: String
                     , flavor :: String } deriving (Show)
```

与原先通过空格隔开不同的字段类型不同，这里用了花括号{}。先写出字段的名字（如 firstName），后跟两个冒号（::），标明其类型，返回的数据类型仍与以前相同。这种语法的主要好处是，可以自动创建函数，允许直接按字段取值。通过记录语法，Haskell 能够自动生成出这些函数：firstName、lastName、age、height、phoneNumber 和 flavor。看一下：

```
ghci> :t flavor
flavor :: Person -> String
ghci> :t firstName
firstName :: Person -> String
```

使用记录语法还有一个好处，当我们将一个函数派生为 Show 类型类时，如果我们使用记录语法来定义并初始化这个类型的话，这个类型的显示方式会有所不同。

假如我们有一个类型表示一辆车。希望能在里面包含生产商、型号及出场年份。先不用记录语法，定义起来会像这样：

```
data Car = Car String String Int deriving (Show)
```

汽车会这样显示：

```
ghci> Car "Ford" "Mustang" 1967
Car "Ford" "Mustang" 1967
```

接下来采用记录语法来定义，看看会怎样：

```
data Car = Car { company :: String
               , model :: String
               , year :: Int
               } deriving (Show)
```

可以这样构造一辆车：

```
ghci> Car {company="Ford", model="Mustang", year= 1967}
Car {company = "Ford", model = "Mustang", year = 1967}
```

有了记录语法，我们在造车时只需将各字段列出来即可，而不必关心各字段的顺序。如果不用记录语法，不得不明确地记清楚各个字段的顺序。

记录语法适用于构造器的字段较多且不容易区分的情况。如果表示三维向量之类简单的数据，`Vector = Vector Int Int Int` 就足够明白了，大家都能看懂各字段分别对应着向量的哪一项。但对于 `Persion` 与 `Car` 这类各字段不那么直白的类型，使用记录语法无疑好得多。

7.4 类型参数

值构造器可以取几个参数，产生一个新值，如 `Car` 的构造器取三个参数返回一个 `Car` 值。与之相似，类型构造器可以取类型作为参数，产生新的类型。这乍一听貌似有点深奥，但实际上并不复杂。（如果你对 C++ 的模板有所了解，就能发现很多相似的地方。）为了对类型参数有个直观的印象，接下来看一个熟悉的类型是怎样实现的：

```
data Maybe a = Nothing | Just a
```

这里的 a 就是一个类型参数。也正因为有了类型参数，`Maybe` 才成为一个类型构造器。根据非 `Nothing` 时保存的数据类型的不同需要，它的类型构造器可以产生出 `Maybe Int`、`Maybe String` 等诸多类型。然而单纯的 `Maybe` 类型的值并不存在，因为 `Maybe` 不是类型，而是类型构造器。要成为真正的类型，必须把它需要的类型参数全部填满。

所以，如果将 Char 作为参数交给 Maybe，就可以得到一个 Maybe Char 类型。比如，Just 'a' 的类型就是 Maybe Char。

因为 Haskell 支持类型推导，通常我们很少需要显式地为类型构造器传递类型参数。只要我们写下一个值 Just 'a'，Haskell 就能发现它是 Maybe Char 类型。

如果希望显式地传递一个类型参数，那就应该对 Haskell 的类型部分（通常位于 :: 符号之后）做修改。举个例子，Just 3 默认会被 Haskell 推导为 (Num a) => Maybe a，假如我们期望的类型为 Maybe Int，那么这就是需要显式地传递类型参数的一个典型情景。我们可以使用一个显式的类型注解对类型做一下约束：

```
ghci> Just 3 :: Maybe Int
Just 3
```

你可能并未察觉，在遇见 Maybe 之前我们早就接触过类型参数了，它便是列表类型。这里面有点语法糖，其实列表类型就是取一个参数来生成具体的类型。列表的类型可以是[Int]，可以是[[String]]，但不存在类型为[]的列表。

> **注意** 当一个类型没有类型参数(如 Int 与 Bool)，或者它的类型参数都已填满(如 Maybe Char)，我们便说这个类型是具体的。凡是值的类型便一定都是具体的。

让我们把玩一下 Maybe 类型：

```
ghci> Just "Haha"
Just "Haha"
ghci> Just 84
Just 84
ghci> :t Just "Haha"
Just "Haha" :: Maybe [Char]
ghci> :t Just 84
Just 84 :: (Num t) => Maybe t
ghci> :t Nothing
Nothing :: Maybe a
ghci> Just 10 :: Maybe Double
Just 10.0
```

类型参数很实用。有了它，我们就可以按照不同的需要构造出不同的数据类型。我们完全可以为每个可能的类型编写单独的类 Maybe 数据类型，像这样：

```
data IntMaybe = INothing | IJust Int

data StringMaybe = SNothing | SJust String

data ShapeMaybe = ShNothing | ShJust Shape
```

但是有了类型参数，我们便能够使用一个通用的 Maybe 类型来装载任意类型的值！

注意，Nothing 的类型为 Maybe a。它是多态的（**polymorphic**），意味着它的实际类型随类型变量（即 Maybe a 中的 a）而变化。若有函数取 Maybe Int 类型的参数，即可传递给它一个 Nothing，因为 Nothing 中不包含任何值。Maybe a 类型在必要时可以作为 Maybe Int，正如 5 可以作为 Int 也可以作为 Double。与之相似，空列表的类型为 [a]，可以作为任意类型的列表。正因为如此，我们才可以写 [1,2,3]++[] 以及 ["ha","ha,","ha"]++[] 这样的代码。

7.4.1　要不要参数化我们的汽车？

在什么情景下该使用类型参数呢？一般而言，我们会在不关心数据类型中存储内容的类型时使用它，就像 Maybe a。一个类型的行为如果与容器相似，那么使用类型参数会是一个不错的选择。

考虑一下我们的 Car 数据类型：

```
data Car = Car { company :: String
               , model :: String
               , year :: Int
               } deriving (Show)
```

完全可以将它改成：

```
data Car a b c = Car { company :: a
                     , model :: b
                     , year :: c
                     } deriving (Show)
```

但是，这样我们又得到了什么好处呢？回答很可能是，一无所得。到最后编写的函数也只能处理 Car String String Int 一种类型。比方说，依据前一个 Car 的定义，编写一个函数将汽车的属性展示为易读的格式：

```
tellCar :: Car -> String
tellCar (Car {company = c, model = m, year = y}) =
    "This " ++ c ++ " " ++ m ++ " was made in " ++ show y
```

可以这样测试：

```
ghci> let stang = Car {company="Ford", model="Mustang", year=1967}
ghci> tellCar stang
"This Ford Mustang was made in 1967"
```

可爱的小函数！它的类型声明得很漂亮，而且工作良好。

好，如果改成 Car a b c 又会怎样？

```
tellCar :: (Show a) => Car String String a -> String
tellCar (Car {company = c, model = m, year = y}) =
    "This " ++ c ++ " " ++ m ++ " was made in " ++ show y
```

我们不得不为函数增加一段类型签名，强制要求它只接受类型为 (Show a) => Car String String a 的 Car。看得出来，这段类型签名要复杂得多。而唯一的好处似乎仅仅是，我们可以使用任意 Show 类型类的实例类型作为 c 的类型。

```
ghci> tellCar (Car "Ford" "Mustang" 1967)
"This Ford Mustang was made in 1967"
ghci> tellCar (Car "Ford" "Mustang" "nineteen sixty seven")
"This Ford Mustang was made in \"nineteen sixty seven\""
ghci> :t Car "Ford" "Mustang" 1967
Car "Ford" "Mustang" 1967 :: (Num t) => Car [Char] [Char] t
ghci> :t Car "Ford" "Mustang" "nineteen sixty seven"
Car "Ford" "Mustang" "nineteen sixty seven" :: Car [Char] [Char] [Char]
```

然而在现实生活中，使用 Car String String Int 已经足够满足大多数情况的需求。所以，将 Car 类型参数化并不值得。

通常我们都是在一个类型中包含的类型并不影响它的行为时才引入类型参数。一组什么东西组成的列表都是一个列表，它不关心里面东西的类型是什么，总能工作良好。如果我们需要计算一组数字的和，我们可以明确要求计算和函数需要的是一组数字组成的列表。Maybe 与之相似，它提供了一个选项，表示某值可能存在也可能不存在，然而值的具体类型是什么，则不需要关心。

我们之前还遇到过一个类型参数的应用，就是 Data.Map 中的 Map k v。k 表示映射中键的类型，v 表示值的类型。这是一个展示类型参数用处的好例子，映射中类型参数的使用允许我们能够用一个类型检索另一个类型，只要键的类型属于 Ord 类型类即可。如果由我们定义映射类型，可能会在 data 声明中增加对类型类的约束。

```
data (Ord k) => Map k v = ...
```

然而在 Haskell 中有一项严格的约定，那就是永远不要在 data 声明中添加类约束。为什么？嗯，因为这样没好处，反而需要写下更多不必要的类约束。如果在 data 声明中为 Map k v 增加 Ord k 的约束，就相当于假定了所有与映射相关的函数都关心键的顺序，依然需要为这些函数添加类约束。反过来说，如果不在 data 声明中添加类约束，那么对于不关心键能否被排序的函数来说，我们就不必在这些函数的签名里添加 (Ord k) =>了。这类函数的一个例子即 toList，它只负责将映射转换为关联列表，类型签名为 toList :: Map k v -> [(k, v)]。如果 Map j v 在 data 声明中存在类型声明，toList 的类型就只能是 toList :: (Ord k) => Map k a -> [(k,v)]，即使这个函数不需要判断键的顺序。

所以说，永远不要在 data 声明中加类型约束，即便看起来没问题，不然就会在函数声明中留下许多无谓的类型约束。

7.4.2　末日向量[①]

实现一个表示三维向量的类型，同时为它增加几个操作函数。我们会使它的类型参数化，

---

① 原文 Vector von Doom 为《神奇四侠》中的反派角色 Victor von Doom（又称 "末日博士"）的谐音。

虽说它含有的一般都是数值类型，不过数值类型也分许多种，比如 Int、Integer 和 Double。

```
data Vector a = Vector a a a deriving (Show)

vplus :: (Num a) => Vector a -> Vector a -> Vector a
(Vector i j k) `vplus` (Vector l m n) = Vector (i+l) (j+m) (k+n)

dotProd :: (Num a) => Vector a -> Vector a -> a
(Vector i j k) `dotProd` (Vector l m n) = i*l + j*m + k*n

vmult :: (Num a) => Vector a -> a -> Vector a
(Vector i j k) `vmult` m = Vector (i*m) (j*m) (k*m)
```

可以将向量理解为空间中的一个箭头——指向某方向的一条直线。向量 Vector 3 4 5 就是从三维空间中的原点(0, 0, 0)开始，止于（或者说"指向"）坐标(3,4,5)的一条直线。

这些向量函数的功能如下。

- vplus 用来将两个向量相加，即将其间所有对应的项相加。相加两个向量，相当于从第一个向量的末尾开始画第二个向量，然后取第一个向量的开始到第二个向量的末尾，得到一个新的向量。因而相加两个向量的返回值为一个新向量。

- dotProd 函数用来求取两个向量的点积。点积的结果是一个数字，即将两个向量对应的项相乘，然后将结果相加。点积的主要用途为计算两个向量之间的角度。

- vmult 函数将一个向量与数字相乘，即相应地将向量的各项与该数字相乘，从而延伸（或缩短）向量，同时保持向量指向的方向不变。

这些函数可以处理各种 Vector a 类型，只要求 Vector a 中的 a 属于 Num 类型类的实例。比如，Int、Integer 和 Float 等都是 Num 类型类的实例，所以它们就能够处理 Vector Int、Vector Integer、Vector Float。但是，它们不能处理 Vector Char 和 Vector Bool。

同样，如果你看一下这些函数的类型声明就会发现，它们只能处理相同类型的向量，其中包含的数值类型必须与另一个向量保持一致。我们无法将类型为 Vector Int 的向量与类型为 Vector Double 的向量相加。

注意，我们并没有在 data 声明中添加 Num 的类约束。如同前一节提到的，即便在 data 声明中加上了约束，该给函数添加的约束依然需要加上。

再度重申，区分类型构造器和值构造器十分重要。当声明数据类型时，等号（=）的左侧部分是类型构造器，右侧部分（中间可能有|分隔）是值构造器。举个例子，将下面的声明用作函数类型是错误的：

```
Vector a a a -> Vector a a a -> a
```

这样不对，是因为我们的向量的类型是 Vector，不是 Vector a a a，而 Vector 的类型构造器只有一个类型参数，尽管它的值构造器有三个。

现在我们就能够摆弄向量了：

```
ghci> Vector 3 5 8 `vplus` Vector 9 2 8
Vector 12 7 16
ghci> Vector 3 5 8 `vplus` Vector 9 2 8 'vplus' Vector 0 2 3
Vector 12 9 19
ghci> Vector 3 9 7 `vmult` 10
Vector 30 90 70
ghci> Vector 4 9 5 `dotProd` Vector 9.0 2.0 4.0
74.0
ghci> Vector 2 9 3 `vmult` (Vector 4 9 5 'dotProd' Vector 9 2 4)
Vector 148 666 222
```

7.5 派生实例

在 2.4 节中，我们了解了类型类的基础内容。里面提到，类型类就是定义了某些行为的接口，如果类型拥有相关行为，就可以实现为类型类的实例。例如，Int 类型是 Eq 类型类的一个实例，而 Eq 类型类定义了判定相等性的行为。整数可以判断相等性，因而 Int 属于 Eq 类型类的成员。它的真正威力体现在以 Eq 为接口的函数中，即 == 和 /=。只要一个类型是 Eq 类型类的成员，我们就可以使用 == 函数来处理这一类型。这便是 4==4 和 "foo"/="bar" 这样的表达式都能够通过类型检查的原因。

人们很容易把 Haskell 的类型类与 Java、Python、C++ 等语言的类混淆。很多人对此都倍感不解，在原先那些语言中，类就像是一个蓝图，我们可以根据它来创造出拥有某些功能的对象。而类型类更像是一个接口，我们不会靠它构造数据，而是给出我们的自定义数据类型，然后思考它的行为：如果它能够判定相等性，我们就让它成为 Eq 类型类的实例；如果它能够排序，那就让它成为 Ord 类型类的实例。

接下来我们学习如何将自定义类型自动转为下面这几个类型类的实例，即 Eq、Ord、Enum、Bounded、Show、Read。只要我们在构造数据类型时在后面加上 deriving（派生）关键字，Haskell 就能够自动为我们的类型派生出相应的行为。

7.5.1 相同的人

看这个数据类型：

```
data Person = Person { firstName :: String
                     , lastName :: String
                     , age :: Int
                     }
```

它描述了一个人。我们先假定世界上没有重名重姓又同龄的人存在，如果有两条人的记录，有没有可能检查这两条记录是否是同一个人呢？当然可能，我们可以按照姓名和年龄的相等性，来判断他们两个是否相等。这样一来，让这个类型成为 Eq 的成员就很合理了。直接派生实例：

```
data Person = Person { firstName :: String
                     , lastName :: String
                     , age :: Int
                     } deriving (Eq)
```

在一个类型派生为 Eq 的实例后，就可以直接使用==或/=来判断它们的相等性了。Haskell 会先检查两个值的值构造器是否一致（这里只有单值构造器），再用==来检查其中的每一对字段的数据是否相等。唯一的要求是：其中所有字段的类型都必须属于 Eq 类型类。在这里只有 String 和 Int 两种类型，所以是没有问题的。

首先将下述代码放到脚本里，生成几个人：

```
mikeD = Person {firstName = "Michael", lastName = "Diamond", age = 43}
adRock = Person {firstName = "Adam", lastName = "Horovitz", age = 41}
mca = Person {firstName = "Adam", lastName = "Yauch", age = 44}
```

接下来测试我们的 Eq 实例：

```
ghci> mca == adRock
False
ghci> mikeD == adRock
False
ghci> mikeD == mikeD
True
ghci> mikeD == Person {firstName = "Michael", lastName = "Diamond", age = 43}
True
```

Person 如今已经成为了 Eq 类型类的实例，我们自然可以将它应用于所有在类型声明中用到 Eq 类约束的函数了，如 elem。

```
ghci> let beastieBoys = [mca, adRock, mikeD]
ghci> mikeD 'elem' beastieBoys
True
```

7.5.2 告诉我怎么读

Show 类型类与 Read 类型类用于表示可与字符串相互转换的东西。同 Eq 相似，如果一个类型构造器含有参数，那所有参数的类型必须都属于 Show 或 Read 才能允许该类型成为它们的实例。

就让我们的 Person 也成为 Read 和 Show 的一员吧：

```
data Person = Person { firstName :: String
                     , lastName :: String
                     , age :: Int
                     } deriving (Eq, Show, Read)
```

然后就可以输出一个 Person 到终端了。

```
ghci> mikeD
Person {firstName = "Michael", lastName = "Diamond", age = 43}
ghci> "mikeD is: " ++ show mikeD
"mikeD is: Person {firstName = \"Michael\", lastName = \"Diamond\", age = 43}"
```

如果我们还没让 Person 类型成为 Show 的成员就尝试输出它，Haskell 就会向我们抱怨，说它不知道该怎么把 Person 表示为字符串。不过，现在既然已经将它派生为了 Show 的一个实例，Haskell 就不会再抱怨了。

Read 几乎就是与 Show 相对的类型类，show 能够将一个值转换成字符串，而 read 则是将一个字符串转为某类型的值。还记得，使用 read 函数时我们必须得用类型注释注明想要的类型，否则 Haskell 就会不知道如何转换。为演示 read 的使用，我们先写一段表示 Person 的字符串保存到脚本中，再到 GHCi 中装载这段脚本：

```
mysteryDude = "Person { firstName =\"Michael\"" ++
                     ", lastName =\"Diamond\"" ++
                     ", age = 43}"
```

像这样将字符串分为多行，能够提升可读性。如果用这段字符串调用 read，我们需要告诉 Haskell 我们期望的返回类型：

```
ghci> read mysteryDude :: Person
Person {firstName = "Michael", lastName = "Diamond", age = 43}
```

如果 read 返回的结果会在后面参与计算，Haskell 就可以推导出是一个 Person，不加类型注解也能正常读取：

```
ghci> read mysteryDude == mikeD
True
```

我们也可以读出带参数的类型，但必须为 Haskell 提供充足的信息，供其辨认出我们期望的类型。如果尝试执行下面的代码，就会得到报错信息：

```
ghci> read "Just 3" :: Maybe a
```

在这里，Haskell 不了解类型参数 a 具体指代的是哪个类型。如果告诉它我们期望的类型为 Int，就工作良好了：

```
ghci> read "Just 3" :: Maybe Int
Just 3
```

7.5.3　法庭内保持秩序！

对于可以排序的类型，我们可以将其派生为 Ord 类型类的实例。对于拥有多个值构造器的类型，定义在前列的值会被认为更小。比如，Bool 类型拥有两种值，即 False 和 True。为了了解它在比较时的行为，我们可以将它的实现想象为这样：

```
data Bool = False | True deriving (Ord)
```

由于值构造器 False 安排在值构造器 True 的前面，因而我们认为 True 比 False 大。

```
ghci> True `compare` False
GT
ghci> True > False
True
ghci> True > False
False
```

对于两个来自同一值构造器的值，如果值构造器中不含字段，那么就视作相等；如果含有字段，则依次比较相应的字段，以此判断大小（在这里，字段的类型必须都属于 Ord 类型类）。

在 Maybe a 数据类型中，值构造器 Nothing 排在值构造器 Just 的前面，因此 Nothing 的值总比 Just something 的值更小，即便其中的 something 是负一万亿也是如此。然而比较两个 Just 值，就相当于比较它们各自包含的值了：

```
ghci> Nothing Just 100
True
ghci> Nothing > Just (-49999)
False
ghci> Just 3 `compare` Just 2
GT
ghci> Just 100 > Just 50
True
```

不过，类似 Just (*3) > Just(*2) 之类的代码是不正确的，因为(*3)和(*2)都是函数，而函数并不是 Ord 类型类的实例。

7.5.4 一周的一天

使用代数数据类型就能轻易完成枚举的工作，不过使用 Enum 类型类与 Bounded 类型类无疑更好。看一下这个数据类型：

```
data Day = Monday | Tuesday | Wednesday | Thursday | Friday | Saturday | Sunday
```

所有的值构造器都是空元（**nullary**，即没有参数），我们可以让它成为 Enum 类型类的成员，表示它的值可以拥有前驱与后继。同样，我们也可以让它成为 Bounded 类型类的成员，表示它的值存在最大值与最小值。在这里，我们顺便将它派生为其他类型类的实例：

```
data Day = Monday | Tuesday | Wednesday | Thursday | Friday | Saturday | Sunday
         deriving (Eq, Ord, Show, Read, Bounded, Enum)
```

接下来看一下我们可以用新的 Day 类型做哪些事情。由于它是 Show 类型类与 Read 类型类的成员，我们可以将它的值与字符串相互转换：

```
ghci> Wednesday
Wednesday
ghci> show Wednesday
"Wednesday"
ghci> read "Saturday" :: Day
Saturday
```

由于它是 Eq 与 Ord 的成员，因此我们可以判断两个 Day 值是否相等，也可以比较两个 Day 值的顺序。

```
ghci> Saturday == Sunday
False
ghci> Saturday == Saturday
True
ghci> Saturday > Friday
True
ghci> Monday `compare` Wednesday
LT
```

它也是 Bounded 类型类的成员，因此可以得到最早和最晚的一天。

```
ghci> minBound :: Day
Monday
ghci> maxBound :: Day
Sunday
```

作为 Enum 类型类的实例，我们可以得到某天的前一天与后一天，并且将它作为列表的区间。

```
ghci> succ Monday
Tuesday
ghci> pred Saturday
Friday
ghci> [Thursday .. Sunday]
[Thursday,Friday,Saturday,Sunday]
ghci> [minBound .. maxBound] :: [Day]
[Monday,Tuesday,Wednesday,Thursday,Friday,Saturday,Sunday]
```

7.6　类型别名

在前面曾提到，在写类型时 [Char] 与 String 等价，可以互换。这就是基于类型别名（type synonyms）实现的。

类型别名实际上什么也没做，只是为类型提供了不同的名字而已，但能够让我们的代码与文档更容易理解。这就是标准库中 [Char] 的别名 String 的由来：

```
type String = [Char]
```

type 这个关键字有一定误导性，它并不是用来创造新类型（这是 data 关键字做的事情），而是为一个既有的类型提供别名。

如果我们编写一个函数 toUpperString，使它能够将一个字符串转换为大写，可以用这样的类型声明：

```
toUpperString :: [Char] -> [Char]
```

也可以使用这样的类型声明：

```
toUpperString :: String -> String.
```

二者在本质上是完全相同的，然而后者更加易读一些。

7.6.1　使我们的电话本更好看些

在前面提 Data.Map 模块的相关章节中，在转为映射之前，我们用了一个关联列表（一组键值对组成的列表）来表示电话本。这是当时的版本：

```
phoneBook :: [(String,String)]
phoneBook =
    [("betty","555-2938")
    ,("bonnie","452-2928")
    ,("patsy","493-2928")
    ,("lucille","205-2928")
    ,("wendy","939-8282")
    ,("penny","853-2492")
    ]
```

可以看出，phoneBook 的类型为[(String,String)]，表示这个关联列表仅负责将字符串映射到字符串。我们弄个类型别名，令它在类型声明中能够表达更多信息。

```
type PhoneBook = [(String,String)]
```

现在我们的电话本的类型声明就可以是phoneBook :: PhoneBook 了。再给 String 加上别名：

```
type PhoneNumber = String
type Name = String
type PhoneBook = [(Name,PhoneNumber)]
```

Haskell 程序员为 String 添加别名，是为了给函数中字符串赋予更多的信息，使它们描述的对象更为清晰。

现在我们如果实现一个函数，令它检查名字和号码是否存在于电话本，它的类型声明清晰多了：

```
inPhoneBook :: Name -> PhoneNumber -> PhoneBook -> Bool
inPhoneBook name pnumber pbook = (name,pnumber) 'elem' pbook
```

如果不用类型别名，我们的函数的类型声明就只能是这样了：

```
inPhoneBook :: String -> String -> [(String ,String)] -> Bool
```

在这里，类型别名使得类型声明更加清晰。但你也不必过分拘泥于这些别名，引入类型别名的动机可能是为了描述我们函数中的既有类型，这样的类型声明即足以作为不错的文档；也可能是为了替换掉那些重复率高的长名字类型（如 [(String,String)]），在函数的上下文中使类型对事物的描述更加明确。

7.6.2 参数化类型别名

类型别名也是可以有参数的，如果你想让一个类型表示关联列表，同时要它保持通用，好让它可以使用任意类型作为键与值，我们可以这样：

```
type AssocList k v = [(k,v)]
```

现在一个从关联列表中按键搜索值的函数类型可以定义为 (Eq k) => k -> AssocList k v -> Maybe v。AssocList 是一个类型构造器，取两个类型作为参数，生成一个具体类型，如 AssocList Int String。

我们可以通过部分应用来获取新的函数，同样也可以通过部分应用来得到新的类型构造器。同函数一样，使用部分类型参数调用类型构造器就可以得到一个部分应用的类型构造器，如果我们要一个表示从整数到某东西间映射关系的类型，我们可以这样：

```
type IntMap v = Map Int v
```

也可以这样：

```
type IntMap = Map Int
```

无论怎样，IntMap 的类型构造器都只取一个参数，也就是从整数映射的目标类型。

如果要你实现它，很可能你会通过限定导入来导入 Data.Map。这时，类型构造器前面必须得加上模块名。

```
type IntMap = Map.Map Int
```

你要确保真正弄明白了类型构造器和值构造器的区别。我们有了叫做 IntMap 或者 AssocList 的别名并不意味着我们可以执行 AssocList [(1,2),(4,5),(7,9)]这样的代码，而仅仅意味着能够通过不同的类型名来表示原先的列表而已。可以做的是通过 [(1,2),(4,5),(7,9)] :: AssocList Int Int 这样的代码，假定其中的数值类型为 Int。至于原先处理整数序对构成的列表的函数，依然可以直接拿来处理它。

类型别名（以及类型），只能在 Haskell 的类型部分使用。Haskell 的类型部分包括 data 声明和 type 声明，以及类型声明或者类型注解中跟在 :: 后面的部分。

7.6.3 向左走，向右走

另一个很酷的取两种类型作为参数的数据类型就是 Either a b 了，它大约是这样定义的：

```
data Either a b = Left a | Right b deriving (Eq, Ord, Read, Show)
```

它拥有两个值构造器。如果用了 Left，那它的内容的类型就是 a；用了 Right，那它的内容的类型就是 b。我们可以用它来封装可能为两种类型的值。如需解析类型为 Either a b 的值，就同时提供 Left 和 Right 的模式匹配，针对不同的模式执行不同的操作。

```
ghci> Right 20
Right 20
ghci> Left "w00t"
Left "w00t"
ghci> :t Right 'a'
Right 'a' :: Either a Char
ghci> :t Left True
Left True :: Either Bool b
```

在这段代码中，当我们检查 Left True 的类型时，得到的类型为 Either Bool b。它的第一个类型参数是 Bool，然而第二个类型参数依然是多态的。这与 Nothing 的类型显示为 Maybe a 很相似。

到现在，我们已经了解 Maybe 最常用于表示可能失败的计算。但有时 Maybe 也并非特别好用，因为 Nothing 中包含的信息还是太少了。如果我们不关心函数失败的原因，它还是不错的。就像 Data.Map 中的 lookup 函数只有在搜寻的键在映射中不存在时才会失败，对此我们一清二楚。

但我们如果希望知道函数失败的详细原因，那就需要使用 Either a b 了，用 a 来表示可能的错误的类型，用 b 来表示成功运算结果的类型。从现在开始，错误一律用 Left 值构造器，而正确结果一律用 Right。

举个例子，有个高中为了方便学生们存放 Guns N'Roses 海报而提供了好多壁橱。每个壁橱都有单独的密码，哪个学生想用壁橱，就告诉管理员壁橱的号码，管理员会告诉他壁橱的密码。但如果这个壁橱已经被别人占用，管理员就不能告诉他密码了，会要求他换一个壁橱。我们就用 Data.Map 的映射来表示这些壁橱,把一个号码映射到一个表示壁橱占用情况及密码的二元组里。

```
import qualified Data.Map as Map

data LockerState = Taken | Free deriving (Show, Eq)

type Code = String

type LockerMap = Map.Map Int (LockerState, Code)
```

　　我们引入了一个新的数据类型来表示壁橱的占用情况，并为壁橱的密码单独设置了一个别名。此外，也为描述从号码到二元组（占用情况与密码）映射关系的类型设置了单独的别名。

　　接下来，我们将实现按壁橱映射中的密码查找壁橱的函数，就用 Either String Code 类型表示我们的结果，因为查找失败可能有两种原因：壁橱已被他人占用，或者相应号码的壁橱不存在。如果查找失败，就用字符串描述出失败的原因：

```
lockerLookup :: Int -> LockerMap -> Either String Code
lockerLookup lockerNumber map =   case Map.lookup lockerNumber map of
    Nothing -> Left $ "Locker" ++ show lockerNumber ++ " doesn't exist!"
    Just (state, code) -> if state /= Taken
                          then Right code
                          else Left $ "Locker " ++ show lockerNumber ++ " is already taken!"
```

　　我们在这个映射中执行了一次普通的查找，如果得到 Nothing，就返回一个 Left String 值，告知该壁橱不存在。如果找到了，就再检查一下，看这个橱子是否已被占用，如果是，就返回 Left String 值，告知该壁橱已被占用。最后确认一切无恙，则返回 Right Code，通过它来告诉学生壁橱的密码。它实际上是 Right String 类型（等同于 Right [Char]），我们引入了一个类型别名为它的类型声明赋予更多的信息。

　　下面是一个映射的例子：

```
lockers :: LockerMap
lockers = Map.fromList
    [(100,(Taken,"ZD39I"))
    ,(101,(Free,"JAH3I"))
    ,(103,(Free,"IQSA9"))
    ,(105,(Free,"QOTSA"))
    ,(109,(Taken,"893JJ"))
    ,(110,(Taken,"99292"))
    ]
```

　　现在从里面查找壁橱的密码：

```
ghci> lockerLookup 101 lockers
Right "JAH3I"
ghci> lockerLookup 100 lockers
Left "Locker 100 is already taken!"
ghci> lockerLookup 102 lockers
Left "Locker number 102 doesn't exist!"
ghci> lockerLookup 110 lockers
Left "Locker 110 is already taken!"
ghci> lockerLookup 105 lockers
Right "QOTSA"
```

　　我们完全可以用 Maybe a 来表示它的结果，但这样一来我们就无法得知找不到密码的具体原因了。在这里，我们的返回类型能够为失败原因提供足够的信息。

7.7　递归数据结构

如你所见，代数数据类型的构造器可能含有许多字段（也有可能不含任何字段），而每个字段都必须是具体的类型。我们也能将该类型本身作为该类型的字段！这就意味着，我们能够创建递归数据结构（recursive data structure），得以在值中包含自身类型的值，被包含的值又能够包含更多同类型的值，如是继续。

设想列表 [5]，它是 5: [] 的语法糖。: 的左侧是一个值，而右侧是一个列表，在这里是个空列表。列表 [4,5] 又是怎样？好，解开语法糖之后就是 4:(5:[])。看第一个:，可见依然是左侧是个值，而右侧是一个列表，即 (5:[])。这一切对列表 3:(4:(5:6:[])) 也是同样的，它也可以写作 3:4:5:6:[]（因为: 为右结合），或者 [3,4,5,6]。

一个列表可以为空，也可以是一个元素通过: 与另一个列表（可能为空）结合后的结果。

我们就用代数数据类型实现自己的列表！

```
data List a = Empty | Cons a (List a) deriving (Show, Read, Eq, Ord)
```

这便是我们对列表的定义。它可能是空列表，也可能是一个值与一个列表相结合后的结果。如果你对这段代码感到疑惑，那么将它改成记录语法会更清晰一些：

```
data List a = Empty | Cons { listHead :: a, listTail :: List a}
    deriving (Show, Read, Eq, Ord)
```

你可能依然不清楚 Cons 值构造器的含义。简单说，它实际上就相当于列表中: 的作用，而: 本身也是一个值构造器，会取一个值和另一个列表作为参数，返回一个新的列表。换句话说，它拥有两个字段：其中的一个字段的类型为 a，另一个字段的类型为 List a。

```
ghci> Empty
Empty
ghci> 5 `Cons` Empty
Cons 5 Empty
ghci> 4 `Cons` (5 `Cons` Empty)
Cons 4 (Cons 5 Empty)
ghci> 3 `Cons` (4 `Cons` (5 `Cons` Empty))
Cons 3 (Cons 4 (Cons 5 Empty))
```

我们以中缀的形式调用 Cons 值构造器，从中可以看出它与: 的相像之处。Empty 相当于 []，4`Cons` (5 `Cons` Empty)则相当于 4:(5:[])。

7.7.1　优化我们的列表

只要以特殊字符命名函数，即可自动将它视为中缀函数。值构造器本质上仍是返回某类型的函数，因而也能利用这一性质。不过这里存在一项限制：中缀值构造器必须以冒号开头。编写如下代码：

```
infixr 5 :-:
data List a = Empty | a :-: (List a) deriving (Show, Read, Eq, Ord)
```

首先，注意这里的新语法构造：固定性声明（fixity declaration），即类型声明上面的一行代码。当我们将一个函数定义为运算符时，可以为它指定一个固定性规则（fixity）（非必须）。固定性规则规定运算符的优先级及结合性。比如，*运算符的固定性规则为 infixl 7*，+运算符的固定性规则为 infixl 6，意味着它们都是左结合（即 4 * 3 * 2 等同于 (4 * 3) * 2），然而*的优先级高于+，因为它的固定性设置得更高。因而 5 * 4 + 3 等价于(5 * 4) + 3。

于是我们能用 a :-: (List a) 来替换 Cons a (List a)。现在我们可以这样使用我们的列表：

```
ghci> 3 :-: 4 :-: 5 :-: Empty
3 :-: (4 :-: (5 :-: Empty))
ghci> let a = 3 :-: 4 :-: 5 :-: Empty
ghci> 100 :-: a
100 :-: (3 :-: (4 :-: (5 :-: Empty)))
```

接下来编写一个函数将两个列表相加。下面为普通的列表中++的定义：

```
infixr 5  ++
(++) :: [a] -> [a] -> [a]
[]     ++ ys = ys
(x:xs) ++ ys = x : (xs ++ ys)
```

我们就直接偷过来，并命名为^++，用在自己的列表上：

```
infixr 5  ^++
(^++) :: List a -> List a -> List a
Empty ^++ ys = ys
(x :-: xs) ^++ ys = x :-: (xs ^++ ys)
```

试用一下：

```
ghci> let a = 3 :-: 4 :-: 5 :-: Empty
ghci> let b = 6 :-: 7 :-: Empty
ghci> a ^++ b
3 :-: (4 :-: (5 :-: (6 :-: (7 :-: Empty))))
```

只要愿意，我们完全可以将标准库中的列表操作函数都为我们的自定义列表类型实现出来。

注意我们如何对(x :-: xs)进行模式匹配。模式匹配本质上就是对值构造器的匹配，我们能对:-:做匹配，正是因为它是我们自定义列表类型的值构造器。同理，我们能对:做匹配，也正是因为它是内置列表类型的值构造器，这对[]也是同样的道理。因为模式匹配仅匹配值构造器，所以我们才能匹配普通的前缀构造器，甚至 8 或者'a'这样的值，它们分别是数值类型与字符类型的基本值构造器。

7.7.2　种一棵树

为了更好地体验 Haskell 中的递归数据结构，我们将
实现一棵二叉搜索树。

在二叉搜索树中，每个元素都指向两个子元素——一
个在它的左侧，一个在它的右侧。左侧的子元素小于父元
素，而右侧的子元素大于父元素。每个子元素又分别指向
两个子元素（也可以仅指向一个子元素，也可以不指向任
何子元素）。从效果上看，每个元素都最多拥有两棵子树。

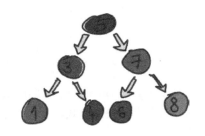

有关二叉搜索树的很酷的一点就是，某元素（如 5）
的左子树中的所有元素都小于该元素（都小于 5），而右子树中的所有元素都大于该元素。假设
我们想在自己的树中查找 8，那么就从 5 出发，考虑到 8 大于 5，就向右进行查找。现在我们
位于 7，8 依然大于 7，继续向右。这就在第三步时找到我们想要的元素了！换做是在一个普通
的列表（或者一棵严重失衡的树）中查找的话，就得走 7 步才能找到 8 了。

> **注意**　`Data.Set` 中的集合与 `Data.Map` 中的映射其实都是基于树实现的。不过它们采用
> 的并非简单的二叉搜索树，而是平衡二叉搜索树。如果一棵树的左子树与右子树的高度大
> 致相同，那么就称这棵树为平衡的。平衡二叉树的搜索更快，不过出于实现复杂性考虑，
> 我们在这个例子里仅实现简单的二叉搜索树。

下面就是我们要说的内容：一棵树要么是空树，要么包含某值且含有两棵子树。听起来正
是一个完美的代数数据类型！

```
data Tree a = EmptyTree | Node a (Tree a) (Tree a) deriving (Show)
```

我们不会手工构造一棵树，而是编写一个函数，令它取一棵树和一个元素作为参数，往树中插
入元素。我们会将该值与树的根节点做比较，如果小于根节点，则向左；如果大于根节点，则向右。
随后对经过的子节点重复上述步骤，直到抵达一棵空树为止，并在这里插入新节点，附带我们的新值。

在类似 C 的语言中，我们会通过修改指针并修改树中的数据来实现上述过程。而在 Haskell
中，我们无法直接对树做修改，所以我们需要在判断向左走还是向右走的同时构造一棵新的子
树，到最后返回一棵全新的树。因为 Haskell 中并没有指针的概念，有的只有值。可见，我们的
插入函数大约会是 `a -> Tree a -> Tree a` 这样的类型。它取一个元素和一棵树作为参数，
返回一棵插入过相应元素的新树。这样做似乎会很低效，然而 Haskell 对此做了专门的优化，允
许新树与旧树共享绝大部分子树。

下面是我们用来构建树的两个函数：

```
singleton :: a -> Tree a
singleton x = Node x EmptyTree EmptyTree

treeInsert :: (Ord a) => a -> Tree a -> Tree a
treeInsert x EmptyTree = singleton x
treeInsert x (Node a left right)
    | x == a = Node x left right
    | x < a = Node a (treeInsert x left) right
    | x > a = Node a left (treeInsert x right)
```

singleton 是一个辅助函数，用于构造一棵单节点树（仅含有一个节点的树）。它仅仅是创建新节点的快捷方式，会将新节点视为根，并含有某值，同时将两棵子树都设为空。

treeInsert 函数用于往一棵树中插入一个元素。首先，为基准条件提供单独的模式。如果是空子树，就意味着已经到达了我们期望的位置，可以在这里插入带有相应元素的单节点树。如果不是空子树，那么我们仍需检查：首先判断该元素是否与根元素相等，如果相等，则将树原样返回；如果小于根元素，则返回一棵新的树，保持当前树的根节点与右子树不变，但向左子树中插入相应的值；如果大于根元素，则与之同理，不过顺序相反。

接下来，我们编写一个函数来判断某元素是否存在于一棵树中：

```
treeElem :: (Ord a) => a -> Tree a -> Bool
treeElem x EmptyTree = False
treeElem x (Node a left right)
    | x == a = True
    | x < a = treeElem x left
    | x > a = treeElem x right
```

首先定义基准条件。如果树为空，就一定不可能在里面找得到相应的元素。注意，这里的基准条件与在列表中查找元素的基准条件相同。如果树不为空，那就继续做检查。如果树的根节点中的某元素正是我们在查找的，那么就太棒了！如果不是，那怎么办？嗯，我们可以继续发挥左子树中的元素皆小于根节点的性质。如果待查找的元素小于根节点，则检查它是否存在于左子树；如果大于根节点，则检查它是否存在于右子树。

现在可以玩一下我们的树了！在这里我们不是直接手工创建整棵树（虽然可以这样做），而是利用折叠，基于一个列表来构建整棵树。想想，一切遍历列表最终返回一个值的操作都可以通过折叠来实现！我们会以一棵空树作为起始值，然后从列表的右侧开始，将元素依次插入到作为累加值的树中。

```
ghci> let nums = [8,6,4,1,7,3,5]
ghci> let numsTree = foldr treeInsert EmptyTree nums
ghci> numsTree
Node 5
    (Node 3
        (Node 1 EmptyTree EmptyTree)
        (Node 4 EmptyTree EmptyTree)
```

```
    )
(Node 7
    (Node 6 EmptyTree EmptyTree)
    (Node 8 EmptyTree EmptyTree)
    )
```

> **注意** 如果在 GHCi 中执行这段代码，numsTree 的结果会显示到一行中。在这里将它分成了多行，不然就印到纸外面了！

在这行 foldr 里，treeInsert 是折叠中的二元函数（它取一棵树和列表中的一个元素作为参数，返回一棵新树），EmptyTree 是起始值，而 nums 显然就是待折叠的列表了。

当我们将这棵树输出到控制台时，它并不十分易读，然而我们依然能够分辨出它的结构。可以从中看出，树的根节点为 5，含有两棵子树：其中一棵的根节点为 3，另一棵的根节点为 7。

我们顺便也可以检查某些值是否存在于这棵树中，像这样：

```
ghci> 8 `treeElem` numsTree
True
ghci> 100 `treeElem` numsTree
False
ghci> 1 `treeElem` numsTree
True
ghci> 10 `treeElem` numsTree
False
```

可见，Haskell 中的代数数据类型实在是一个优雅且强大的概念。基于它，我们能够构建出任何东西，从布尔值到一周的枚举到二叉搜索树，甚至更多！

7.8 类型类

到这里，你已经学习了一些 Haskell 的标准类型类及其包含的类型，也学习了如何通过派生实例，自动将你的类型转化为标准类型类的实例。在本节中，我们将学习如何定义自己的类型类，以及手工制作类型实例的方法。

有关类型类的快速重温：类型类比较接近于接口。一个类型类定义了某些行为（如判断相等性、比较顺序、枚举）。拥有某行为的类型，就作为某类型类的实例。而类型类的行为，则通过函数的定义或者待实现的函数的函数声明来实现。所以，如果我们称某类型是一个类型类的实例，那便意味着我们可以针对这一类型调用类型类中定义的所有函数。

> **注意** 记住，类型类与 Java 或 Python 等语言中的类毫无关系。这一点很容易让人混淆，所以我希望你能够马上忘掉命令式语言中的类！

7.8.1 深入 **Eq** 类型类

作为例子，我们看一下 Eq 类型类。回忆一下，Eq 类型类用于表示可以判断相等性的值。它定义了两个函数，即==和/=。假设我们有个 Car 类型，而且通过==来判断两辆汽车的相等性也是合理的，那么就应该将 Car 设为 Eq 的实例。

下面是标准库中 Eq 类型类的定义：

```
class Eq a where
    (==) :: a -> a -> Bool
    (/=) :: a -> a -> Bool
    x == y = not (x /= y)
    x /= y = not (x == y)
```

咦，这里有些古怪的语法和关键字！

class Eq a where 的含义为：定义一个新的类型类 Eq。其中的 a 为类型变量，a 也就扮演着 Eq 的实例类型的角色（它的命名不一定非 a 不可，甚至不一定单个字母——但它一定要保持小写）。

随后定义了几个函数。注意，其中函数体的实现是可选的，必须提供的是类型声明。然而给出的函数体是以交叉递归的形式实现的：两个 Eq 实例类型的值在它们没有不等时相等，在没有相等时不等。稍后你就能明白这种风格的好处。

在类型类中给出的函数类型也并非函数的实际类型。假如我们有 class Eq a where 这样的类型类，然后在里面增加一行类型声明(==) :: a -> a -> Bool。随后检查该函数的类型，得到的将是(Eq a) => a -> a -> Bool。

7.8.2 **TrafficLight** 数据类型

如果我们有了一个类型类，那么该怎样使用它呢？我们可以以将类型变为这个类的实例，从而发挥类型类的相关功能。拿这个类型做例子：

```
data TrafficLight = Red | Yellow | Green
```

它定义了一个红绿灯的所有状态。注意，在这里我们没有直接将它派生为任何类型类的实例，而要为它手工编写实例。下面就是将它实现为 Eq 的实例的方法：

```
instance Eq TrafficLight where
    Red == Red = True
```

```
Green == Green = True
Yellow == Yellow = True
_ == _ = False
```

用到的是 instance 关键字。可见 class 用于定义新的类型类，而 instance 用于将类型转为某类型类的实例。我们在定义 Eq 时曾提到，class Eq a where 中的 a 扮演着 Eq 的任意实例类型的角色，到现在，这一点无疑更清楚了。在创建实例时，我们写下的是 instance Eq TrafficLight where，将 a 替换成了实际的类型。

在类型类的声明中，==与/=的定义互相依赖，因而我们只需要在实例声明中覆盖其中的一个函数即可。这种风格被称作类型类的最小完备定义——为符合类型类的行为，而必须实现的最少数几个函数。要满足 Eq 的最小完备定义，我们只需提供==或者/=中任一函数的实现。反过来，如果 Eq 类型类是这样定义的：

```
class Eq a where
    (==) :: a -> a -> Bool
    (/=) :: a -> a -> Bool
```

Haskell 就无法得知两个函数之间的关系，我们也不得不同时提供两个函数的实现，才能使某类型成为 Eq 的实例。这时，Eq 类型类的最小完备定义就成为==与/=两个函数了。

如你所见，前面==的实现都是基于简单的模式匹配。在两个灯的各种组合中，不相等的情况占多数，那么我们只列出相等的组合，随后留一个万能的模式匹配，将不属于前面几种组合的所有情况都视作两个灯不相等。

让我们也手工将它实现为 Show 的类型类好了。为满足 Show 类型类的最小完备定义，我们需要提供 show 函数的实现。show 函数会取一个值作为参数，并将它转换为字符串：

```
instance Show TrafficLight where
    show Red = "Red light"
    show Yellow = "Yellow light"
    show Green = "Green light"
```

又一次使用模式匹配达成目的。接下来动手操作一下，观察是否工作良好：

```
ghci> Red == Red
True
ghci> Red == Yellow
False
ghci> Red `elem` [Red, Yellow, Green]
True
ghci> [Red, Yellow, Green]
[Red light,Yellow light,Green light]
```

我们完全能够直接派生 Eq，最终的效果也完全相同（除却其中的演示效果）。然而直接派生 Show 的话，只能将值构造器的名字转为字符串。如果我们希望灯能显示成 Red light，就必须手工编写实例声明了。

7.8.3　子类化

你也可以将一个类型类实现为另一个类型类的子类。比如 Num 类型类，它的类型声明比较长，只看开头部分是这样的：

```
class (Eq a) => Num a where
    ...
```

我们在前面曾提到，可以在许多地方插入类型约束。这段代码的含义与 class Num a where 依然大致相同，不过限制了 a 必须是 Eq 的实例。大致的含义就是说，若要将一个类型实现为 Num 的实例，必先将该类型实现为 Eq 的实例。如果某类型期望被视作数值，那么判断它的值之间的相等性必然是合理的。

子类化的内容就这些——只需要在类声明中添加一条类约束！对于类声明或者实例声明中定义的函数体，我们可以确认 a 属于 Eq 的实例，从而可以对这一类型的值使用==函数。

7.8.4　作为类型类实例的带参数类型

对了，Maybe 与列表类型又是怎样成为类型类的实例的呢？与 TrafficLight 这种类型不同，Maybe 的特殊之处是它并非具体类型——它的类型构造器需要取一个类型参数（如 Char），才可以生成一个具体类型（如 Maybe Char）。我们再回头看下 Eq 类型类的定义：

```
class Eq a where
    (==) :: a -> a -> Bool
    (/=) :: a -> a -> Bool
    x == y = not (x /= y)
    x /= y = not (x == y)
```

在这段类型声明中，我们可以看出 a 是一个具体类型，因为只有具体类型才可以作为函数的参数类型。想想，你不能使一个函数的类型为 a -> Maybe，但可以使一个函数的类型为 a -> Maybe a 或者 Maybe Int -> Maybe String。因此我们不能写这样的代码：

```
instance Eq Maybe where
    ...
```

a 必须是具体类型，而 Maybe 不是；Maybe 是一个类型构造器，它只有取一个参数才能产生具体类型。

针对所有可能的 Maybe 的类型参数提供单独的实例也是不现实的；否则，写下 instance Eq (Maybe Int) where，instance Eq (Maybe Char) where 还不算完，还得列出所有的类型，无穷无尽。对此，Haskell 允许我们保留相应的类型参数作为类型变量，像这样：

```
instance Eq (Maybe m) where
    Just x == Just y = x == y
    Nothing == Nothing = True
    _ == _ = False
```

这相当于说，我们希望所有 Maybe something 这种形式的类型都属于 Eq 的类型类。实际上，在上面写下 (Maybe something) 也是合法的，不过使用单字符表示类型变量是 Haskell 的一种风格约定。

其中的 (Maybe m) 扮演了 class Eq a where 中 a 的角色。Maybe 确实不是具体类型，但 Maybe m 是。将类型参数保留为类型变量（小写的 m）的做法，使得所有 Maybe m 形式的类型都成为了 Eq 的实例，而 m 可以是任何类型。

不过这里仍存在一个问题，你能否发现？我们对 Maybe 中的内容调用==，然而 Maybe 中的内容却不一定是 Eq 的实例！因此，需要将这段实例声明改为这样：

```
instance (Eq m) => Eq (Maybe m) where
    Just x == Just y = x == y
    Nothing == Nothing = True
    _ == _ = False
```

我们增加了一个类约束！在这段实例声明中，我们期望 Maybe m 形式的所有类型都属于 Eq 类型类，此外要求 m（Maybe 中包含的内容）所表示的类型同样为 Eq 类型类的实例。这也正是 Haskell 在派生实例时所做的。

多数情况下，类声明中的类约束都是用来声明一个类型类属于另一个类型类的子类，实例声明中的类约束也都是用来表示对某类型中内容的要求。作为例子，在这里我们就要求了 Maybe 中的内容也必须属于 Eq 类型类。

当编写实例时，如果发现某类型在类型声明（比如 a -> a -> Bool 中的 a）中作为一个具体类型用到，那就提供类型参数并用括号括起，将它表示为具体类型。

注意，类声明中的参数会被待实例化的类型替换。当你创建一个类型实例时，class Eq a where 中的 a 中的 a 就会被替换为一个实际的类型。因此，可以想象将自己的类型填入函数类型声明之后的样子，比如下面的这段类型声明明显是不合理的：

```
(==) :: Maybe -> Maybe -> Bool
```

改成这样就合理了：

```
(==) :: (Eq m) => Maybe m -> Maybe m -> Bool
```

这只是想象中的类型声明，不管是哪个实例类型，==的类型总是 (==) :: (Eq a) => a

-> a -> Bool。

哦，还有一件重要的事情：如果想知道某类型类拥有哪些实例，只要在 GHCi 中输入:info YourTypeClass 即可。比如，输入:info Num 能够列出类型类中定义的函数，也能列出类型类中的所有实例类型。此外，:info 对于类型和类型构造器也有效。如果执行:info Maybe，就能列出 Maybe 属于的所有类型类。下面是个例子：

```
ghci> :info Maybe
data Maybe a = Nothing | Just a -- Defined in Data.Maybe
instance (Eq a) => Eq (Maybe a) -- Defined in Data.Maybe
instance Monad Maybe -- Defined in Data.Maybe
instance Functor Maybe -- Defined in Data.Maybe
instance (Ord a) => Ord (Maybe a) -- Defined in Data.Maybe
instance (Read a) => Read (Maybe a) -- Defined in GHC.Read
instance (Show a) => Show (Maybe a) -- Defined in GHC.Show
```

7.9 Yes-No 类型类

在 JavaScript 以及其他几门弱类型语言中，你可以将几乎所有东西都往 if 表达式里塞。比如，在 JavaScript 中，你可以这样：

```
if (0) alert("YEAH!") else alert("NO!")
```

也可以这样：

```
if ("") alert ("YEAH!") else alert("NO!")
```

或者这样：

```
if (false) alert("YEAH!") else alert("NO!")
```

所有这些语句都会抛一个警告说 NO!。

不过下面这段代码会警告我们说 YEAH!，因为 JavaScript 会将所有的非空字符串都视作真值：

```
if ("WHAT") alert ("YEAH!") else alert("NO!")
```

Haskell 的布尔语义仅与 Bool 类型相关，严格的检查显然更符合 Haskell 的作风。不过为了好玩，我们也尝试在 Haskell 中实现一下类似 JavaScript 的行为。首先从一个类型声明开始：

```
class YesNo a where
    yesno :: a -> Bool
```

很简单，YesNo 类型类仅定义了一个函数。这个函数取一个参数，其类型拥有真值的性质，返回参数是否为真。注意，在函数声明中使用的 a 一定是一个具体类型。

接下来定义几个实例。对数值而言，我们假定非 0 的数字为布尔的真值，而 0 为假值（与 JavaScript 一致）。

```
instance YesNo Int where
    yesno 0 = False
    yesno _ = True
```

空的列表（可引申为字符串）被视作假值，而非空的列表会被视作真值：

```
instance YesNo [a] where
    yesno [] = False
    yesno _ = True
```

注意,在这里我们并不关心列表中的内容,但依然保留列表的类型参数从而使之作为具体类型。

很明显 Bool 本身也有真假的性质，各归各位：

```
instance YesNo Bool where
    yesno = id
```

等等,id 是什么？它只是一个标准库中的函数,会将参数原样返回。在这里正好派上用场。让我们也把 Maybe 做成实例：

```
instance YesNo (Maybe a) where
    yesno (Just _) = True
    yesno Nothing = False
```

我们并不关心 Maybe 的内容，因而不需要类约束。我们这样说了，如果是一个 Just 值，那么被视作真值；如果是 Nothing，则被视作假值。想一下，不存在 Maybe -> Bool 类型的函数（因为 Maybe 不是具体类型），而 Maybe a -> Bool 就既合理又漂亮了。很酷，现在所有 Maybe something 形式的类型都已经是 YesNo 的一部分了，而且这与 something 的具体内容无关。

先前我们定义了一个 Tree 类型，用以表示二叉搜索树。我们可以视空树为假值，而所有不为空的树为真值：

```
instance YesNo (Tree a) where
    yesno EmptyTree = False
    yesno _ = True
```

红绿灯有没有真假性质？当然有。红灯停,绿灯行。(黄灯呢？呃,我是个急性子,能闯就闯了。)

```
instance YesNo TrafficLight where
    yesno Red = False
    yesno _ = True
```

已经有不少实例了，放出来玩一下！

```
ghci> yesno $ length []
False
```

```
ghci> yesno "haha"
True
ghci> yesno ""
False
ghci> yesno $ Just 0
True
ghci> yesno True
True
ghci> yesno EmptyTree
False
ghci> yesno []
False
ghci> yesno [0,0,0]
True
ghci> :t yesno
yesno :: (YesNo a) => a -> Bool
```

工作良好！

接下来编写一个模仿 if 语句的函数，使之参考 YesNo 值：

```
yesnoIf :: (YesNo y) => y -> a -> a -> a
yesnoIf yesnoVal yesResult noResult =
    if yesno yesnoVal
        then yesResult
        else noResult
```

它取一个 YesNo 值与其他的任意类型的两个值作为参数。如果 YesNo 值偏向 Yes，返回第一个值；否则返回第二个值。试验一下：

```
ghci> yesnoIf [] "YEAH!" "NO!"
"NO!"
ghci> yesnoIf [2,3,4] "YEAH!" "NO!"
"YEAH!"
ghci> yesnoIf True "YEAH!" "NO!"
"YEAH!"
ghci> yesnoIf (Just 500) "YEAH!" "NO!"
"YEAH!"
ghci> yesnoIf Nothing "YEAH!" "NO!"
"NO!"
```

7.10　Functor 类型类

我们已经见过了许多标准库中的类型类。我们曾摆弄过 Ord，用来表示可排序的东西；我们曾接触过 Eq，用来判断事物的相等性；我们也见了 Show，用来展示某类型值的字符串表示；还有我们无微不至的老朋友 Read，每当我们希望将字符串转换为某类型的值时，总有它的身影。现在，我们要看一下 Functor 类型类，用来表示可以映射的事物。

谈到映射，你可能首先想到了列表。在 Haskell 中，对于列表的映射

再常见不过了。你是对的，列表类型正是 Functor 类型类的实例。

要了解 Functor 类型类，没有比阅读实现代码更好的方法了。小窥一下：

```
class Functor f where
    fmap :: (a -> b) -> f a -> f b
```

可见它仅定义了一个函数，即 fmap，并没有提供任何默认的实现。fmap 的类型很有趣，之前我们定义的类型类中，作为实例类型的类型变量都是具体类型，就像 (==) :: (Eq a) => a -> a -> Bool 中的 a。不过这里的 f 却不是具体类型（即存在值的类型，如 Int、Bool 以及 Maybe String），而是一个取一个类型参数的类型构造器(快速复习的小例子：Maybe Int 是一个具体类型，而 Maybe 是一个取一个类型参数的类型构造器)。

此外可以看出，fmap 函数取一个参数类型与返回类型不同的函数和一个应用到某类型的函子（functor）值作为参数返回一个应用到另一个类型的函子值。听起来很绕，但不用担心，稍后看几个例子就真相大白了。

嗯……fmap 的类型声明使我想起了些什么。看一下 map 函数的类型签名：

```
map :: (a -> b) -> [a] -> [b]
```

哈，有意思！它也是取一个参数类型与返回类型不同的函数和一个某类型的列表作为参数，返回另一个类型的列表。我的朋友，我想我们已经找到一个函子了！实际上，map 正是仅处理列表的 fmap。如下即列表作为 Functor 类型类的实例的实现：

```
instance Functor [] where
    fmap = map
```

就这些！注意，我们并没有写作 instance Functor [a] where，因为 f 必须是一个单个参数的类型构造器，这一点可以从如下类型声明中看出：

```
fmap :: (a -> b) -> f a -> f b
```

[a] 已经是一个具体类型了（装有某类型的列表），[] 才是类型构造器，它取一个类型参数，能够产生 [Int]、[String] 甚至 [[String]] 等类型。

对于列表，fmap 就是 map，因此对相同的列表分别调用它们所得的结果也是相同的：

```
ghci> fmap (*2) [1..3]
[2,4,6]
ghci> map (*2) [1..3]
[2,4,6]
```

对于空列表调用 map 或者 fmap 会怎样？当然，得到的依然是空列表，不过，返回的空列表的类型为 [b]，而不再是 [a]。

7.10.1　**Maybe** 函子

凡是拥有容器性质的类型都可以视作函子。我们可以将列表视作容器，它可以为空，也可以装有某些东西，甚至装有其他容器。其他的容器依然可以为空，也可以装有某些东西甚至其他容器，依此类推。还有哪些类型拥有容器的性质？首先想到的便是 Maybe a 类型。它要么为空（这时它的值为 Nothing），要么装着一条数据（如"HAHA"，这时它的值为 Just "HAHA"）。

下面便是 Maybe 作为 Functor 实例的实现：

```
instance Functor Maybe where
    fmap f (Just x) = Just (f x)
    fmap f Nothing = Nothing
```

注意，我们在这里写的仍为 instance Functor Maybe where，而非 instance Functor (Maybe m) where。与处理 YesNo 类型类时不同，Functor 期望的是一个单个参数的类型构造器，而非具体类型。如果将 fmap 类型声明中的 f 替换为 Maybe，结果会比较接近于 (a -> b) -> Maybe a -> Maybe b，这样没有问题。不过如果将 f 替换为 (Maybe m)，结果就会接近于 (a -> b) -> Maybe m a -> Maybe m b，明显不合理了，因为 Maybe 只有一个类型参数。

fmap 的实现很简单，如果是空值 Nothing，那就直接返回 Nothing。就像映射空容器的结果依然是空容器一样，映射空列表的结果依然是空列表。如果不是空值，而是 Just 中包裹着的一条数据，就对 Just 的内容应用函数：

```
ghci> fmap (++ " HEY GUYS IM INSIDE THE JUST") (Just "Something serious.")
Just "Something serious. HEY GUYS IM INSIDE THE JUST"
ghci> fmap (++ " HEY GUYS IM INSIDE THE JUST") Nothing
Nothing
ghci> fmap (*2) (Just 200)
Just 400
ghci> fmap (*2) Nothing
Nothing
```

7.10.2　树也是函子

我们的 Tree a 类型也可以被映射，因而也可以实现为 Functor 的实例。它可以被视作容器（可能含有多个值，也可能为空），Tree 类型构造器也只有一个类型参数。如果将 fmap 想象为仅处理 Tree 的函数，它的类型签名会像这样：(a -> b) -> Tree a -> Tree b。

这次我们会用到递归。映射一棵空树的结果依然是空树；而在映射一棵非空的树时，我们的函数会应用到根节点的值上，以及左右子树会被同样的函数映射，从而产生一棵与旧树保持同样结构的新树。下面是代码：

```
instance Functor Tree where
    fmap f EmptyTree = EmptyTree
    fmap f (Node x left right) = Node (f x) (fmap f left) (fmap f right)
```

测试一下：

```
ghci> fmap (*2) EmptyTree
EmptyTree
ghci> fmap (*4) (foldr treeInsert EmptyTree [5,7,3])
Node 12 EmptyTree (Node 28 (Node 20 EmptyTree EmptyTree) EmptyTree)
```

请小心！如果使用 Tree a 类型表示二叉搜索树，对它映射一个函数之后，将无法保证结果满足二叉搜索树的性质。对于二叉搜索树，左侧的子节点必须小于父节点，右侧的子节点必须大于父节点。如果将一个类似 negate 的函数映射到二叉搜索树上，一下子就让左侧的子节点都大于右侧的子节点了，二叉搜索树的性质也因而被破坏，只能作为普通二叉树使用了。

7.10.3 **Either a** 函子

Either a b 呢？可不可以做成函子？Functor 类型类期望的是取单个参数的类型构造器，但 Either 拥有两个参数。唔……我知道了，我们可以只交给 Either 一个参数对它进行部分应用，这样它就只剩一个参数了。

下面是标准库中 Either a 作为函子的实现，详细说来，它位于 Control.Monad.Instances 模块之中：

```
instance Functor (Either a) where
    fmap f (Right x) = Right (f x)
    fmap f (Left x) = Left x
```

很好，有什么发现？可以看出类型类的实例类型是 Either a，而非 Either。这是因为 Either a 是一个单参数的类型构造器，而 Either 含有两个参数。假想如果 fmap 是 Either a 的专用函数，那么它的类型签名会像这样：

```
(b -> c) -> Either a b -> Either a c
```

因为等价于：

```
(b -> c) -> (Either a) b -> (Either a) c
```

函数仅对 Right 值构造器进行映射，若得到 Left 值，则什么都不做。为什么会这样？好，回头观察 Either a b 的类型是如何定义的，可见：

```
data Either a b = Left a | Right b
```

如果我们希望函数对两个值构造器都进行映射，a 与 b 必须保持相同的类型。请思考：假设 b 是一个字符串，a 是一个数值，如果我们试图映射一个参数类型与返回类型都是字符串的函数，那么类型不会匹配。同样，假想如果 fmap 仅处理 Either a b 值，那么 fmap 的类型又是什么呢？不难看出，只有第二个类型参数可以变化，而第一个类型参数必须保持不变，而必须保持不变的类型参数正好对应着 Left 值构造器。

到这里，容器的比喻依然恰当，只要将 Left 部分视作空容器。不过，额外附带了一条错误信息用来告知为空的原因。

Data.Map 中的映射同样可以视作函子值，因为它们能够存放值（也可以为空！）。对于 Map k v，fmap 会将一个类型为 v -> v' 的函数映射到类型为 Map k v 的映射上，返回一个类型为 Map k v' 的映射。

> **注意** 同变量的命名一样，类型中的'字符并没有特殊含义。它只是意味着两者比较相似，但存在细微不同。

留一个小练习，你可以尝试解答一下 Map k 是如何实现为 Functor 的实例的！

从这些例子中可以看出，配合着 Functor，可以用类型类搞出许多很酷的高阶概念。此外，你还实践了类型的部分应用，以及构造实例的方法。到第 11 章，我们将更详细地学习函子的相关定律。

7.11 kind 与无名类型

带参数的类型构造器最终能够生成具体的类型。同样与函数相似，类型构造器也能够部分应用。比如，Either String 就是一个单参数的类型构造器，能够生成一个具体类型，如 Either String Int。

本节我们将学习类型是如何形式化地应用到类型构造器的。说实话，跳过这一节对你的 Haskell 探险也影响不大，不过本节可能对深入理解 Haskell 类型系统的工作方式有好处。如果有不明白的地方也没关系。

像 3、"YEAH" 及 takeWhile 这样的值（函数也同样是值——我们能够传递它）都有各自的类型。类型就像值身上贴着的标签，使我们能够分辨值与值之间的区别。类型也有自己的标签，那就是 kind。乍听起来可能会感到疑惑，然而这是一个很酷的概念。

kind 是什么？它有哪些用处？好，我们可以在 GHCi 中使用 :k 命令来检查某类型的 kind：

```
ghci> :k Int
Int :: *
```

这里的*是什么意思？它表示该类型是一个具体类型。具体类型就是不含任何类型参数的类型，只有具体类型才可以拥有值。如果一定要我大声读出*的话（我还没这样做过），我想我会将它读作"星"，或者简单读作"类型"。

好，现在看一下 Maybe 的 kind：

```
ghci> :k Maybe
Maybe :: * -> *
```

这个 kind 告诉我们，Maybe 类型构造器取一个具体类型（如 Int）作为参数，返回一个具体类型（如 Maybe Int）。就像 Int -> Int 意味着函数取一个 Int、返回一个 Int，* -> *意味着类型构造器取一个具体类型、返回一个具体类型。我们为 Maybe 应用上类型参数，再检查一下所得类型的 kind：

```
ghci> :k Maybe Int
Maybe Int :: *
```

不出所料，我们为 Maybe 应用类型参数可得一个具体类型（这也正是* -> * 的含义）。与此对应（虽说类型与 kind 是完全不同的两个概念，但存在相似之处）的一个场景是，在 GHCi 中分别执行:t isUpper 与:t isUpper 'A'，可得 isUpper 函数的类型为 Char -> Bool，而 isUpper 'A'的类型显然为 Bool，因为它的值为 False。不过，这几个类型的 kind 都是*。

使用:k 来检查类型的 kind，就像使用:t 来检查值的类型。类型是值身上贴的标签，而 kind 是类型身上贴的标签。这也是两者相对应的地方。

接下来检查 Either 的 kind：

```
ghci> :k Either
Either :: * -> * -> *
```

这告诉我们，Either 取两个具体类型作为类型参数，生成一个具体类型。这与普通的二元函数的类型声明很相似。类型构造器也能够柯里化（同函数一样），因而我们能对它进行部分应用，就像这样：

```
ghci> :k Either String
Either String :: * -> *
ghci> :k Either String Int
Either String Int :: *
```

如果我们希望将 Either a 实现为 Functor 类型类的实例，需要先对它进行部分应用，因为 Functor 期望单个参数的类型，而 Either 含有两个类型。换句话说，Functor 期望的 kind 为* -> *，因而我们需要对原先 kind 为* -> * -> *的 Either 进行部分应用，从而匹配 Functor 期望的 kind。

再回头看 Functor 的定义，可见类型变量 f 需要取一个具体类型，产生一个具体类型：

```
class Functor f where
    fmap :: (a -> b) -> f a -> f b
```

可知返回的一定是具体类型，因为只有具体类型才可以用作函数中值的类型。进而可推知，打算与 Functor 做朋友的类型的 kind 都必须是* -> *。

第 8 章

输入与输出

在本章中，你将了解到如何接收来自键盘的输入，以及如何向屏幕输出内容。

不过在此之前，我们会先简单讲一下输入和输出（I/O）的基本问题：

- 什么是 I/O 操作？

- I/O 操作是怎样执行 I/O 的？

- I/O 操作会在何时真正触发？

谈到 I/O，就不得不提及 Haskell 函数的基本工作方式带来的限制。对此，我们将学习 Haskell 的应对方法。

8.1　纯粹与非纯粹的分离

现在你已经习惯了这一事实：Haskell 是一门纯函数式语言。使用 Haskell，我们不会为计算机提供一系列要执行的步骤，而是为问题提供定义。此外，Haskell 中的函数不存在副作用（side effect）。函数仅负责根据提供给它的参数返回特定的结果，如果一个函数以相同的参数调用两次，那它返回的结果一定是相同的。

这一点乍看起来可能让人觉得束手束脚，然而实际上是很酷的一个特性。在命令式语言中，你无法保证一个简单的数值计算函数不会在碾碎数值的同时把自家房子烧掉或者把狗拐跑。在 Haskell 中不会这样，比如，在上一章我们为二叉搜索树插入元素时，并没有修改现有的树，而是根据旧树生成一棵插入过元素的新树。

避免函数修改状态（比如更新全局变量）的做法是合理的，这允许我们能够更清晰地理解程序。不过，这里存在一个问题：如果不允许函数改变世界的一丝一毫，那它怎样告诉我们计算的结果呢？要告诉我们计算的结果，函数必须更改输出设备的状态（通常是屏幕的状态）。而设备发出光子进入我们的大脑，又影响到我们思想的状态。

先别失望，一切都还在。对于拥有副作用的函数，Haskell 有专门一套强大的系统，由它漂亮地将程序的非纯粹部分从纯粹部分中分离开来，单独承担所有关于键盘与屏幕的脏活累活。将这两部分拆开之后，我们依然能够按照纯函数式风格来分析程序、发挥纯函数式风格的优点（如惰性、健壮性以及可组合性），同时能够轻松与外部世界交流。在本章，你就能够在实践中了解到这一切的原理。

8.2　Hello, World！

直到现在，我们还总是将函数装载到 GHCi 中进行测试。同样也是按照这种方法浏览了一部分标准库。现在我们开始编写第一个真正的 Haskell 程序！耶！当然，我们先从 Hello, world!这个老段子开始。

首先，将这段代码放入你最爱的文本编辑器：

```
main = putStrLn "hello, world"
```

我们定义了 main，在里面将"hello, world"作为参数调用了名为 putStrLn 的函数。将它保存为 helloworld.hs。

接下来做一件之前从没做过的事情：编译我们的程序，生成一个可执行文件，使我们能够执行它！打开终端，切换到 helloworld.hs 所处的目录，输入下述命令：

```
$ ghc --make helloworld
```

这样就启动了 GHC 编译器，并命令它来编译我们的程序。如果正常，它会产生类似这样的输出：

```
[1 of 1] Compiling Main ( helloworld.hs, helloworld.o )
Linking helloworld ...
```

然后在终端中输入下面这个命令，即可执行这段程序：

```
$ ./helloworld
```

> **注意**　如果你使用的是 Windows，那么应该输入的命令为 helloworld.exe，而非 ./helloworld。

我们的程序会输出这样的结果：

```
hello, world
```

就是这样——我们的第一个编译过的程序向终端输出了一些东西。无聊透了！

回头研究一下刚才的代码。首先，检查下 `putStrLn` 函数的类型：

```
ghci> :t putStrLn
putStrLn :: String -> IO ()
ghci> :t putStrLn "hello, world"
putStrLn "hello, world" :: IO ()
```

我们可以这样阅读 `putStrLn` 的类型：`putStrLn` 取一个字符串作为参数，返回一个 I/O 操作（I/O action），而 I/O 操作的返回类型为 `()`，即空元组，也被称为单元（unit）。

> **注意** 空元组的值为 `()`，它的类型也为 `()`。

那么 I/O 操作会在何时执行呢？好，这就要谈 `main` 了。当我们将其命名为 `main` 并运行我们的程序时，I/O 操作会被执行。

8.3 组合 I/O 操作

整个程序仅触发一个 I/O 操作，乍一看会感到受限制。实际上，我们能够利用 do 语法来将多个 I/O 操作合成一个。看下面这个例子：

```
main = do
    putStrLn "Hello, what's your name?"
    name <- getLine
    putStrLn ("Hey " ++ name ++ ", you rock!")
```

哈，有意思——见到了新语法！而且这段代码读起来很像命令式程序。将它编译并运行，就能得到期望的结果。

注意，代码中我们先从 do 开头，然后就像命令式语言那样，安排了一系列步骤。其中的每个步骤都是一个 I/O 操作。通过 do 语法我们将这些 I/O 操作合为一体，成为一个 I/O 操作，其类型为 `IO ()`，与其中的最后一个 I/O 操作的类型相同。因此 `main` 的类型签名总是 `main :: IO something`，其中的 *something* 是一个具体类型。我们一般不需要为 `main` 指定类型声明。

看第三行的 `name <- getLine`，这又是怎么回事？它就像从输入中读取了一行数据，并存储到一个名为 `name` 的变量中。是真的这样吗？好，我们检查一下 `getLine` 的类型：

```
ghci> :t getLine
getLine :: IO String
```

可见 `getLine` 是一个产生字符串的 I/O 操作。这是合理的，它会等待用户在终端的输入，然后将用户的输入表示为一个字符串。

可是，这跟 name <- getLine 有什么关系呢？你可以这样阅读那段代码：执行 I/O 操作 getLine，然后将它的返回值绑定到 name。getLine 的类型为 IO String，可知 name 的类型为 String。

你可以将 I/O 操作看做一个长着脚的容器，它能跑到外面的世界中做些事情（如往墙上涂鸦），也有可能带回来一些东西。一旦它为你取到了数据，那就只有通过 <- 语法才能打开容器取得里面的内容。此外，只有在 I/O 操作的上下文中才能够读取 I/O 操作的内容。这就是 Haskell 实现隔离的方式，漂亮地将纯的代码与不纯的代码分离开。getLine 是不纯的，因为我们无法保证两次执行 getLine 的返回值一致。

执行 name <- getLine 之后，name 就等于一个普通的字符串，与容器中的内容相同。假如我们有一个异常复杂的函数，它能够根据参数中你的名字（一个普通的字符串）计算出你的未来，像这样：

```
main = do
    putStrLn "Hello, what's your name?"
    name <- getLine
    putStrLn $ "Zis is your future: " ++ tellFortune name
```

tellFortune 函数（或者任何接受 name 作为参数的函数）根本不需要关心任何 I/O——它只是一个普通的 String -> String 类型的函数！

为便于理解如何区分 I/O 操作与普通值，考虑下面的代码是否合法？

```
nameTag = "Hello, my name is " ++ getLine
```

如果你说不合法，那就奖励自己一块甜饼；如果你说合法，就喝一壶热岩浆。（开玩笑而已——别当真！）这行代码不能工作，是因为 ++ 要求两个参数必须是相同类型的列表。其中左侧参数的类型为 String（也可以是 [Char]，只要你乐意），而 getLine 的类型为 IO String。记住，你不能将字符串与 I/O 操作相拼接。除非先得到 I/O 操作返回的字符串，而取得 I/O 操作返回值的唯一方法只有在另一个 I/O 操作中使用类似 name <- getLine 的语法。

只能在不纯的环境中处理不纯的数据。不然不纯的代码会像污水那样污染其余的代码，保持 I/O 相关的代码尽可能小，这对我们的健康有好处。

每个执行过的 I/O 操作都会产生一个结果。因此，我们的上一个例子也可以写成这样：

```
main = do
    foo <- putStrLn "Hello, what's your name?"
    name <- getLine
    putStrLn ("Hey " ++ name ++ ", you rock!")
```

不过，foo 的值只是 () 而已，不值得为它单独绑定一个名字。留意我们没有为最后的

putStrLn 绑定任何名字，这是因为 do 代码块不允许为最后的一个操作绑定名字。到第 13 章 开始进入 **Monad** 的世界之后，你会明白其中的具体原因。暂时我们可以先这样理解：do 代码 块会自动将最后一个操作的值取出，作为它自己产生的返回值。

除最后一行外，do 代码块中的每一行都能够绑定名字，因此 putStrLn "BLAH"也可以 写作_ <- putStrLn "BLAH"，但这样做没有任何好处。对于返回值不重要的 I/O 操作（如 putStrLn），我们一般都会忽略相应的<-部分。

思考一下，类似下面的代码的执行效果是怎样的？

```
myLine = getLine
```

你认为它会从输入中读取数据，然后将得到的值绑定到 myLine？哈，答错了。这行代码 只是为 getLine 这个 I/O 操作增加了一个别名 myLine 而已。回忆一下，在 I/O 操作中获取值 的唯一方法只有在另一个 I/O 操作中通过<-为它绑定一个名字。

除了命名为 main 的 I/O 操作之外，在较大 I/O 操作的 do 代码块中组合的 I/O 操作也有可能被 执行。通过 do 代码块，我们能将几个 I/O 操作组合成为一个单独的 I/O 操作，而这个 I/O 操作同样能 够组合到其他的 do 代码块中，依此类推。只要 I/O 操作最终被组合到 main 中，那么就会被执行。

此外，还有一个执行 I/O 操作的情景，那就是在 GHCi 中输入一个 I/O 操作，并按下回车键。

```
ghci> putStrLn "HEEY"
HEEY
```

其实在平时我们往 GHCi 中输入简单的数字或者简单的函数调用然后按下回车键之后， GHCi 都会在对返回值应用 show，再将生成的字符串交给 putStrLn，从而输出到终端。

8.3.1　在 I/O 操作中使用 `let`

通过 do 语法来组合 I/O 操作时，我们也可以使用 let 语法为纯的值绑定名字。<-用于执 行 I/O 操作，并为 I/O 操作的结果绑定名字。不过，有时我们也希望为 I/O 操作中普通的值绑定 名字，这时可以使用 let，它与列表推导式中的 let 语法很相似。

看一个 I/O 操作，它同时用到了<-与 let 两种绑定名字的方法：

```
import Data.Char
main = do
    putStrLn "What's your first name?"
    firstName <- getLine
    putStrLn "What's your last name?"
    lastName <- getLine
    let bigFirstName = map toUpper firstName
        bigLastName = map toUpper lastName
    putStrLn $ "hey " ++ bigFirstName ++ " "
```

```
                    ++ bigLastName
                    ++ ", how are you?"
```

看这段 do 代码块中的 I/O 操作是怎样排列的？同时留意一下 I/O 操作中间 let 的排列方式，以及 let 中各名字的排列方式。这是一个好习惯，因为在 Haskell 中正确的缩进十分重要。

我们编写了 map toUpper firstName，将"John"这样的名字转换为酷得多的"JOHN"。我们为这个大写字符串绑定名字，然后将它连接到另一个字符串中，最终输出到终端。

你可能会感到疑惑，应该在何时使用<-绑定，在何时使用 let 绑定？<-用于执行 I/O 操作，并为它们的结果绑定名字。不过 map toUpper firstName 只是 Haskell 中的纯函数式代码，并非 I/O 操作。可知，如果为 I/O 操作的返回值绑定名字，就使用<-绑定；如果为纯函数式代码的返回值绑定名字，则使用 let 绑定。如果编写类似 let firstName = getLine 这样的代码，只能得到 getLine I/O 操作的一个别名，要获取 I/O 操作的返回值，依然需要一个<-来执行它并为其返回值绑定名字。

8.3.2 反过来

为了更好地体会 Haskell 中 I/O 的执行方式，我们编写一个简单的程序，使它持续按行读取数据，并将行中的每个单词按相反顺序依次输出，直到遇到空行为止。程序如下：

```
main = do
    line <- getLine
    if null line
        then return ()
        else do
            putStrLn $ reverseWords line
            main
reverseWords :: String -> String
reverseWords = unwords . map reverse . words
```

要体验它的运行效果，先将它保存为 reverse.hs，然后编译并运行它：

```
$ ghc --make reverse.hs
[1 of 1] Compiling Main             ( reverse.hs, reverse.o )
Linking reverse ...
$ ./reverse
clean up on aisle number nine
naelc pu no elsia rebmun enin
the goat of error shines a light upon your life
eht taog fo rorre senihs a thgil nopu ruoy efil
it was all a dream
ti saw lla a maerd
```

我们的 reverseWords 只是一个普通的函数。它取一个类似"hey there man"的字符串作为参数，对字符串应用 words，得到类似 ["hey", "there", "man"] 的单词列表。然后向列表映射 reverse 函数，可得 ["yeh", "ereht", "nam"]，最后通过 unwords 函数重新将它们拼接为字符串。最终结果为 "yeh ereht nam"。

main 函数呢？首先，执行 getLine 从终端读取一行字符串，并将该字符串命名为 line。然后是一个条件表达式。想想 Haskell 中的每个表达式都有返回值，因而每个 if 都必须同时提供相应的 else。我们的 if 说：如果条件为真（在这里就是输入为空行），则执行 I/O 操作；否则，执行 else 部分的 I/O 操作。

else 部分只能存在一个 I/O 操作，因此我们需要一个 do 代码块来将两个 I/O 操作合二为一。也可以这样写：

```
else (do
    putStrLn $ reverseWords line
    main)
```

这段代码不太好看，然而通过它能够更清楚地看出 do 代码块等同于一个单独的 I/O 操作。

在 do 代码块中，我们向 getLine 返回的一行字符串应用 reverseWords，并将返回值输出到终端。随后递归执行 main，回到程序的开始。因为 main 本身也是 I/O 操作，所以这样做是合理的。

如果 null line 为 True，则执行后面的代码：return ()。你可能在其他语言中用过 return 关键字来从函数或者子例程中返回。然而 Haskell 中的 return 与其他语言有很大不同。

在 Haskell 中（具体说，是在 I/O 操作中），return 能够基于一个纯的值来构造 I/O 操作。按照前面提及的容器的比喻，return 就是取一个值作为参数，并将它包装到容器中。返回的 I/O 操作实际上不会做任何事情，只管返回该值作为结果。所以，在 I/O 上下文中，return "haha" 的类型就是 IO String。

那么将一个纯值转换为一个什么都不做的 I/O 操作又有什么意义呢？嗯，我们需要留一个 I/O 操作来应对输入为空行的情况。为此，我们构建了一个什么都不做的 I/O 操作，即 return ()。

同其他语言不同，return 不会中断 I/O do 代码块的执行。比如，这个程序就能开心地一路执行到最后：

```
main = do
    return ()
    return "HAHAHA"
    line <- getLine
    return "BLAH BLAH BLAH"
    return 4
    putStrLn line
```

同样，这些 return 所做的唯一的事情就是构造一个返回某值的 I/O 操作。由于没有为返回的值绑定名字，它们也就都被忽略掉了。

我们也可以配合<-使用 return 来绑定名字：

```
main = do
    a <- return "hell"
    b <- return "yeah!"
    putStrLn $ a ++ " " ++ b
```

可以看出，return 相当于做着与<-相反的操作。return 取一个值作为参数，将它包裹到容器中；而<-取一个容器（会执行它），从中取出值并进行名字绑定。不过这种用法显得有些多余，在 do 代码块中绑定名字的话，使用 let 无疑更好：

```
main = do
    let a = "hell"
        b = "yeah"
    putStrLn $ a ++ " " ++ b
```

在处理 I/O 操作的 do 代码块时，我们使用 return 通常都是为了创建一个什么都不做的 I/O 操作，或者希望 I/O 操作的 do 代码块能够返回一个不同的结果，而非仅仅返回最后一个 I/O 操作的结果。这时，我们使用 return 创建含有期望的结果的 I/O 操作，并将它放置于 do 代码块的末尾。

8.4　几个实用的 I/O 函数

Haskell 内置了一系列实用的函数与 I/O 操作，我们挑其中的一部分，学习一下它们的使用方法。

8.4.1　putStr

putStr 与 putStrLn 很像，都是取一个字符串作为参数，返回一个在终端显示字符串的 I/O 操作。不同在于，putStrLn 会在显示完成之后换行，而 putStrLn 不会。举个例子，看下面的代码：

```
main = do
    putStr "Hey, "
    putStr "I'm "
    putStrLn "Andy!"
```

如果编译并运行，可以得到如下输出：

```
Hey, I'm Andy!
```

8.4.2　putChar

putChar 函数取一个字符作为参数，返回一个在终端显示字符的 I/O 操作：

```
main = do
    putChar 't'
    putChar 'e'
    putChar 'h'
```

基于 putChar，我们能够递归地定义出 putStr。putStr 的基准条件为空字符串，如果试图打印空字符串，那么就简单地返回一个什么都不做的 I/O 操作，即 return ()。如果不为空，则通过 putChar 显示字符串的首个字符，然后递归地显示剩余的部分：

```
putStr :: String -> IO ()
putStr [] = return ()
putStr (x:xs) = do
    putChar x
    putStr xs
```

可见在 I/O 操作中，我们依然能够像在纯函数式代码中那样递归。先定义基准条件，然后思考结果的定义。在这里，结果就是一个先输出第一个字符，然后输出字符串的剩余部分的 I/O 操作。

8.4.3　print

print 取一个 Show 的实例类型（意为它能够表示为字符串）的值作为参数，对它应用 show，使之“字符串化”，最终将字符串输出到终端。实际上，它就相当于 putStrLn . show。先对值应用 show，然后将得到的结果交给 putStrLn，返回一个将值输出的 I/O 操作。

```
main = do
    print True
    print 2
    print "haha"
    print 3.2
    print [3,4,3]
```

编译并执行，可得如下输出：

```
True
2
"haha"
3.2
[3,4,3]
```

可见，这个函数十分好用。想想前面我们曾提到过，要执行一个 I/O 操作，除去将它放到 main 的情况，就是在 GHCi 的交互中求值它们了。当我们在 GHCi 中输入一个值（如 3 或者 [1, 2, 3]），然后敲回车键时，GHCi 实际上就是对该值调用 print，从而在终端上显示的！

```
ghci> 3
3
```

```
ghci> print 3
3
ghci> map (++"!") ["hey","ho","woo"]
["hey!","ho!","woo!"]
ghci> print $ map (++"!") ["hey","ho","woo"]
["hey!","ho!","woo!"]
```

当希望输出字符串时，通常使用 putStrLn 来避免输出两侧的引号。不过，如果希望输出其他类型的值，print 就是首选了。

8.4.4　`when`

when 函数定义于 Control.Monad（通过 import Control.Monad 导入它）。它的有趣之处在于，在 do 代码块中，它看起来像流控制语句一样，但实际上它只是一个普通的函数。

when 取一个布尔值和一个 I/O 操作，如果布尔值为真，则将传递给它的 I/O 操作原样返回；如果为假，则返回一个 return ()，其他什么也不做。

下面的小程序从终端读取输入，如果输入为 SWORDFISH，则将输入的内容原样输出：

```
import Control.Monad

main = do
    input <- getLine
    when (input == "SWORDFISH") $ do
        putStrLn input
```

如果没有 when，我们只能这样编写程序了：

```
main = do
    input <- getLine
    if (input == "SWORDFISH")
        then putStrLn input
        else return ()
```

可见，when 在这样的情景中很有用：我们希望在条件满足时执行一些 I/O 操作，在条件不满足时则什么也不做。

8.4.5　`sequence`

sequence 函数取一组 I/O 操作组成的列表作为参数，返回一个 I/O 操作，将列表中的 I/O 操作依次执行。最后的返回值为列表中所有 I/O 操作执行后的结果组成的列表。比如，我们可以编写这样的程序：

```
main = do
```

```
    a <- getLine
    b <- getLine
    c <- getLine
    print [a,b,c]
```

也可以改成这样：

```
main = do
    rs <- sequence [getLine, getLine, getLine]
    print rs
```

以上两段代码的执行结果完全相同。sequence [getLine, getLine, getLine]生成一个执行三次 getLine 的 I/O 操作。为这个操作绑定名字，即可得到结果的列表。在这里，返回的结果就是用户在交互界面中三次输入的内容的列表。

sequence 的一个常见用途是，向列表映射 print 或者 putStrLn 等函数。执行 map print [1,2,3,4]返回的是一组 I/O 操作组成的列表，而不是一个单独的 I/O 操作。实际上就相当于这样：

```
[print 1, print 2, print 3, print 4]
```

如果要将上面的 I/O 操作列表转换成一个单独的 I/O 操作，我们必须对它们调用 sequence：

```
ghci> sequence $ map print [1,2,3,4,5]
1
2
3
4
5
[(),(),(),(),()]
```

不过，最后结果中的这段[(), (), (), (), ()]又是怎么回事呢？嗯，如果我们在 GHCi 中对一段 I/O 操作进行求值，那么就会执行它，并将它的结果返回，除非结果为()。这就是为什么在 GHCi 中对 putStrLn "hehe"进行求值输出的仅仅是 hehe——putStrLn "hehe"返回()。在 GHCi 中输入 getLine 的话，I/O 操作的结果仍会被输出，这是因为 getLine 的类型为 IO String。

8.4.6　mapM

对列表映射一个函数并将其排列为一个 I/O 操作的做法非常常见，为此 Haskell 引入了 mapM 与 mapM_两个辅助函数。mapM 取一个函数和一个列表作为参数，将函数映射到列表上，然后对结果应用 sequence。mapM_做的事情与此相同，只是它不会保留最终的结果。当不关心 I/O 操作序列的结果时，我们通常选择 mapM_。下面是 mapM 的一个例子：

```
ghci> mapM print [1,2,3]
1
```

```
2
3
[(),(),()]
```

但我们对最后这种含有三个单元的列表并不感兴趣，因此使用下面这种形式更好：

```
ghci> mapM_ print [1,2,3]
1
2
3
```

8.4.7 **forever**

forever 函数取一个 I/O 操作作为参数，返回一个永远重复执行该 I/O 操作的 I/O 操作。它位于 Control.Monad。以下面的小程序为例，它会不停地等待用户输入，并将输入转换为大写字符输出：

```
import Control.Monad
import Data.Char

main = forever $ do
    putStr "Give me some input: "
    l <- getLine
    putStrLn $ map toUpper l
```

8.4.8 **forM**

forM（位于 Control.Monad）与 mapM 相似，不过它们的参数的顺序是相反的。forM 的第一个参数是列表，第二个参数是映射到列表上的函数，最后将 I/O 操作排为序列。这有什么用处？嗯，灵活地配合使用 lambda 与 do 记法，我们可以写出这样的代码：

```
import Control.Monad
main = do
    colors <- forM [1,2,3,4] (\a -> do
        putStrLn $ "Which color do you associate with the number "
                ++ show a ++ "?"
        color <- getLine
        return color)
    putStrLn "The colors that you associate with 1, 2, 3 and 4 are: "
    mapM putStrLn colors
```

下面是执行它得到的结果：

```
Which color do you associate with the number 1?
white
```

```
Which color do you associate with the number 2?
blue
Which color do you associate with the number 3?
red
Which color do you associate with the number 4?
orange
The colors that you associate with 1, 2, 3 and 4 are:
white
blue
red
orange
```

注意其中的 lambda （\a -> do ...）是一个取数字作为参数返回 I/O 操作的函数。留意在 do 代码块中我们调用了 `return color`，使得 do 代码块定义的 I/O 操作返回我们选择的颜色。实际上，我们并不需要这行代码，因为 getLine 已经能够将选择的颜色返回，而且也位于 do 代码块的最后一行。执行 `color <- getLine` 然后再 `return color` 就相当于将 getLine 的结果解开再重新包装——与直接调用 getLine 的效果完全相同。

forM 函数在接到两个参数之后产生一个 I/O 操作，我们将该 I/O 操作的结果绑定为 colors，而它只是一个普通的字符串组成的列表。到最后，我们使用 `mapM putStrLn colors` 将所有颜色输出。

对于 forM，你可以这样想："为列表中的每个元素创建对应的 I/O 操作，而 I/O 操作的具体行为与元素相关。最后执行这些 I/O 操作，并将它们的结果绑定为某名字。"（我们也可以不绑定名字，而将结果直接忽略。）

没有 forM 的话，实际上也可以完成同样的事情，不过 forM 能够使代码更加易读。通常我们使用 do 记法对列表进行映射然后排列为 I/O 操作时，会更倾向于使用 forM。

8.5 I/O 操作回顾

我们快速回顾一下前面的 I/O 基础知识。在 Haskell 中，I/O 操作也同样是值，与其他的值没有任何区别。我们可以将它们作为参数传递，函数可以返回它们作为结果。

而 I/O 操作的不同在于，如果它们经过 main 函数（或者是 GHCi 中代码的返回值），那么它们会被执行。也就在这时，它们会向屏幕输出内容，或者使你的音响播放英式摇滚。I/O 操作也能返回一个值，向你转达它在真实世界中的发现。

第 9 章

更多的输入输出操作

既然你理解了 Haskell I/O 的概念，我们可以开始用它做一些事了。在这一章，我们会与文件交互，还会完成生成随机数、处理命令行参数等任务。继续看下去吧！

9.1 文件和流

掌握了 I/O 操作的工作方式，我们可以继续前进，用 Haskell 来读写文件。但是，首先让我们看一下如何使用 Haskell 来轻松处理流数据。流是随着时间连续地进入、离开程序的一组数据片。例如，当你通过键盘往程序里输入字符的时候，这些字符就可以被认为是一个流。

9.1.1 输入重定向

很多交互式程序通过键盘获取用户的输入。不过，有时把文本文件的内容塞给程序作为输入会更方便。为了做到这一点，我们需要输入重定向。

输入重定向会在我们的 Haskell 程序上派上用场，所以来看一下它是怎么工作的吧。首先创建一个文本文件，包含下面的简短俳句，保存为 haiku.txt：

```
I'm a lil' teapot
What's with that airplane food, huh?
It's so small, tasteless
```

没错，这个俳句写得并不好，但那又怎样呢？如果有人知道任何好的俳句教程的话，请告诉我。

现在我们会写一个小程序，从输入中连续地获取行并转换成大写输出：

```
import Control.Monad
import Data.Char

main = forever $ do
    l <- getLine
    putStrLn $ map toUpper l
```

把这个程序保存成 *capslocker.hs* 并编译。

我们把程序的输入重定向到 *haiku.txt*，而不是通过键盘输入。要做到这一点，我们在程序名后添加一个<字符，再指定输入文件名。来看看：

```
$ ghc --make capslocker
[1 of 1] Compiling Main             ( capslocker.hs, capslocker.o )
Linking capslocker ...
$ ./capslocker < haiku.txt
I'M A LIL' TEAPOT
WHAT'S WITH THAT AIRPLANE FOOD, HUH?
IT'S SO SMALL, TASTELESS
capslocker <stdin>: hGetLine: end of file
```

我们所达成的效果与运行 `capslocker` 后在终端里输入俳句并输入 end-of-file 字符（通常是 **Ctrl+D**）差不多。我们所做的就像是运行 `capslocker` 后说："等等，不要从键盘输入，请从文件里取出内容！"

9.1.2　从输入流获取字符串

让我们看一个让处理输入流像处理字符串那样方便的 I/O 操作：`getContents`。`getContents` 从标准输入里读取所有的东西直到遇到一个 end-of-file 字符，它的类型是 `getContents :: IO String`。更酷的是，`getContents` 使用惰性 I/O。这意味着，当我们执行 `foo <- getContents` 时，`getContents` 并不是立刻读完输入后保存在内存里，绑定给 `foo`。相反，`getContents` 是惰性的！它会说："是的，随着程序继续运行，我稍后会读取输入，只是是在需要的时候才这么做！"

在我们的 `capslocker.hs` 例子中，我们使用了 `forever` 来一行一行读取输入并转换成大写输出。如果我们选择用 `getContents`，它会替我们处理 I/O 的细节，比如什么时候读取输入，以及读多少。因为我们的程序是有关获取输入后通过变形转化成输出的，我们可以通过改写成使用 `getContents` 来使代码变短：

```
import Data.Char

main = do
    contents <- getContents
    putStr $ map toUpper contents
```

我们执行 `getContents` 这个 I/O 操作，把它产生的字符串命名为 `contents`。然后我们在那个字符串上执行 `map toUpper` 并把结果打印到终端。注意，因为字符串实质上是列表，是惰性的，getContents 是惰性 I/O，它不会一次性读完输入，在转成大写输出之前存储到内存里。相反，它会在输入的同时输出大写版本，因为它只会在需要时才读取输入。

让我们测试一下：

```
$ ./capslocker  <haiku txt
I'M A LIL' TEAPOT
WHAT'S WITH THAT AIRPLANE FOOD, HUH?
IT'S SO SMALL, TASTELESS
```

它工作了。如果我们只是运行 capslocker，键入这些行会怎样？（要退出程序，请按 Ctrl+D）

```
$ ./capslocker
hey ho
HEY HO
lets go
LETS GO
```

非常好！正如你看到的那样，它按行输出了大写的内容。

当 getContents 的结果绑定到 contents 时，它并没有在内存中表现为一个真正的字符串，而是更像一个承诺说：这个字符串最终会被产生。当我们在 contents 上执行 map toUpper 的时候，那也是个承诺说：最终会在整个内容上执行 map 操作。最后，当 putStr 执行时，它对之前的承诺说："嘿，我需要一个大写的行！"目前还没有任何行，所以承诺对内容说："从终端里取出几行来怎么样？"那发生在 getContents 真正地从终端读取输入并给程序代码一行实际的内容时。代码之后在那一行字符串上执行 map toUpper 并交给 putStr 打印。接着 putStr 说："嘿，我需要下一行。快点！"这一过程重复执行，直到读取到一个 end-of-file 字符，标志着没有更多要输出的输入了。

现在让我们写一个程序来获取输入并且只打印那些短于 10 个字符的行：

```
main = do
    contents <- getContents
    putStr (shortLinesOnly contents)

shortLinesOnly :: String -> String
shortLinesOnly = unlines . filter (\line -> length line < 10) . lines
```

我们已经尽可能地把程序中的 I/O 部分简化了。因为我们的程序应该基于输入做输出，我们可以把它实现为：读输入的内容，把一个函数作用在内容上，然后把函数的结果返回。

shortLinesOnly 这个函数获取一个字符串，如"short\nloooooooong\nbort"。在这个例子中，这个字符串有三行：前后两行短，中间一行长。这个函数在字符串上运行 lines 函数得到["short", "loooooooong", "bort"]。这个字符串列表之后被过滤，之后那些长度小于 10 的字符串留在列表里，得到["short", "bort"]。最后，unlines 把列表合并成一行以换行符分隔的字符串"short\nbort"。

让我们试一试。把以下文本保存为 shortlines.txt：

```
i'm short
so am i
i am a looooooooong line!!!
yeah i'm long so what hahahaha!!!!!!
short line
loooooooooooooooooooooooooong
short
```

现在编译我们的程序 shortlinesonly.hs：

```
$ ghc --make shortlinesonly
[1 of 1] Compiling Main             ( shortlinesonly.hs, shortlinesonly.o )
Linking shortlinesonly ...
```

为了测试它，我们需要把 shortlines.txt 的内容重定向给我们的程序，如下：

```
$ ./ shortlinesonly < shortlines.txt
i'm short
so am i
short
```

你可以看到只有比较短的行输出到终端了。

9.1.3 转换输入

从输入中获取字符串，用一个函数对其进行转换，然后把结果输出的模式很常见，所以有一个专门的函数处理这个任务，叫做 interact。interact 取一个类型为 String -> String 的函数作为参数，返回这样一个 I/O 操作：接受输入，把一个函数作用在输入上，然后输出函数运行结果。让我们修改程序转而使用 interact：

```
main = interact shortLinesOnly

shortLinesOnly :: String -> String
shortLinesOnly = unlines . filter (\line -> length line < 10) . lines
```

我们用将文件重定向到输入或者通过键盘一行一行输入的方式运行这个程序。在两种方式下输出是一样的，但是当我们用键盘输入的时候，输出和输入穿插在一起，就像我们手动给 capslocker 程序提供输入一样。

然后我们写一个程序连续地读入行，对每一行都判断它是不是回文的并输出。我们可以用 getLine 读入一行，告诉用户它是不是回文的，然后递归调用 main。但使用 interact 会更简单。使用 interact 时，思考你所要做的是把输入转换为想要的输出。在我们的例子中，我们想把每一行输入替换成"palindrome"或者"not a palindrome"。

```
respondPalindromes :: String -> String
respondPalindromes =
```

```
    unlines .
    map (\xs -> if isPal xs then "palindrome" else "not a palindrome") .
    lines

isPal :: String -> Bool
isPal xs = xs == reverse xs
```

这个程序相当直观。首先，它把字符串

```
"elephant\nABCBA\nwhatever"
```

转换成一个数组

```
["elephant", "ABCBA", "whatever"]
```

然后在这个数组上应用 `map isPal`，得到结果：

```
["not a palindrome", "palindrome", "not a palindrome"]
```

接下来，`unlines` 把这个列表转换为一个由换行符分隔的字符串。现在我们来写一个 I/O 操作：

```
main = interact respondPalindromes
```

让我们测试一下：

```
$ ./palindromes
hehe
not a palindrome
ABCBA
palindrome
cookie
not a palindrome
```

尽管我们创建了一个程序，能把一个大字符串转换成另一个，它的表现却好像是在一行一行地处理。那是因为 Haskell 是惰性的，它想要输出结果的第一行，但因为没有输入的第一行所以无法输出。所以一给它输入的第一行，它就输出了结果的第一行。我们通过键入行结尾（end-of-line）退出程序。

我们也可以把一个文件重定向到这个程序的输入。创建下面这个文件并保存为 words.txt：

```
dogaroo
radar
rotor
madam
```

下面是程序的运行结果：

```
$ ./palindrome < words.txt
not a palindrome
palindrome
palindrome
palindrome
```

我们又获得了与在标准输入手动输入单词相同的结果。只是我们看不到输入了，因为输入来自文件。

所以现在你可以看到惰性 I/O 是如何工作的，以及如何利用它。你可以这样思考，设想结果是如何根据输入变化的，写一个函数来做这样的转换。因为 I/O 是惰性的，输入的内容直到需要时才会被真正读取，因为我们需要打印的东西依赖于所读取的输入。

9.2 读写文件

迄今为止，我们都是用与终端交互的方式来进行 I/O 操作的。读写文件会怎么样呢？从某种意义上来说，我们已经这么做了。

一种理解从终端读入数据的方式是设想我们在读取一个文件。输出到终端也可以同样理解——它就像在写文件。我们可以把这两个文件叫做 stdout 和 stdin，分别表示标准输出和标准输入。

我们从写一个简单程序出发，打开一个名为 girlfriend.txt 的文件，内容是 Avril Lavigne 的流行歌曲《Girlfriend》中的一句歌词，把内容输出到终端。girlfriend.txt 内容如下：

```
Hey! Hey! You! You!
I don't like your girlfriend!
No way! No way!
I think you need a new one!
```

下面是我们的程序：

```
import System.IO

main = do
    handle <- openFile "girlfriend.txt" ReadMode
    contents <- hGetContents handle
    putStr contents
    hClose handle
```

如果编译并运行它，我们会得到期望的结果：

```
$ ./girlfriend
Hey! Hey! You! You!
I don't like your girlfriend!
No way! No way!
I think you need a new one!
```

让我们一行一行检查。第一行是 4 个惊叹词，为了引起我们的注意。在第二行，Avril 告诉我们她不喜欢我们现在的伴侣。第三行用来强调她的不赞成。第四行建议我们找一个合适的替代。

让我们一行一行检查我们的程序。我们的程序是用一个 do 代码块粘起来的一些 I/O 操作。do 代码块的第一行是一个叫做 openFile 的新函数，它有如下的类型签名：

```
openFile :: FilePath -> IOMode -> IO Handle
```

openFIle 接受一个文件路径和一个 IOMode 为参数，返回一个 I/O 操作：打开一个文件，产生一个和文件关联的句柄（handle）。FilePath 只是 String 的一个类型别名，定义如下：

```
type FilePath = String
```

IOMode 是一个如下定义的类型：

```
data IOMode = ReadMode | WriteMode | AppendMode | ReadWriteMode
```

就像我们那个表示一周七天的类型一样，这个类型是一个枚举类型，列举了所有我们可能会对文件做的操作。注意这个类型是 IOMode 而不是 IO Mode。IO Mode 是一个 I/O 操作，会产生类型为 Mode 的值。IOMode 只是一个简单的枚举。

最后，openFile 返回一个 I/O 操作：用指定模式打开指定文件。如果我们把 openFile 返回的结果绑定（bind）到某个地方，就能得到一个句柄（Handle），用来表示我们的文件在哪里。我们使用这个句柄来知道从哪里读入数据。

在代码接下来的一行，我们用了一个叫做 hGetContents 的函数。它接受一个 Handle 为参数，从而知道从哪里读取数据，并返回一个 IO String——一个 I/O 操作：结果是文件的内容。这个函数很像 getContents，唯一的区别是 getContents 自动从标准输入读取，而 hGetContents 接受一个文件句柄从而知道从哪个文件读取数据。在所有其他方面，它们工作方式完全一样。

就像 getContents，hGetContents 不会试图一次性读取整个文件并保存到内存中，而是直到需要时才读取内容。这个行为很酷，因为我们把文件的内容看做一个整体，但是它并没有把内容全部加载到内存里。所以，如果我们读取一个大文件，hGetContents 不会吃光我们的内存。

注意句柄和文件实际内容的差异。句柄只是一个指向文件位置的指针，内容是实际存在于文件中的东西。如果你把整个文件系统想象成一本大书，那么句柄像是一个书签，标识你当前读（或写）到了哪里。

通过 putStr contents，我们把内容输出到标准输出中，然后使用 hClose。hClose 接受一个句柄，返回一个 I/O 操作：关闭文件。用 openFile 打开一个文件后要注意关闭它。如果你试图打开一个文件，而该文件的句柄没有被关闭，你的程序可能会终止。

9.2.1 使用 **withFile** 函数

另一个操作文件内容的方式是使用 withFile 函数，它的类型签名如下：

```
withFile :: FilePath -> IOMode -> (Handle -> IO a) -> IO a
```

它接受一个文件路径、一个 IOMode 和一个函数（接受一个句柄作为参数，返回一个 I/O 操作），然后返回一个 I/O 操作：打开文件，对文件做一些事，关闭文件。此外，如果有任何东西出错了，withFile 会确保文件句柄被关闭。这听上去很复杂，但是它实际上很简单，特别是在我们使用 lambda 时。

把前面示例的程序用 `withFile` 改写即可得到以下程序：

```
import System.IO

main = do
    withFile "girlfriend.txt" ReadMode (\handle -> do
        contents <- hGetContents handle
        putStr contents)
```

(`\handle -> ...`)是一个接受句柄作为参数，返回 I/O 操作的函数，`withFile`
通常就是这样使用的。`withFile` 的参数需要是一个返回 I/O 操作的函数，而不是一个 I/O
操作，因为后者没法知道在哪个文件上执行操作。这样，`withFile` 打开文件，把句柄传
递给它的参数以获得一个 I/O 操作，并且确保文件句柄被关闭，即使有什么东西出错也会关闭。

9.2.2 **bracket** 的时间到了

通常，如果一块代码出错了（如当我们尝试在空列表上应用 head
函数时）或者输入输出产生了严重错误，我们的程序会终止，我们会看
到一些错误信息。在这种场合下，我们说一个产生了异常。`withFile`
确保无论产生了什么异常，文件句柄都会被关闭。

这种场景经常出现。我们请求一些资源（如一个文件句柄），然后想
要对它做一些事，但是我们要确保资源得到释放（如文件句柄被关闭）。
在这些场合，`Control.Exception` 模块提供了 `bracket` 函数。它具
有如下的类型签名：

```
bracket :: IO a -> (a -> IO b) -> (a -> IO c) -> IO c
```

它的第一个参数是一个请求资源（如文件句柄）的 I/O 操作，第二个参数是一个释放这个
资源的函数，即使出现异常这个函数也会被调用，第三个参数是一个接受这个资源作为参数并
用其做一些事的函数。第三个参数是主要部分，比如读或写文件。

因为 `bracket` 已经包含了一切：请求资源，对资源做一些事，确保资源被释放，所以实
现 `withFile` 很容易：

```
withFile :: FilePath -> IOMode -> (Handle -> IO a) -> IO a
withFile name mode f = bracket (openFile name mode)
    (\handle -> hClose handle)
    (\handle -> f handle)
```

我们传递给 `bracket` 的第一个参数打开文件，它的结果是一个文件句柄。第二个参数接
受句柄并关闭它，`bracket` 确保即使出现异常也会调用它。最后，`bracket` 的第三个参数接
受一个句柄，在句柄上应用一个函数 `f`。`f` 接受一个句柄，用句柄做一些事，比如从文件读数
据或者把数据写入文件。

9.2.3   抓住句柄

正如 hGetContents 表现得像 getContents 一样，只是 hGetContents 是针对特定文件的，hGetLine、hPutStr、hPutStrLn、hGetChar 这些函数的工作方式也和它们的对应物（去掉名字中的 h 前缀）一样。比如，putStrLn 接受一个字符串返回一个 I/O 操作：输出字符串和一个换行符。hPutStrLn 接受一个句柄和一个字符串，返回一个 I/O 操作：把字符串和一个换行符写入文件。同样，hGetLine 接受一个句柄返回一个 I/O 操作：从文件中读入一行。

加载文件后把内容当做字符串处理的模式很普遍，所以我们有三个漂亮的小函数让我们更加轻松，它们是 readFile、writeFile 和 appendFile。

readFile 函数的类型签名是 readFile :: FilePath -> IO String。（回忆一下 FilePath 只是 String 的一个漂亮的别名）。readFile 接受一个文件路径，返回一个 I/O 操作：惰性读取文件，把内容作为字符串绑定到某个地方。通常使用它会比调用 openFile 然后在结果句柄上应用 hGetContents 更方便。下面给出一个例子，展示如何用 readFile 改写之前的例子：

```
import System.IO

main = do
    contents <- readFile "girlfriend.txt"
    putStr contents
```

因为我们没有得到一个用于标识文件的句柄，不能手动关闭它，所以当我们使用 readFile 时 Haskell 为我们干了这个活儿。

writeFile 函数的类型是 writeFile :: FilePath -> String -> IO ()。它接受一个文件路径和一个将写入指定文件的字符串，返回一个 I/O 操作进行这个写入操作。如果这个文件已经存在了，在写入前它的长度会被截短成零。下面的例子把 girlfriend.txt 转换成大写版本，写入到 girlfriendcaps.txt：

```
import System.IO
import Data.Char

main = do
    contents <- readFile "girlfriend.txt"
    writeFile "girlfriendcaps.txt" (map toUpper contents)
```

appendFile 的类型签名和 writeFile 的一样，表现方式也几乎一样。唯一的区别是，当文件存在时，appendFile 不会把文件长度截短为 0；相反，它会在文件末尾添加内容。

9.3   TODO 列表

让我们写一个程序，用 appendFile 函数在一个文本文件末尾添加一个新任务，表示我们未来要做的事。我们假定文本文件名为 todo.txt，它的每行包含了一个任务。我们的程序会从标准输入获取一行，添加到 TODO 列表中：

```
import System.IO

main = do
    todoItem <- getLine
    appendFile "todo.txt" (todoItem ++ "\n")
```

注意，我们在行尾添加了"\n"，因为 getLine 返回的字符串末尾不会有换行符。

把这个文件保存为 **appendtodo.hs**，编译，运行若干次，给它一些 TODO 项。

```
$ ./appendtodo
Iron the dishes
$ ./appendtodo
Dust the dog
$ ./appendtodo
Take salad out of the oven
$ cat todo.txt
Iron the dishes
Dust the dog
Take salad out of the oven
```

> **注意** cat 是类 Unix 系统中用来把文本文件输出到终端的程序。Windows 系统里，你可以用你最喜欢的文本编辑器打开 todo.txt。

9.3.1 删除条目

我们已经写了一个程序给 todo.txt 这个 TODO 列表添加条目。现在我们需要写一个程序删除一个条目。我们会用来自 System.Directory 模块的一些新函数，以及 System.IO 中的一些新函数，我会在代码清单后面解释它们。

```
import System.IO
import System.Directory
import Data.List

main = do
    contents <- readFile "todo.txt"
    let todoTasks = lines contents
        numberedTasks = zipWith (\n line -> show n ++ " - " ++ line)
                                [0..] todoTasks
    putStrLn "These are your TO-DO items:"
    mapM-putStrLn numberedTasks
    putStrLn "Which one do you want to delete?"
    numberString <- getLine
    let number = read numberString
        newTodoItems = unlines $ delete (todoTasks !! number) todoTasks
```

```
(tempName, tempHandle)<- open TempFile".""temp"
hPutStr tempHandle newTodoItems
hClose tempHandle
removeFile "todo.txt"
renameFile tempName "todo.txt"
```

首先，我们读取 **todo.txt**，把它的内容绑定给 `contents`，然后用 `lines` 把它分割成一个字符串列表，每行用一个字符串表示。于是，`todoTasks` 就变成：

```
["Iron the dishes", "Dust the dog", "Take salad out of the oven"]
```

我们把从 **0** 数起的列表和 `todoTasks` 用一个取一个数（如 3）和一个字符串（如"hey"）的函数 `zipWith` 到一起，得到一个新字符串列表 `numberedTasks`：

```
["0 - Iron the dishes"
, "1 - Dust the dog"
, "2 - Take salad out of the oven"
]
```

我们接着用 `mapM_putStrLn numberedTasks` 把每一个任务输出到单独一行，询问用户想删除哪一个，然后等待用户输入一个数。比如说，我们想要删除编号 1（Dust the dog），所以我们敲了 1。`numberString` 就成了"1"，因为我们需要一个数而不是字符串，我们在 `numberString` 上应用 `read` 得到 1，并用一个 `let` 把 1 绑定到 `number`。

还记得 `Data.List` 里的 `delete` 和 `!!` 函数吗？`!!` 从列表中返回指定下标的元素；`delete` 删除列表中第一次出现的元素，返回的新列表不包含这个元素。`(todoTasks !! number)` 的结果是"Dust the dog"。我们从 `todoTasks` 中删除第一次出现的"Dust the dog"，用 `unlines` 把新列表合并成一个字符串 `newTodoItems`。

然后我们使用一个之前没接触过的函数，即来自 `System.IO` 模块 `openTempFile`。它的功能不言自明，接受一个标识临时目录的路径名，以及表示临时文件名的模板，它会打开一个临时文件。我们用"."作为临时目录，因为 . 在几乎所有操作系统里都代表当前目录。我们用 "temp" 作为临时文件名的模板，表示临时文件名会是 temp 加上一些随机字符。`openTempFile` 返回一个 I/O 操作来生成临时文件，结果是一个键值对：临时文件的名字和句柄。我们可以打开一个叫做 **todo2.txt** 或类似名字的普通文件，但是使用 `openTempFile` 是一个很好的实践，因为你知道它不会覆盖已有的文件。

既然我们已经打开了一个临时文件，我们把 `newTodoItems` 写入这个文件。旧文件 **todo.txt** 没有被改动，临时文件包含了旧文件的所有行，只不过有一行被删除了。

在那之后，我们关闭旧文件和临时文件，用 `removeFile` 删除旧文件。`removeFile` 接受一个文件路径作为参数并把目标文件删除。删除旧的 **todo.txt** 后，我们用 `renameFile` 把临时文件改名为 **todo.txt**。`removeFile` 和 `renameFile`（都在模块 `System.Directory` 中）接受文件路径而不是句柄作为参数。

把上面的代码保存为 **deletetodo.hs**，编译并运行：

```
$ ./deletetodo
These are your TO-DO items:
0 - Iron the dishes
1 - Dust the dog
2 - Take salad out of the oven
Which one do you want to delete?
1
```

现在让我们看看哪些条目被留下来了：

```
$ cat todo.txt
Iron the dishes
Take salad out of the oven
```

啊，真酷！让我们再删除一个条目：

```
$ ./deletetodo
These are your TO-DO items:
0 - Iron the dishes
1 - Take salad out of the oven
Which one do you want to delete?
0
```

再检查这个文件，我们可以看到只剩下一个条目了：

```
$ cat todo.txt
Take salad out of the oven
```

所以，一切都正常工作。但是，这个程序仍旧有一个问题：如果我们打开临时文件后产生了错误，临时文件不会被清理掉。让我们补救一下。

9.3.2　清理

为了确保发生问题的情况下我们的临时文件被清理掉，我们将使用 Control.Exception 中的 bracketOnError 函数。它和 bracket 很像，但是 bracket 会请求一个资源并确保资源使用完后得到释放，bracketOnError 只有当异常产生时才执行清理操作。代码如下：

```
import System.IO
import System.Directory
import Data.List
import Control.Exception

main = do
    contents <- readFile "todo.txt"
    let todoTasks = lines contents
        numberedTasks = zipWith (\n line -> show n ++ " - " ++ line)
                                [0..] todoTasks
```

```
putStrLn "These are your TO-DO items:"
mapM_ putStrLn numberedTasks
putStrLn "Which one do you want to delete?"
numberString <- getLine
let number = read numberString
    newTodoItems = unlines $ delete (todoTasks !! number) todoTasks
bracketOnError (openTempFile "." "temp")
    (\(tempName, tempHandle) -> do
        hClose tempHandle
        removeFile tempName)
    (\(tempName, tempHandle) -> do
        hPutStr tempHandle newTodoItems
        hClose tempHandle
        removeFile "todo.txt"
        renameFile tempName "todo.txt")
```

不是仅仅正常地使用 openTempFile,我们把它和 bracketOnError 一起使用。接下来,我们写出当错误发生时需要执行的操作,即我们想要关闭临时文件的句柄并删除临时文件。最后,我们写出当一切正常工作时需要执行的操作,这几行代码和之前的一样:把新条目写入临时文件,关闭临时文件句柄,删除旧文件,重命名临时文件。

9.4　命令行参数

如果你想写一个脚本或者一个运行在终端上的应用程序,那么处理命令行参数是必要的。幸运的是,Haskell 的标准库提供了一个漂亮的方式为程序增加命令行参数的处理。

在前一章中,我们写了一个程序往 TODO 列表中添加一个条目以及删除一个条目。但是有一个问题是,我们硬编码了 TODO 列表的文件名,我们决定了它叫 todo.txt,因此用户没有办法管理多个 TODO 列表。

一个解决办法是,每次询问用户他们想用什么文件名,在我们想知道用户想删除哪一个条目时已经用了这个办法。这个方法可行,但并不理想,因为它需要用户运行程序,等待这个程序来问他问题,然后给程序一些输入。这属于交互式程序。

交互式程序很难处理这样的任务:如果你想要像脚本那样自动运行这个程序,该怎么办呢?写一个脚本和某个程序交互可比直接调用几个程序难多了。那就是为什么我们有时候想要用户主动告诉程序他们想要什么,而不是让程序来问他们问题。运行程序时通过命令行参数告诉程序用户想要干什么,有什么比这更好的方法呢?

System.Environment 模块有两个很酷的 I/O 操作适于获取命令行参数:getArgs 和 getProgName。getArgs 的类型是 getArgs :: IO [String],它是一个 I/O 操作,用来

获取伴随程序运行的命令行参数列表。getProgName 的类型是 getProgName :: IO String,
它是一个用来获取程序名的 I/O 操作。下面的示例说明这两个函数是如何工作的:

```
import System.Environment
import Data.List

main = do
  args <- getArgs
  progName <- getProgName
  putStrLn "The arguments are:"
  mapM putStrLn args
  putStrLn "The program name is:"
  putStrLn progName
```

首先,我们把命令行参数绑定到 args,程序名绑定到 progName。其次,我们用 putStrLn
先输出命令行参数,后输出程序名。让我们把这个程序编译为 arg-test 试试:

```
$ ./arg-test first second w00t "multi word arg"
The arguments are:
first
second
w00t
multi word arg
The program name is:
arg-test
```

9.5   关于 TODO 列表的更多有趣的事

在前面的例子中,我们为添加任务和删除任务分别写了程序。现在我们打算合二为一,添
加还是删除任务取决于我们传递给程序的命令行参数。同时我们也会让它能够操作其他文件,
不仅仅是 todo.txt。

我们把程序叫做 todo,它需要做三件事:

● 查看任务;

● 添加任务;

● 删除任务。

要给 todo.txt 文件添加任务,我们往终端里输入命令:

```
$ ./todo add todo.txt "Find the magic sword of power"
```

要查看任务,我们使用 view 命令

```
$ ./todo view todo.txt
```

要删除任务,我们使用它的下标:

```
$ ./todo remove todo.txt 2
```

9.5.1 一个多任务列表

我们开始写一个函数，它会接受一个命令作为参数，比如"add"或"view"，然后返回一个函数，这个函数接受参数列表，返回我们想要执行的 I/O 操作：

```
import System.Environment
import System.Directory
import System.IO
import Data.List

dispatch :: String -> [String] -> IO ()
dispatch "add" = add
dispatch "view" = view
dispatch "remove" = remove
```

定义 main：

```
main = do
    (command:argList) <- getArgs
    dispatch command argList
```

首先，我们获取参数并绑定到(command:argList)。这表示第一个参数会被绑定到 command，其余参数被绑定到 argList。在 main 块的下一行，我们对 command 应用函数 dispatch，产生函数 add、view 或 remove，然后再将那个函数应用到参数 argList。

假如我们这样运行程序：

```
$ ./todo add todo.txt "Find the magic sword of power"
```

command 是"add"，argList 是["todo.txt", "Find the magic sword of power"]。那样，dispatch 函数的第二个模式会匹配成功，返回 add 函数。最后，add 函数应用到 argList，产生了一个 I/O 操作，把一个新条目添加到 TODO 列表。

现在让我们来实现 add、view 和 remove 这三个函数。先从 add 开始：

```
add :: [String] -> IO ()
add [fileName, todoItem] = appendFile fileName (todoItem ++ "\n")
```

我们可以这样运行程序：

```
./todo add todo.txt "Find the magic sword d power"
```

add 将会被绑定到 main 的 do 代码块中的 command，["todo.xt", "Spank the monkey"]会被传递给 dispatch 函数返回的 add 函数。我们目前还没有处理不正确的输入，只是把这个两元素的列表提供给 add，让它返回一个 I/O 操作把条目以及换行符添加到文件末端。

接下来我们实现 view。如果我们想查看一个文件的条目，运行./todo view todo.txt

就好了。在 do 代码块的模式匹配里，command 是"view"，argList 是["todo.txt"]。

```
view :: [String] -> IO ()
view [fileName] = do
  contents <- readFile fileName
  let todoTasks = lines contents
      numberedTasks = zipWith (\n line -> show n ++ " - " ++ line)
                      [0..] todoTasks
  putStr $ unlines numberedTasks
```

当我们写 deletetodo 程序（只能删除条目）的时候，它可以显示 TODO 列表，所以我们现在要写的代码会和 deletetodo 的很相似。

最后，我们要实现 remove。它和那个只能删除任务的程序很像，所以如果你不知道它是怎么工作的，请回去重新读一下那一部分。主要的区别是我们不再把文件名硬编码为 todo.txt 了，而是通过命令行参数获取文件名。待删除任务的编号也会通过命令行参数获取，而不是给用户一个提示符。

```
remove :: [String] -> IO ()
remove [fileName, numberString] = do
  contents <- readFile fileName
  let todoTasks = lines contents
      numberedTasks = zipWith (\n line -> show n ++ " - " ++ line)
                      [0..] todoTasks
  putStrLn "These are your TO-DO items:"
  mapM_ putStrLn numberedTasks
  let number = read numberString
      newTodoItems = unlines $ delete (todoTasks !! number) todoTasks
  bracketOnError (openTempFile "." "temp")
    (\(tempName, tempHandle) -> do
        hClose tempHandle
        removeFile tempName)
    (\(tempName, tempHandle) -> do
        hPutStr tempHandle newTodoItems
        hClose tempHandle
        removeFile "todo.txt"
        renameFile tempName "todo.txt")
```

我们打开 fileName 表示的文件和一个临时文件，删除用户指定下标对应的条目，把其余条目写入临时文件，删除旧文件，再把临时文件重命名为 fileName。

下面是完整的程序，看上去光彩夺目：

```
import System.Environment
import System.Directory
import System.IO
import Data.List

dispatch :: String -> [String] -> IO ()
dispatch "add" = add
dispatch "view" = view
dispatch "remove" = remove

main = do
```

```
    (command:argList) <- getArgs
    dispatch command argList

add :: [String] -> IO ()
add [fileName, todoItem] = appendFile fileName (todoItem ++ "\n")

view :: [String] -> IO ()
view [fileName] = do
    contents <- readFile fileName
    let todoTasks = lines contents
        numberedTasks = zipWith (\n line -> show n ++ " - " ++ line)
                        [0..] todoTasks
    putStr $ unlines numberedTasks

remove :: [String] -> IO ()
remove [fileName, numberString] = do
    contents <- readFile fileName
    let todoTasks = lines contents
        numberedTasks = zipWith (\n line -> show n ++ " - " ++ line)
                        [0..] todoTasks
    putStrLn "These are your TO-DO items:"
    mapM_ putStrLn numberedTasks
    let number = read numberString
        newTodoItems = unlines $ delete (todoTasks !! number) todoTasks
    bracketOnError (openTempFile "." "temp")
        (\(tempName, tempHandle) -> do
            hClose tempHandle
            removeFile tempName)
        (\(tempName, tempHandle) -> do
            hPutStr tempHandle newTodoItems
            hClose tempHandle
            removeFile "todo.txt"
            renameFile tempName "todo.txt")
```

　　总结一下我们的解决办法。我们写了一个 dispatch 把命令映射到一个函数，这个函数接受参数列表，返回 I/O 操作。我们看到根据 command，dispatch 返回了一个合适的函数，把这个函数应用到其余的命令行参数，得到一个 I/O 操作。正是由于 dispatch 是高阶函数，让我们可以要求它返回一个合适的函数，然后再让这个函数提供合适的 I/O 操作。

　　让我们测试一下这个程序！

```
$ ./todo view todo.txt
0 - Iron the dishes
1 - Dust the dog
2 - Take salad out of the oven

$ ./todo add todo.txt "Pick up children from dry cleaners"

$ ./todo view todo.txt
0 - Iron the dishes
1 - Dust the dog
2 - Take salad out of the oven
```

```
3 - Pick up children from dry cleaners

$ ./todo remove todo.txt 2

$ ./todo view todo.txt
0 - Iron the dishes
1 - Dust the dog
2 - Pick up children from dry cleaners:
```

使用 dispatch 函数还有一个好处：很容易添加新功能。给 dispatch 添加一个新模式，并实现对应的函数就好了。看吧，你笑了！作为一个练习，请尝试实现一个 bump 函数：接受文件名和任务编号作为参数，返回一个 I/O 操作：把这个任务移到 TODO 列表的顶端。

9.5.2 处理错误的输入

我们可以扩展这个程序，让它遇到错误时能优雅地退出，而不是输出一些恼人的错误信息。我们可以给 dispatch 函数添加一个万能模式，让它返回一个函数：忽略参数列表，告诉我们这个命令不存在。

```
dispatch :: String -> [String] -> IO ()
dispatch "add" = add
dispatch "view" = view
dispatch "remove" = remove
dispatch command = doesntExist command

doesntExist :: String -> [String] -> IO ()
doesntExist command _ =
    putStrLn $ "The " ++ command ++ " command doesn't exist"
```

我们还可以给 add、view、remove 添加万能模式，从而当指定命令的参数个数不对时能告诉用户出错了。例子如下：

```
add :: [String] -> IO ()
add [fileName, todoItem] = appendFile fileName (todoItem ++ "\n")
add _ = putStrLn "The add command takes exactly two arguments"
```

如果 add 的参数不是恰好含有两个元素，第一个模式会匹配失败，而第二个会成功，提示用户使用方法不对。像这样，我们也可以给 view 和 remove 提供万能模式。

注意，我们并没有覆盖所有可能产生的输入错误。例如，这样运行程序时：

```
./todo
```

在这种情况下，程序会崩溃，因为 main 的 do 代码块中使用了 (command:argList) 模式，而没有考虑到程序可能根本没有命令行参数！我们也没有在打开文件前检查文件是否存在。添加这些检查并不难，但是有点儿麻烦，所以写一个彻头彻尾的傻瓜程序就作为练习留给读者了。

9.6 随机性

编程的很多时候，你不需要获取随机数据（好吧，应该是伪随
机数据，因为我们都知道，获取真随机性的唯一来源是让一个猴子
骑着单轮车，一只手拿着乳酪，另一只手握着把手）。例如，你可能
需要写一个需要掷骰子的游戏，或者你需要生成一些数据测试你的
程序。在这一节，我们会看一看怎么让 Haskell 生成一些看上去随机
的数据，以及我们为什么需要外部的输入来生成足够随机的数。

大多数编程语言提供了返回随机数的函数。每次你调用那个函
数，就得到一个不同的随机数。Haskell 呢？记住，Haskell 是一个纯函数式语言，也就是说，
它具有引用透明性。换句话说，对于一个函数，如果两次调用它时使用相同的参数，它会把同
样的结果返回两次。那很酷，因为它让我们能更好地理解程序，它还让我们能够延迟求值。但
是，这也使得产生随机数这件事变成一个挑战。

假设我们有这样一个函数：

```
randomNumber :: Int
randomNumber = 4
```

作为一个随机数函数，它没有什么用途，因为它总是返回 4。（即使我向你担保 4 是完全随
机的，因为这是掷骰子出来的结果。）

其他编程语言是怎样产生看上去随机的数的呢？它们获取一些初始数据，如当前时间，根
据它们生成看上去随机的数。在 Haskell 中，我们写一个函数，它接受一个参数作为初始数据（随
机性），然后产生一个随机数。我们使用 I/O 来把外接的随机性带到程序里来。

看一下 System.Random 模块，它含有满足我们需要的所有函数。让我们深入研究其中一
个导出的函数：random。它的类型签名如下：

```
random :: (RandomGen g, Random a) => g -> (a, g)
```

啊！类型声明中多了一些新的类型类！RandomGen 类型类用来表示可以作为随机性源的
类型。Random 类型类用来表示可以产生随机值的类型。我们可以随机生成 True 或 False 来
得到随机 Bool 值，我们也可以产生随机数。一个函数可以接受随机值作为参数吗？我不这么
认为。如果我们试着把 random 的类型声明翻译成中文，会是这样：接受一个随机性生成器（我
们的随机性源），返回一个随机值和一个新的随机性生成器。为什么要把随机性生成器伴随着随
机值一起返回呢？我们等会儿会看到为什么要这么做。

为了使用 random，我们需要熟悉一个随机性生成器。System.Random 模块导出了一个
很酷的类型，叫做 StdGen，它是 RandomGen 类型类的一个实例。我们可以手工写一个 StdGen

类型的值，或者让系统根据一些随机的东西给我们提供一个。

为了手动写一个随机性生成器，我们使用 `mkStdGen` 函数。它的类型是 `mkStdGen :: Int -> StdGen`，接受一个 `Int`，基于它返回一个随机性生成器。好吧，让我们结合 `random` 和 `mkStdGen` 获得一个随机数。

```
ghci> random (mkStdGen 100)
<interactive>:1:0:
    Ambiguous type variable `a' in the constraint:
      `Random a' arising from a use of `random' at <interactive>:1:0-20
    Probable fix: add a type signature that fixes these type variable(s)
```

这是什么？啊，对了，`random` 函数可以返回 `Random` 类型类的任何一个实例类型的值，所以我们需要告知 Haskell 我们想要什么类型。别忘了它返回随机值和随机性生成器的二元组。

```
ghci> random (mkStdGen 100) :: (Int, StdGen)
(-1352021624,651872571 1655838864)
```

最后，我们得到了一个看上去有点儿随机的数！二元组的第一项是我们要的随机数，第二项是随机性生成器的文本表示。如果我们用同样的随机性生成器调用 `random`，会发生什么呢？

```
ghci> random (mkStdGen 100) :: (Int, StdGen)
(-1352021624,651872571 1655838864)
```

当然，同样的参数会得到同样的结果。所以我们试试给它一个不同的随机性生成器作为参数：

```
ghci> random (mkStdGen 949494) :: (Int, StdGen)
(539963926,466647808 1655838864)
```

太棒了，一个不同的随机数！我们可以使用类型注解来得到不同类型的随机值。

```
ghci> random (mkStdGen 949488) :: (Float, StdGen)
(0.8938442,1597344447 1655838864)
ghci> random (mkStdGen 949488) :: (Bool, StdGen)
(False,1485632275 40692)
ghci> random (mkStdGen 949488) :: (Integer, StdGen)
(1691547873,1597344447 1655838864)
```

9.6.1 掷硬币

让我们写一个函数，模拟投掷三次硬币吧。如果 `random` 没有伴随随机值返回随机性生成器，我们得提供三个随机性生成器，作为参数提供给三次函数调用。如果一个随机性生成器可以产生一个 **Int** 类型的随机值，它也应该能掷三次硬币（只有 8 种结果）。这就是为什么 `random` 伴随着随机值返回随机性生成器很方便。

我们用一个简单的 `Bool` 类型值来表示硬币：`True` 表示反面朝上，`False` 表示正面朝上。

```
threeCoins :: StdGen -> (Bool, Bool, Bool)
threeCoins gen =
    let (firstCoin, newGen) = random gen
        (secondCoin, newGen') = random newGen
        (thirdCoin, newGen'') = random newGen'
    in  (firstCoin, secondCoin, thirdCoin)
```

我们把参数 gen 传递给 random 得到一次掷硬币的结果和一个新的生成器。然后再次调用
call，只是这次使用了新的生成器。对第三个硬币也做同样的事。如果我们每次都用同样的生
成器调用 random，所有的硬币都会有同样的值。于是我们只能得到(False, False, False)
或者(True, True, True)。

```
ghci> threeCoins (mkStdGen 21)
(True,True,True)
ghci> threeCoins (mkStdGen 22)
(True,False,True)
ghci> threeCoins (mkStdGen 943)
(True,False,True)
ghci> threeCoins (mkStdGen 944)
(True,True,True)
```

注意，我们不需要指定 random gen :: (Book, StdGen)，因为 threeCoins 的类
型声明里已经指明我们需要 Bool 值了。Haskell 在这个场合下能够推断出我们需要 Bool 值。

9.6.2 更多随机函数

如果我们想投掷更多的硬币呢？为此库里提供了一个函数 randoms，接受一个生成器，基
于它返回一个无限长的随机值序列。

```
ghci> take 5 $ randoms (mkStdGen 11) :: [Int]
[-1807975507,545074951,-1015194702,-1622477312,-502893664]
ghci> take 5 $ randoms (mkStdGen 11) :: [Bool]
[True,True,True,True,False]
ghci> take 5 $ randoms (mkStdGen 11) :: [Float]
[7.904789e-2,0.62691015,0.26363158,0.12223756,0.38291094]
```

为什么 randoms 不伴随着列表返回生成器呢？我们可以很容易实现这样的 randoms 函数：

```
randoms' :: (RandomGen g, Random a) => g -> [a]
randoms' gen = let (value, newGen) = random gen in value:randoms' newGen
```

这是一个递归定义。我们从当前的生成器得到一个随机值和一个新的生成器，然后产生一
个列表，第一个元素是刚刚得到的随机值，其他元素则基于新的生成器产生的随机值序列。因
为我们可能会生成无限多的随机值，所以我们无法返回最后得到的新生成器。

我们可以写一个函数，产生一个有限的序列，伴随着一个新生成器：

```
finiteRandoms :: (RandomGen g, Random a, Num n) => n -> g -> ([a], g)
finiteRandoms 0 gen = ([], gen)
finiteRandoms n gen =
    let (value, newGen) = random gen
        (restOfList, finalGen) = finiteRandoms (n-1) newGen
    in  (value:restOfList, finalGen)
```

这也是一个递归定义。如果我们需要 0 个随机值，直接返回空列表和原来的生成器就好了。如果需要其他数目的随机值，我们首先获取一个随机值和新生成器，随机数将会是列表的头元素，列表的尾会由新生成器产生的 n-1 个随机值组成。然后我们返回把头和尾拼接在一起得到的列表，而生成器则是由递归调用的 finiteRandoms 返回的。

如果我们想要某个范围内的随机值呢？至今我们见到的所有随机数都是过大或过小了。如果我们想掷硬币怎么办？可以用 randomR，它的类型如下：

```
randomR :: (RandomGen g, Random a) :: (a, a) -> g -> (a, g)
```

它很像 random，但是第一个参数是一个下界和上界的序对，结果会落在这个范围里。

```
ghci> randomR (1,6) (mkStdGen 359353)
(6,1494289578 40692)
ghci> randomR (1,6) (mkStdGen 35935335)
(3,1250031057 40692)
```

还有一个函数叫 randomRs，能生成落在指定范围内的随机值流。看一看：

```
ghci> take 10 $ randomRs ('a','z') (mkStdGen 3) :: [Char]
"ndkxbvmomg"
```

它看上去像一个超级隐秘的密码，不是吗？

9.6.3　随机性和 I/O

你可能想知道这一节是如何与 I/O 打交道的。我们至今没有做任何与 I/O 有关的事。我们已经通过一个任意的整数创建了随机数生成器。问题是如果我们在真正的应用里这样使用，它会总是返回同样的随机数，这可一点都不好。这就是为什么 System.Random 提供了 getStdGen 这个 I/O 操作，类型是 IO StdGen。它向系统索要初始数据，用它来启动全局生成器。当你把 getStdGen 绑定到某个变量时，getStdGen 会去获取这个全局生成器。

下面是一个生成随机字符串的程序：

```
import System.Random

main = do
    gen <- getStdGen
    putStr $ take 20 (randomRs ('a','z') gen)
```

现在来测试一下：

```
$ ./random_string
pybphhzzhuepknbykxhe
$ ./random_string
eiqgcxykivpudlsvvjpg
$ ./random_string
nzdceoconysdgcyqjruo
$ ./random_string
bakzhnnuzrkgvesqplrx
```

但是你需要留意，执行 getStdGen 两次会把同样的全局生成器返回两次。例如，这段程序：

```
import System.Random

main = do
    gen <- getStdGen
    putStrLn $ take 20 (randomRs ('a','z') gen)
    gen2 <- getStdGen
    putStr $ take 20 (randomRs ('a','z') gen2)
```

同样的字符串会被输出两次！

获取两个不同字符串的最好方式是使用 newStdGen 操作，它会把当前的随机性生成器分裂成两个，把全局生成器更新为其中一个，而另一个作为结果返回。

```
import System.Random

main = do
    gen <- getStdGen
    putStrLn $ take 20 (randomRs ('a','z') gen)
    gen' <- newStdGen
    putStr $ take 20 (randomRs ('a','z') gen')
```

当我们把 newStdGen 绑定到某个变量时，我们不仅得到了一个新随机性生成器，同时全局生成器也被更新了。这意味着，如果我们再次把 getStdGen 绑定到某个变量，我们会得到一个和 gen 不同的生成器。

下面这段小程序让用户猜测它想的数是什么：

```
import System.Random
import Control.Monad(when)

main = do
    gen <- getStdGen
    askForNumber gen
askForNumber :: StdGen -> IO ()
askForNumber gen = do
    let (randNumber, newGen) = randomR (1,10) gen :: (Int, StdGen)
    putStr "Which number in the range from 1 to 10 am I thinking of? "
    numberString <- getLine
    when (not $ null numberString) $ do
        let number = read numberString
```

```
    if randNumber == number
        then putStrLn "You are correct!"
        else putStrLn $ "Sorry, it was " ++ show randNumber
askForNumber newGen
```

我们写了 `askForNumber` 函数，它接受一个随机性生成器，返回一个 I/O 操作：给你一个提示符，然后告诉你猜得对不对。

在 `askForNumber` 中，我们首先根据参数（一个随机性生成器）生成了一个随机数和一个新生成器，分别叫做 `randNumber` 和 `newGen`。（对于本例，不妨假设这个随机数是 7。）然后我们让用户猜我们想的数是什么。我们执行 `getLine`，把结果绑定到 `numberString`。当用户键入 7 时，`numberString` 会变成"7"。接着，我们用 `when` 来检查用户输入的字符串是不是为空。如果不为空，传递给 `when` 的 `do` 代码块会被执行。我们用 `read numberString` 把它转换成数，所以 `number` 现在是 7。

> **注意** 如果用户输入了 `read` 无法解析的字符串（如"haha"），我们的程序会在输出一些丑陋的错误信息后崩溃。如果你不希望程序因为收到错误的输入而崩溃，请使用 `reads`，当它无法解析时会返回空列表。如果它解析成功了，会返回一个长度为 1 的列表，包含的元素是一个二元组，第一项是解析结果，第二项是输入中尚未被消耗的部分。试一试！

我们检查输入的数是不是等于那个随机产生的数，并给用户适当的消息。然后我们递归执行 `askForNumber`，只是这次它的参数是我们刚刚得到的新生成器。这样，我们得到了一个 I/O 操作，和我们刚刚执行的 I/O 操作很像，只是它依赖了一个不同的生成器。

`main` 包含两个操作：从系统那里获取一个随机性生成器，然后把 `askForNumber` 作用于这个生成器来得到初始操作。

下面是程序的运行过程：

```
$ guess_the_number
Which number in the range from 1 to 10 am I thinking of?
4
Sorry, it was 3
Which number in the range from 1 to 10 am I thinking of?
10
You are correct!
Which number in the range from 1 to 10 am I thinking of?
2
Sorry, it was 4
Which number in the range from 1 to 10 am I thinking of?
5
Sorry, it was 10
Which number in the range from 1 to 10 am I thinking of?
```

下面的程序用另一种方法实现了同样的功能：

```
import System.Random
import Control.Monad(when)
```

```
main = do
    gen <- getStdGen
    let (randNumber, _) = randomR (1,10) gen :: (Int, StdGen)
    putStrLn "Which number in the range from 1 to 10 am I thinking of? "
    numberString <- getLine
    when (not $ null numberString) $ do
        let number = read numberString
        if randNumber == number
            then putStrLn "You are correct!"
            else putStrLn $ "Sorry, it was " ++ show randNumber
        newStdGen
        main
```

它和之前的版本很像，但是不再创建一个函数：接受一个生成器，并用新得到的生成器递归调用自己。我们把所有的工作都放到 main 里。告诉用户他是否猜对之后，我们更新全局生成器并再次调用 main。两种方式都是有效的，但是我比较偏爱第一种，因为第一种方法 main里面做的事比较少，而且还提供了一个我能轻松重用的函数。

9.7 字节串

列表确实很有用。迄今为止，我们把它用在了各种地方。有非常多函数操作列表，Haskell 的惰性让我们可以用过滤和映射处理列表来替代其他编程语言的 for 和 while 循环。既然求值只有在需要时才会发生，那么无限列表（甚至无限的无限列表）对我们来说就不是问题。那就是为什么列表可以用来表示流，既可以用在从标准输入读取，又可以用在从文件读取。我们可以打开文件，把它读成一个字符串，尽管只有真正需求时我们才实际访问它。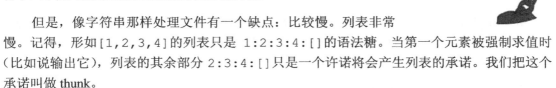

但是，像字符串那样处理文件有一个缺点：比较慢。列表非常慢。记得，形如[1,2,3,4]的列表只是 1:2:3:4:[]的语法糖。当第一个元素被强制求值时（比如说输出它），列表的其余部分 2:3:4:[]只是一个许诺将会产生列表的承诺。我们把这个承诺叫做 thunk。

thunk 大致上是一个延迟的计算。Haskell 通过使用 thunk 以及在需要时而非立即计算 thunk来实现惰性。所以你可以把列表看做是一系列承诺，一个承诺的头元素只有当需要时才会被求值，伴随这个元素的是代表列表尾的另一个承诺。不需要什么思维跳跃就能推断：把一个列表当做一系列承诺并不是一种高效的方法。

这些开销大多数时候不会让我们操心，但是当读取并处理大文件时这就会成为负担了。这就是为什么 Haskell 有字节串（bytestring）。字节串很像列表，只不过每个元素占一个字节（或者说是 8 位），它们处理惰性的方式也不一样。

9.7.1 严格的和惰性字节串

字节串有两种风格：严格的（strict）和惰性的（lazy）。严格的字节串实现在 `Data.ByteString` 中，并且它完全废除了惰性，不会涉及 thunk。一个严格的字节串代表数组中的一系列字节。你不能有无限长的严格的字节串。如果你要对一个严格的字节串的第一个字节求值，你必须对整个字节串求值。

另一种字节串实现在 `Data.ByteString.Lazy` 中。它们是惰性的，但是惰性程度不如列表。因为对于列表，有多少元素就有多少 thunk，对于某些任务这样做很慢。惰性的字节串采取了另一种方法，存储在一些块（chunk）里（不要和 thunk 混淆了），每个块的大小是 64 KB。所以，如果你要对惰性的字节串的一个字节求值（比如说输出它），最开头的 64 KB 都会被求值。在那之后，其余块实现为一个承诺。惰性的字节串有点儿像严格的字节串的列表，它会一个块一个块地读取。这很酷，因为它不会导致内存使用量突增，而且 64 KB 可能也适合你的 CPU 的二级缓存大小。

如果浏览 `Data.ByteString.Lazy` 的文档，你会看到它有很多函数与 `Data.List` 里的重名，只是类型签名包含 `ByteString` 而不是 `[a]`，`Word8` 而不是 `a`。这些函数和处理列表的那些函数类似。由于名字是一样的，我们需要在脚本中写限定的（qualified）导入，然后把脚本载入 GHCi 来摆弄字节串。

```
import qualified Data.ByteString.Lazy as B
import qualified Data.ByteString as S
```

`B` 表示惰性的字节串的类型和函数，`S` 表示严格的字节串的类型和函数。我们主要用惰性版本。

`pack` 函数的类型签名是 `pack :: [Word8] -> ByteString`。这表示它接受一个字节列表（类型为 `Word8`），返回一个 `ByteString`。你可以把它理解为接受一个惰性的列表，把它变得不那么惰性，只有 64 KB 的区间是惰性的。

`Word8` 类型很像 `Int`，但是它表示无符号的 8 位整数，也就是说它的表示范围很窄，只有 0～255。和 `Int` 一样，它也是 `Num` 类型类的实例。例如，我们知道 5 可以表示任何数值类型，是多态的，当然也可以代表 `Word8`。

下面展示如何把数的列表打包（pack）成字节串：

```
ghci> B.pack [99,97,110]
Chunk "can" Empty
ghci> B.pack [98..120]
Chunk "bcdefghijklmnopqrstuvwx" Empty
```

我们只把少量字节打包成字节串，所以它们恰好在一个块里。`Empty` 就像是列表中的 `[]`——它们都表示空序列。

正如你看到的那样，你不需要指定你输入的数是 `Word8` 类型的，因为类型系统推断出需要使用 `Word8`。如果你试图用比较大的数（如 336）作为 `Word8`，它会被截断为 80。

当我们需要按字节检查字节串时，我们需要解开（**unpack**）它。unpack 函数是 pack 的逆，它接受一个字节串，返回字节列表。下面是一个例子：

```
ghci> let by = B.pack [98,111,114,116]
ghci> by
Chunk "bort" Empty
ghci> B.unpack by
[98,111,114,116]
```

你可以来回地在严格的字节串和惰性的字节串间转换。toChunks 函数接受一个惰性的字节串，把它转换成严格的字节串的列表。fromChunks 接受严格的字节串的列表，把它转换成惰性的字节串。

```
ghci> B.fromChunks [S.pack [40,41,42], S.pack [43,44,45], S.pack [46,47,48]]
Chunk "()*" (Chunk "+,-" (Chunk "./0" Empty))
```

如果你有很多小的严格的字节串，不想先在内存里把它们拼接成一个大的再处理，这样做不错。

字节串版本的:叫做 cons。它接受一个字节和一个字节串，把这个字节放到开头。

```
ghci> B.cons 85 $ B.pack [80,81,82,84]
Chunk "U" (Chunk "PQRT" Empty)
```

字节串模块还有很多函数类似于 Data.List 里的，包括但不限于 head、tail、init、null、length、map、reverse、foldl、foldr、concat、takeWhile、filter 等。要查看这些函数的完整列表，请查阅 http://hackage.haskell.org/package/bytestring 上的文档。

字节串模块还提供了一些函数和 System.IO 里的重名，只是把类型中的 String 换成了 ByteString。例如，System.IO 里的 readFile 类型是：

```
readFile :: FilePath -> IO String
```

而字节串模块里的 readFile 函数的类型是：

```
readFile :: FilePath -> IO ByteString
```

> **注意** 如果你使用严格的字节串并且试图读一个文件，那个文件的全部内容会一次性载入内存！有了惰性的字节串，文件会按块读入。

9.7.2 用字节串复制文件

让我们写一个程序，从命令行参数那里接受两个文件名，把第一个文件复制到第二个。注意，System.Directory 已经有一个名叫 copyFile 的函数了，但是我们还是打算实现一个我们自己的版本。代码如下：

```
import System.Environment
import System.Directory
import System.IO
import Control.Exception
```

```
import qualified Data.ByteString.Lazy as B

main = do
    (fileName1:fileName2:_) <- getArgs
    copy fileName1 fileName2

copy source dest = do
    contents <- B.readFile source
    bracketOnError
        (openTempFile "." "temp")
        (\(tempName, tempHandle) -> do
            hClose tempHandle
            removeFile tempName)
        (\(tempName, tempHandle) -> do
            B.hPutStr tempHandle contents
            hClose tempHandle
            renameFile tempName dest)
```

首先，在 main 里，我们获取了命令行参数并调用了 copy 函数。copy 的一种实现方法是从源文件读取内容并写入到目标文件。但是，如果有什么东西出错的（比如没有足够的磁盘空间来复制文件）我们的文件会被搞乱。所以我们先写入一个临时文件。然后，如果有什么东西出错了，删掉那个文件就好了。

我们用 B.readFile 来读源文件的内容，然后用 bracketOnError 来设置错误处理。我们用 openTempFile "." "temp" 获取资源，得到一个二元组，第一项是临时文件的名字，第二项是句柄。接着，我们指定错误发生后要做的事。如果有东西出错了，我们关掉句柄并删除临时文件。最后，我们实现复制功能。我们用 B.hPutStr 把内容写到临时文件里，关闭临时文件，把临时文件重命名为目标文件。

注意，我们用了 B.readFile 和 B.hPutStr 而不是它们的变体。我们不需要使用特殊的字节串函数来打开、关闭、重命名文件，只需要在读写时使用字节串函数。

让我们测试一下：

```
$ ./bytestringcopy bart.txt bort.txt
```

不用字节串版本函数的程序也可以做到这一点，唯一的区别是我们使用了 B.readFile 和 B.writeFile，而不是 readFile 和 writeFile。

很多时候，你可以把一个使用普通字符串的程序转换成一个使用字节串的，所要做的只是导入必要的模块并在一些函数前加上限定的模块名。有时候你需要把工作于字符串的函数转换成工作于字节串的，但这并不难做到。

无论何时，你需要提高一个把很多数据读取成字符串的程序的性能时，试试字节串。很有可能只需要非常少的努力就能达到非常好的提速效果。我通常写使用普通字符串的程序，当性能不如人意时再把它转换成使用字节串。

第 10 章

函数式地解决问题

在这一章中，我们会着眼于几个有趣的问题，并用函数式程序设计的技巧尽可能优雅地解决它们。这是舒展你新得到的 Haskell 肌肉的大好机会，也会锻炼你的编码技能。

10.1 逆波兰式计算器

在学校里处理算术表达式时，我们通常会用中缀形式书写。例如，我们会写 10 - (4 + 3) * 2。其中加号（+）、乘号（*）、减号（-）都是中缀操作符，就像 Haskell 的中缀函数那样（+、'elem' 等）。因为人类可以用大脑轻松地解析这种形式。但中缀形式有一个缺点是我们需要用括号来指示操作符的优先级。

另外一种表示算术表达式的方式是使用逆波兰式（reverse polish notation，RPN）。在逆波兰式中，操作符出现在数的后面，而不是夹在它们中间。比如，我们会用 4 3 +，而不是 4 + 3。但是我们如何表示包含多个操作符的表达式呢？例如，这样一个表达式：把4和3加起来然后乘以10？很简单：4 3 + 10 *。因为 4 3 +等于 7，所以整个表达式的值和 7 10 *的值是相等的。

10.1.1　计算 RPN 表达式

为了切身体会一下如何计算逆波兰式，我们想象一个包含数的栈。我们从左到右检查这个表达式，每遇到一个数，就把它放到栈顶（压入栈）。当遇到一个操作符时，就从栈顶取出两个数（弹出它们），根据这个操作符表示的运算得到一个计算结果，把结果压回到栈里。当遇到表达式的末尾时，栈里应该只包含一个数了，这个数就是整个表达式的值（假设表达式的形式是正确的）。

让我们看看如何计算逆波兰式 10 4 3 + 2 * -。

（1）把 10 压入栈，于是栈包含一个数，即 10。

（2）逆波兰式的下一项是一个数，即 4，所以我们也把它压入栈。栈的内容现在是：10, 4。

（3）遇到数 3，把它压入栈，栈的内容变成：10, 4, 3。

（4）遇到操作符+，从栈中弹出两个数，即 4 和 3，做加法运算，得到 7，把结果压入栈。栈的内容是：10, 7。

（5）遇到数 2，压入栈。栈的内容是：10, 7, 2。

（6）遇到操作符*，从栈中弹出两个数，即 7 和 2，做乘法运算，得到 14，把结果压入栈。栈的内容是：10, 14。

（7）最后有一个操作符-，从栈中弹出 10 和 14，做减法运算，得到-4，把结果压入栈。

（8）栈里有一个数-4，因为我们的表达式中没有更多的数或操作符了，所以这就是我们的运算结果！

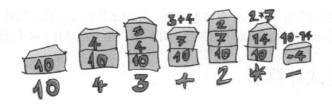

这就是手算逆波兰式的方法。现在我们来想一想如何用一个 Haskell 函数实现同样的功能。

10.1.2 写一个 RPN 函数

我们的函数接受一个字符串（包含 RPN 表达式）作为参数（如"10 4 3 + 2 * -"）并返回表达式的结果。

这个函数的类型会是什么呢？我们希望它取一个字符串并返回一个数。比如说，我们想处理除法，所以结果得是双精度浮点数。所以这个函数的类型可能是这样的：

```
solveRPN :: String -> Double
```

> **注意**　实现一个函数前先想一想它的类型声明会是什么对我们写代码很有帮助。在 Haskell 里，一个函数的类型声明告诉了你关于函数的一切，这都要归功于 Haskell 强大的类型系统。

在用 Haskell 求解问题之前，先思考手算的解法对解决问题很有帮助。对于 RPN 表达式计算，我们把所有空格分隔的数和操作符当做单独的项。因此可以先把形如"10 4 3 + 2 * -"的字符串分割成列表（每一项都是数或操作符）：

```
["10","4","3","+","2","*","-"]
```

接下来考虑手算的解法：从左到右依次检查列表中的项，同时维护一个栈。这个过程让你回忆起什么了吗？在第 5 章 5.5 节，我们看到许多函数都具有这个特点：按元素遍历列表，累加某个结果——这个结果可能是数，也可能是列表、栈或者其他东西——这类函数都能按照折叠的形式实现。

在这个例子中，我们要做一个左折叠，因为我们是从左到右遍历列表的，而累加值将会是栈，因此折叠的结果是一个栈（尽管到最后会发现这个栈只包含一个元素）。

还有一件事需要考虑，我们该怎么表示栈呢？用列表来表示即可。注意用列表头表示栈顶，这是因为在列表头部添加元素比在尾部添加快多了。如果我们有一个栈，比如 10，4，3，我们可以把它表示成列表 `[3, 4, 10]`。

现在我们有足够的信息来搭建函数的骨架了。这个函数会取类似 `"10 4 3 + 2 * -"` 的字符串作为参数，通过 words 将它分割为一个列表。接下来，我们要用左折叠遍历这个列表，最后得到一个只包含一个元素的栈（在这个例子里是 `[-4]`）。从列表中取出这个元素就得到了最终的答案！

函数的骨架如下：

```
solveRPN :: String -> Double
solveRPN expression = head (foldl foldingFunction [] (words expression))
    where   foldingFunction stack item = ...
```

我们接受一个表达式，把它转成项的列表，用 foldl 遍历这个列表。注意代码中的 `[]` 表示初始的累加值，累加值是栈，`[]` 就表示一个空栈。最后我们会得到一个长度为 1 的栈，使用 head 就可以得到这个元素。

接下来只需要实现一个折叠函数，取一个类似 `[4,10]` 的栈和一个类似 `"3"` 的项，返回一个新栈 `[3,4,10]`。假如栈为 `[4,10]`、项为 `"*"`，这个函数会返回 `[40]`。

在我们实现折叠函数前，先把函数写成 Point-Free 风格的[①]，因为括号太多会让我很不安：

```
solveRPN :: String -> Double
solveRPN = head . foldl foldingFunction [] . words
    where   foldingFunction stack item = ...
```

看上去好多了。

折叠函数取一个栈和一个项，返回一个新栈。我们用模式匹配来得到栈顶的项，以及形如 `"*"` 和 `"-"` 的操作符。下面的代码就是折叠函数的实现：

```
solveRPN :: String -> Double
```

---

① 函数定义中不涉及对参数的引用。

```
solveRPN = head . foldl foldingFunction [] . words
  where   foldingFunction (x:y:ys) "*" = (y * x):ys
          foldingFunction (x:y:ys) "+" = (y + x):ys
          foldingFunction (x:y:ys) "-" = (y - x):ys
          foldingFunction xs numberString = read numberString:xs
```

我们安排了 4 个模式。这些模式会从上到下进行匹配，首先检查当前项是否为"*"。如果是，它会接受一个形如[3,4,9,3]的列表，把前两项分别命名为 x 和 y。在这个例子里，x 是 3，y 是 4，ys 是[9,3]。它返回的列表的尾是 ys，头是 x 和 y 的乘积。通过这种方式，我们从栈顶弹出两个元素，相乘后把结果压回到栈中。如果当前项不是"*"，这个模式会匹配失败，之后"+"的模式会被检查，如果依然不匹配则检查"-"模式。

如果当前项不是上面这些操作符，我们就假设它是一个表示数的字符串。如果它是表示数的字符串，那么对它应用 read 就能得到这个数，我们把这个数压入栈。

对于项的列表["2","3","+"]，我们的函数会从左边开始折叠，以[]作为初始的栈。折叠函数被调用时，得到的参数是表示栈的[]和表示当前项的"2"。因为当前项不是操作符，它会被读作一个数并添加到[]的前面，得到新栈[2]。之后折叠函数再次被调用，得到的参数是表示栈的[2]和表示当前项的"3"，产生一个新栈[3,2]。折叠函数第三次被调用时，参数是[3,2]和"+"，栈中的两个数被弹出加在一起，并重新压入栈中。最后栈是[5]，正是我们期望返回的结果。

折腾一下我们的函数吧：

```
ghci> solveRPN "10 4 3 + 2 * -"
-4.0
ghci> solveRPN "2 3.5 +"
5.5
ghci> solveRPN "90 34 12 33 55 66 + * - +"
-3947.0
ghci> solveRPN "90 34 12 33 55 66 + * - + -"
4037.0
ghci> solveRPN "90 3.8 -"
86.2
```

酷，它能正常工作！

10.1.3　添加更多的操作符

这个解法的一个好处是很容易支持其他操作符，而这些操作符甚至不需要是二元的。例如，我们可以创建一个操作符"log"，功能是从栈顶弹出一个数并压入它的对数。我们也可以创造一个多元操作符，比如"sum"，它把所有的数都弹出来并把它们的和压入栈。

让我们修改一下 solveRPN 函数，让它接受其他一些操作符吧：

```
solveRPN :: String -> Double
solveRPN = head . foldl foldingFunction [] . words
    where   foldingFunction (x:y:ys) "*" = (y * x):ys
            foldingFunction (x:y:ys) "+" = (y + x):ys
            foldingFunction (x:y:ys) "-" = (y - x):ys
            foldingFunction (x:y:ys) "/" = (y / x):ys
            foldingFunction (x:y:ys) "^" = (y ** x):ys
            foldingFunction (x:xs) "ln" = log x:xs
            foldingFunction xs "sum" = [sum xs]
            foldingFunction xs numberString = read numberString:xs
```

/是除法，**是乘方。对于自然对数操作符，因为它是一元的，我们只须要模式匹配栈顶元素和除栈顶外的其他元素。对于求和操作符，就对栈中所有元素进行求和，返回只含 1 个元素的栈。

```
ghci> solveRPN "2.7 ln"
0.9932517730102834
ghci> solveRPN "10 10 10 10 sum 4 /"
10.0
ghci> solveRPN "10 10 10 10 10 sum 4 /"
12.5
ghci> solveRPN "10 2 ^"
100.0
```

我想这样实现一个能够计算任意浮点 RPN 表达式的函数真的很棒，更何况它只有 10 行代码，而且能被轻易扩展。

> **注意** 这个 RPN 计算器并非容错的实现，输入有错时就可能导致运行时错误。但别担心，在第 14 章你会学到让这个函数变健壮的技巧。

10.2 从希思罗机场到伦敦

假设我们在出差，飞机已经抵达英国了，我们租了一辆车。很快就有一场会议，我们需要尽可能快地从希思罗机场到伦敦（前提是要保证安全）。

从希思罗到伦敦有两条主干道，它们之间有一些联通的小路。两个路口之间需要花费的时间是固定的。找到最优路径从而准时到达伦敦开会就靠我们了。我们从左边那条路出发，既可以换行到另一条路，也可以笔直向前。

正如你在图片中所看到的，从希思罗到伦敦的最快路径是从主干道 B 出发，转到 A，笔直向前，再回到 B，笔直向前。如果我们走这条路，需要花费 75 分钟；否则的话时间会更长一些。

我们的任务是写一个程序读取表示道路系统信息的输入，输出最快路径。这个例子对应的输入如下：

```
50
10
30
5
90
20
40
2
25
10
8
0
```

让人脑来解析这个输入文件，以三行为一个单位读，把道路系统分成多个地段。每个地段由道路 A、道路 B 和一个连接它们的小路构成。设最后一个地段的小路花费 0 分钟，使行数可以被 3 整除。那是因为我们不用关心是从哪条路抵达伦敦的，朋友！

正如我们在考虑 RPN 计算问题时所做的那样，把这个问题分解成 3 步。

（1）暂时忘记 Haskell，考虑怎样手工解决这个问题。在 RPN 计算器那一节，我们首先弄明白如何手算：维护一个栈，一次处理表达式的一项，直到处理完整个表达式。

（2）思考怎样在 Haskell 中表示数据。对于 RPN 计算器，我们决定用字符串列表来表示表达式。

（3）想清楚怎么在 Haskell 里操作这些数据得到答案。对于计算器，我们通过左折叠遍历字符串列表，同时维护了一个栈用来产生答案。

10.2.1   计算最快的路线

手算如何找出从希思罗机场到伦敦的最快路线呢？可以先观察整张图，猜一条最短的路线并希望猜测正确。对于规模很小的输入这样做是可行的，但是如果道路系统有超过 10000 个路段呢？我们也无法保证猜测的解是最优的，只能说我们相信它有很大可能是最优的。所以这不是一个好的解决方案。

下面是我们的道路系统的一张简化图：

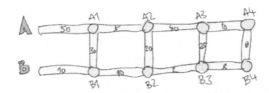

我们能找出到达 A 路上第一个路口的最快路线吗（A 路上的第一个路口，图中标记为 A1）答案太明显了。只要看在 A 路上笔直向前快，还是在 B 路上走再拐到 A 快。很明显，在 B 上前进再拐到 A 比较快，因为这样只要花费 40 分钟，而直接在 A 上前进需要 50 分钟。路口 B1 呢？直接在 B 上前进比较快（只需要 10 分钟），而从 A 拐到 B 需要 80 分钟！

现在我们知道到达 A1 的最快路线了：在 B 上前进，然后拐到 A。我们说这条路经过了 B 路和 C，花费是 40 分钟。我们也知道到 B1 的最快路线：直接在 B 上前进。这条路只包含马路 B，花费 10 分钟。了解这一点对我们找出下一个路口的最快路线有帮助吗？天啊，当然有啊！

来看一下抵达 A2 的最快路线是什么。要到达 A2，要么从 A1 出发直接去 A2，要么从 B1 出发拐到 A 路上（记住我们只能在马路上前进或者拐到另一边）。因为我们知道到 A1 和 B1 的通行时间，所以可以轻易算出到 A2 的最佳路线。到达 A1 需要 40 分钟，从 A1 再到 A2 需要 5 分钟，这条路线表示为 B, C, A，通行时间是 45。到达 B1 只要 10 分钟，但是再到 B1 并拐到另一边需要 110 分钟！所以很明显，到 A2 的最快路线是 B, C, A。用同样的方法，可以算出到 B2 的最快路线是在 A1 出发前进并拐到另一边。

> **注意**　你可能在问自己："先到 B1，拐到 A2 后再前进怎么样？"在计算到 A1 的最佳路线时我们已经覆盖这种情况了，所以在下一步不用再考虑这个问题了。

既然我们找到了到 A2 和 B2 的最佳路线，可以重复这些步骤直到到达道路系统末端。一旦算出了到 A4 和 B4 的最佳路线，其中花费时间较少的就是最优的路线。

所以大体上，对于道路系统的第二个地段，我们只是重复了计算第一个地段时的步骤，把之前到达 A 和 B 的最佳路线给考虑进来了。我们也可以说在第一个地段我们也考虑进来了到达 A 和 B 的最佳路线——它们都是空路线，花费是 0 分钟。

总结一下，为了找到希思罗到伦敦的最佳路线，我们需要执行下面这些步骤。

（1）找到到达下一个地段 A 路的最佳路线，两个选择是：在 A 路上笔直前进，在 B 路上前进后拐到 A。记住通行时间和路线。

（2）用同样的方法找到到达下一个地段 B 路的最佳路线。

（3）检查对于下一个地段的 A，从上一个地段的 A 处出发快，还是在上一个地段的 B 处出发快。记录其中比较快的那条路线。对于 A 路另一边的 B 路也执行同样的步骤。

（4）把以上步骤应用到每一个地段，直到道路系统末端。

（5）一旦到达道路系统末端了，两条路线中比较快的那条就是我们的最佳路线。

大体上，对于每个地段，我们计算了到达该地段 A 路的最快路线和 B 路的最快路线。到达道路系统的末端后，其中较快的那条就是最佳路线。

我们现在知道怎么手算最快路线了。如果你有足够的时间，以及铅笔和纸，你可以算出包含任意多地段的道路系统的最快路线。

10.2.2 在 Haskell 中表示道路系统

怎么用 Haskell 的数据类型表示道路系统呢？

回忆一下前面的手算方案，每次检查三条路的通行时间：A 路上的一段路程，B 路上的一段路程，以及把两个路口连接起来的小路 C 的路程。在寻找到达 A1 和 B1 的最快路线时，我们只处理了三条路：50、10 和 30。我们把它们称为一个地段（section）。所以例子中的道路系统可以轻易表示成 4 个地段：

- 50, 10, 30
- 5, 90, 20
- 40, 2, 25
- 10, 8, 0

数据类型应该尽可能简单（但不要简单过头）。下面是我们的道路系统的数据类型：

```
data Section = Section { getA :: Int, getB :: Int, getC :: Int }
    deriving (Show)

type RoadSystem = [Section]
```

它很简单，我也觉得对于求解这个问题它会工作得很完美。

Section 是一个简单的代数数据类型，包含三个整数，表示一个地段三条路的通行时间。我们也引入了一个类型别名 RoadSystem，即地段的列表。

> **注意** 我们也可以用三元组(Int, Int, Int)来表示一个地段。用三元组来代替代数数据类型对于一些琐碎的，只需要考虑局部的东西会很方便。但是对于复杂的表示，创建一个新类型通常会更好，它给类型系统提供了更多的信息。(Int, Int, Int)也可以用来表示三维空间中的一个向量，使得能够操作向量的函数，也能操作地段，我们很容易混淆起来。如果采用 Section 和 Vector 这样的 data 数据类型，我们就不会意外地把向量加到道路系统的地段上。

从希思罗到伦敦的道路系统现在可以这样表示：

```
heathrowToLondon :: RoadSystem
heathrowToLondon = [Section 50 10 30
                  , Section 5 90 20
                  , Section 40 2 25
                  , Section 10 8 0
                  ]
```

现在我们所需要做的就是用 Haskell 实现这个解法。

10.2.3　实现计算最佳路径的函数

给定任意道路系统，计算最快路线的函数应该有什么样的类型声明呢？它应该取道路系统为参数，返回路线。我们把路线也表示成一个列表。

引入 Label 表示一个枚举类型（A、B 或 C），以及一个类型别名 Path。

```
data Label = A | B | C deriving (Show)
type Path = [(Label, Int)]
```

我们的函数称为 optimalPath，它应该有如下类型：

```
optimalPath :: RoadSystem -> Path
```

这个函数如果应用在道路系统 heathrowToLondon 上，应该返回如下路径：

```
[(B,10),(C,30),(A,5),(C,20),(B,2),(B,8)]
```

我们需要从左到右遍历这个列表，处理列表的同时维护到达 A 的最佳路线和到达 B 的最佳路线。遍历时累加这两条最佳路线，这听上去像什么呢？叮，叮，叮！是的，这是一个左折叠！

手算求解的时候，我们一直在重复一个步骤：根据抵达当前地段 A 路和 B 路的最佳路线，以及下一个地段的信息，分别计算到达下一个地段 A 路和 B 路的最佳路线。例如，一开始，到达初始地段 A、B 路的最佳路线都是[]，检查地段 Section 50 10 30，推断出到达图片中 A1 的最佳路线是[(B,10),(C,30)]，到达 B1 的最佳路线则是[(B,10)]。如果把这个一直被重复的步骤看做一个函数，那么它的参数应该是一对路线和一个地段，返回到达下一个地段的一对新的最佳路线。所以它的类型如下：

```
roadStep :: (Path, Path) -> Section -> (Path, Path)
```

让我们实现这个函数，它肯定会派上用场的：

```
roadStep :: (Path, Path) -> Section -> (Path, Path)
roadStep (pathA, pathB) (Section a b c) =
    let timeA = sum (map snd pathA)
        timeB = sum (map snd pathB)
```

```
            forwardtimeToA = timeA + a
            crosstimeToA = timeB + b + c
            forwardtimeToB = timeB + b
            crosstimeToB = timeA + a + c
            newPathToA = if forwardtimeToA <= crosstimeToA
                            then (A, a):pathA
                            else (C, c):(B, b):pathB
            newPathToB = if forwardtimeToB <= crosstimeToB
                            then (B, b):pathB
                            else (C, c):(A, a):pathA
        in  (newPathToA, newPathToB)
```

发生什么了？首先，我们基于迄今为止 A 和 B 的最佳路线分别算出通行时间。我们使用了 sum (map snd pathA)，所以如果 pathA 是 [(A,100),(C,20)]，timeA 就会是 120。

forwardTimeToA 是从上一个地段的 A 出发，笔直走到下一个地段的 A 处需要的时间，它等于到达上一个 A 的时间加上当前地段 A 路的通行时间。

crossTimeToA 是从上一个地段的 B 出发，前进后拐到下一个地段的 A 处需要的时间。它等于到达上一个 B 的时间加上当前地段 B 路和 C 路的通行时间和。

用同样的方式计算 forwardTimeToB 和 crossTimeToB。

既然我们已经知道到 A 和 B 的最好方式了，我们根据它求出新的路线。如果在 A 处笔直向前比较快，我们就把 newPathToA 设为 (A, a):pathA。实际上我们把 Lable A 和 A 路的通行时间当做一个二元组添加到了之前到达 A 的最佳路线 pathA 前面。我们说，到达下一个地段 A 的最佳路线是到达上一个地段 A 的最佳路线，加上沿着 A 路笔直走的那条路。记住 A 只是一个标签，而 a 的类型是 Int。

我们为什么要把新的二元组添加到表示旧路线的列表的头部，而不是尾部：pathA ++ [(A, a)] 呢？因为把元素添加到列表开头比添加到末尾要快得多。这样列表折叠后我们得到的路线会是反向的，需要把它翻转过来。

如果从上一个地段的 B 出发拐到下一个地段的 A 比较快，那么 newPathToA 就是到达的 B 的旧路线，加上笔直向前以及拐到 A 的两条路。用同样方式求出 newPathToB。

最后，我们把 newPathToA 和 newPathToB 作为一个二元组返回。

让我们把这个函数应用到 heathrowToLondon 列表的第一个地段上。因为是第一个地段，参数中到达 A 和 B 的最佳路线应该是一对空列表。

```
ghci> roadStep ([], []) (head heathrowToLondon)
([(C,30),(B,10)],[(B,10)])
```

记住路线是翻转过的，所以应该从右往左读：到达下一个 A 的最佳路线是从 B 出发，然后拐到 A。到达下一个 B 的最佳路线是从 B 出发笔直前进。

> **注意**　执行 timeA = sum (map snd pathA) 时，我们计算了路线上每一步的时间。如果我们的 roadStep 被实现为获取路线 A 和 B 的最短时间的话，就不用花费这些时间做计算了。

既然我们已经有了一个函数取一对路线和一个地段，产生两条新路线，我们很容易就能实现一个处理地段列表的左折叠，首先以 ([]，[]) 和第一个地段为参数调用 roadStep，返回到达这个地段的一对最佳路线。然后以返回的这对路线和下一个地段为参数调用 roadStep，重复这一过程。当遍历完所有地段时，就得到了一对最佳路线，其中较短的那条就是答案。记住这一点，我们就可以开始实现 optimalPath 了：

```
optimalPath :: RoadSystem -> Path
optimalPath roadSystem =
    let (bestAPath, bestBPath) = foldl roadStep ([],[]) roadSystem
    in  if sum (map snd bestAPath) <= sum (map snd bestBPath)
            then reverse bestAPath
            else reverse bestBPath
```

我们左折叠 roadSystem（记住它是地段的列表），其中初始累加值是一对空列表。折叠的结果是一对路线，在这对路线上做模式匹配得到两条路线。然后检查其中哪一条比较快，把快的那条路线返回。在返回前，还要把路线翻转过来，因为我们选择在列表开头添加路，所以求出来的最佳路线是翻转过的。

来试一试：

```
ghci> optimalPath heathrowToLondon
[(B,10),(C,30),(A,5),(C,20),(B,2),(B,8),(C,0)]
```

这就是我们设想的结果！它和期望结果有一些差别，是因为末端有一个 (C,0)，表示我们到达伦敦后又拐到另一条主干道上去了。但因为穿过这条横向马路不花时间，所以这仍然是正确的结果。

10.2.4　从输入获取道路系统

我们已经实现了求解的函数，现在需要从标准输入读取道路系统的文本表示，经过 optimalPath 函数处理后输出结果路线。

首先，写一个函数接受一个列表，并把它分割成一些等长度的列表，我们把它叫做 groupsOf：

```
groupsOf :: Int -> [a] -> [[a]]
groupsOf 0 _ = undefined
groupsOf _ [] = []
groupsOf n xs = take n xs : groupsOf n (drop n xs)
```

对于参数[1..10]，groupsOf 3 的结果如下：

```
[[1,2,3],[4,5,6],[7,8,9],[10]]
```

可见，它是个标准的递归函数。groupsOf 3 [1..10]与下面代码等价：

```
[1,2,3] : groupsOf 3 [4,5,6,7,8,9,10]
```

递归结束之后，我们得到按三个元素分组的列表。下面是我们的 main 函数，从标准输入读数据，产生一个 RoadSystem，再输出最短路线：

```
import Data.List

main = do
    contents <- getContents
    let threes = groupsOf 3 (map read $ lines contents)
        roadSystem = map (\[a,b,c] -> Section a b c) threes
        path = optimalPath roadSystem
        pathString = concat $ map (show . fst) path
        pathTime = sum $ map snd path
    putStrLn $ "The best path to take is: " ++ pathString
    putStrLn $ "Time taken: " ++ show pathTime
```

首先，我们从标准输入获取所有内容，然后应用函数 lines 把"50\n10\n30\n..."之类的字符串转换成列表，比如["50","10","30"...]，然后应用 map read 得到数的列表，接着应用 groupsOf 3 得到一个列表的列表（每个子列表的长度均为 3）。在这个列表的列表上映射 lamada（\[a,b,c] -> Section a b c）。

可见这个 lambda 取列表的列表（子列表长度均为 3）作为参数，把它转换为一个地段的描述。于是 roadSystem 就是我们的道路系统，它的类型也正确无误，即 RoadSystem（或者[Section]）。我们对它应用 optimalPath，得到一个路径和总共花费的时间，把它们输出来。

把下面的文本保存到 paths.txt 中：

```
50
10
30
5
90
```

```
20
40
2
25
10
8
0
```

然后像这样把它作为输入传给我们的程序：

```
$ runhaskell heathrow.hs < paths.txt
The best path to take is: BCACBBC
Time taken: 75
```

十分有效！

基于对 System.Random 模块的了解，你也可以随机生成一个大得多的道路系统，将它喂给我们刚刚写的程序。如果栈发生溢出，可以尝试把 foldl 改成 foldl'，把 sum 改成 foldl' (+) 0。此外，也可以像这样编译程序：

```
$ ghc --make -O heathrow.hs
```

-O 标志会开启优化，防止 foldl 和 sum 这样的函数栈溢出。

第 11 章

applicative 函子

Haskell 把纯粹性、高阶函数、参数化代数数据类型和类型类组合在了一起，这使得多态的实现比其他语言容易得多。我们不需要把类型之间的关系想象为一个层级结构。相反，我们思考类型的行为是什么，并用类型类把它们联系起来。比如，一个 Int 可以表示很多东西——可以判断是否相等的东西、有序的东西、可以枚举的东西等。

类型类是开放的，意味着我们可以自定义数据类型，考虑类型的行为，并把它和定义该行为的类型类联系起来。我们也可以引入新的类型类，让已有的类型成为它的实例。因为这些，以及 Haskell 的类型系统允许我们通过类型声明了解一个函数的很多信息，所以我们可以定义类型类来定义通用与抽象的行为。

我们已经讨论过了如何用类型类定义这样的操作：检查两样东西是否相等，以及根据某顺序比较两样东西。这些都是非常抽象且优雅的行为，但我们没觉得特殊，因为我们在生活中一直处理它们。第 7 章介绍了函子，函子类型的值可以被映射。这个例子反映了类型类可以描述有用但是抽象的性质。在这一章，我们将走近看一看函子（functor），以及函子的一个更强、更有用的版本，叫做 applicative 函子。

11.1　函子再现

正如你在第 7 章学到的，函子是可以被映射的东西，如列表、Maybe、树。在 Haskell 中，它们由类型类 Functor 描述。这个类型类只有一个方法，即 fmap。fmap 的类型是 fmap :: (a -> b) -> f a -> f b，意思是：“给我一个取参数 a，返回 b 的函数，以及一个容器，装有一个或几个 a，我会给你一个容器，里面有一个或几个 b。”它会把函数应用到容器里的元素上。

我们可以把函子值看做具有额外上下文（context）的值。比如，Maybe 的额外上下文是它们可能会失败。对于列表，上下文是值可能同时有若干个或者没有。fmap 在保持上下文不变的条件下，把一个函数应用到值上。

如果我们想把一个类型构造器变成 Functor 的实例，它的 **kind** 必须是* -> *，表示取一个具体类型作为类型参数。比如，Maybe 可以是 Functor 的实例，因为它接受一个类型参数并产生一个具体类型，如 Maybe Int 或 Maybe String。如果一个类型构造器接受两个参数，如 Either，我们需要对这个类型构造器做部分应用，直到它只接受一个参数类型参数为止。所以我们不能写 instance Functor Either where，但是可以写 instance Functor (Either a) where。如果我们设想 fmap 只是用来处理 Either a 的，它的类型声明应该长这样：

```
fmap :: (b -> c) -> Either a b -> Either a c
```

可见，Either a 表示 Either 的第一个类型参数被固定为 a，它会再接受一个类型参数得到具体类型。

11.1.1　作为函子的 I/O 操作

你已经知道很多类型（好吧，实际上是类型构造器）都是 Functor 的实例：[]、Maybe、Either a，以及在第 7 章我们创建过的一个 Tree 类型。你知道该怎样对它们做映射来发挥它的长处。现在让我们看一看 IO 这个实例。

如果某个值的类型是 IO String，那表明它是一个 I/O 操作，会从外部世界为我们获取字符串。我们在 do 语法中使用<-将结果赋予一个变量。在第 8 章，我们讨论了 I/O 操作是如何表现得像一个带有小脚的容器，从外面的世界里给我们获取某个值。我们可以检查它们取得了什么值，检查过之后，我们需要把值重新包裹为 IO。你可以结合带脚容器的类比，来思考一下 IO 是如何表现为一个函子的。

我们看看 IO 如何成为 Functor 的实例。当我们在一个 I/O 操作上 fmap 一个函数时，我们希望得到这样一个 I/O 操作：执行和原来相同的操作，但是把我们的函数应用在返回值上。代码如下：

```
instance Functor IO where
    fmap f action = do
        result <- action
        return (f result)
```

在一个 I/O 操作上映射一个函数的结果还是一个 I/O 操作，所以我们能够立刻使用 do 语法来把两个 I/O 操作粘在一起，形成一个新的 I/O 操作。在 fmap 的实现里，我们创建了一个新的 I/O 操作：执行原来的 I/O 操作，把它的结果赋予 result，然后执行 return (f result)。回忆一下，return 创建了一个 I/O 操作：它只做一件事，即把某个值作为结果。

do 代码块产生的 I/O 操作总是返回最后一个 I/O 操作的结果。这就是为什么我们用 return 来创建一个实际上什么都不做的 I/O 操作，它仅仅产生 f result 作为新 I/O 操作的结果。检查这段代码：

```
main = do line <- getLine
          let line' = reverse line
          putStrLn $ "You said " ++ line' ++ " backwards!"
          putStrLn $ "Yes, you said " ++ line' ++ " backwards!"
```

提示用户输入一行，翻转后打印出来。下面是用 fmap 改写了的代码：

```
main = do line <- fmap reverse getLine
          putStrLn $ "You said " ++ line ++ " backwards!"
          putStrLn $ "Yes, you really said " ++ line ++ " backwards!"
```

正如我们可以在 Just "blah" 上执行 fmap reverse 得到 Just "halb"，我们也可以在 getLine 上执行 fmap reverse。getLine 是一个类型为 IO String 的 I/O 操作，在它上面映射 reverse 会给我们一个 I/O 操作：从真实世界中取出一行，在结果上应用 reverse。既然我们可以在 Maybe 容器里应用一个函数，通过同样的方式，我们也可以在 IO 容器里应用一个函数，但是它必须到真实世界中取得一些东西。之后当我们用<-把它绑定到一个名字，这个名字会反映已经被翻转的字符串。

I/O 操作 fmap (++"!") getLine 和 getLine 行为相仿，只是结果会被追加一个"!"。

如果 fmap 被限制为 IO，那么它的类型会是 fmap :: (a -> b) -> IO a -> IO b。fmap 接受一个函数和一个 I/O 操作，返回和旧 I/O 操作类似的新操作，只是结果应用了给定的函数。

如果你曾经把 I/O 操作的结果赋予某一个变量，唯一目的是对它应用一个函数，并把结果赋予另一个变量，就考虑用 fmap 改写吧。如果你要对函子里的数据应用多个函数，请在代码顶层声明你自己的函数，创建一个 lambda 函数，或者更理想的方式，使用函数组合（composition）：

```
import Data.Char
import Data.List

main = do line <- fmap (intersperse '-' . reverse . map toUpper) getLine
          putStrLn line
```

如果输入 hello there 运行这段程序，将得到如下结果：

```
$ ./fmapping_io
hello there
E-R-E-H-T- -O-L-L-E-H
```

intersperse '-' . reverse . map toUpper 函数接受一个字符串，对它映射

toUpper，对得到的结果再应用 reverse，然后应用 intersperse '-'。它是如下代码的一个更优美的形式：

```
(\xs -> intersperse '-' (reverse (map toUpper xs)))
```

11.1.2 作为函子的函数

函子的另一个实例是我们一直接触的(->) r。等一下！(->) r 到底是什么意思？函数类型 r -> a 可以改写为(->) r a，就像我们可以把 2 + 3 写成(+) 2 3 一样。如果把函数类型看做(->) r a，就可以看出(->) 可以有另一个含义。它是一个取两个类型参数的类型构造器，有点像 Either。

但是回忆一下，一个类型构造器必须恰好接受一个类型参数，才能成为 Functor 的实例。那就是我们不能把(->) 变成 Functor 的实例的原因。然而，如果我们对函数类型做部分应用得到(->) r，再把它变成 Functor 实例就没有任何问题了。如果 Haskell 的语法允许类型构造器的部分应用使用截断（section）的语法（就像我们可以通过(2+)来部分应用+，效果等同于(+) 2），就可以把(->) r 写成(r ->) 了。

函数函子的定义到底什么样？我们看一看函子的实现，它的定义在 Control.Monad.Instances：

```
instance Functor ((->) r) where
    fmap f g = (\x -> f (g x))
```

首先思考 fmap 的类型：

```
fmap :: (a -> b) -> f a -> f b
```

接下来在大脑里把每个 f 替换成我们的 Functor 实例，即(->) r。这样我们就知道 fmap 对于一个具体实例的行为是什么了，替换结果如下：

```
fmap :: (a -> b) -> ((->) r a) -> ((->) r b)
```

现在我们可以把(->) r a 和(->) r b 写成中缀形式的 r -> a 和 r -> b，即我们表示函数类型时常使用的记号：

```
fmap :: (a -> b) -> (r -> a) -> (r -> b)
```

正如在一个 Maybe 上映射函数的结果肯定是一个 Maybe，在一个函数上映射函数的结果肯定是一个函数。前面这个类型告诉我们什么了？它接受从 a 到 b 的函数和从 r 到 a 的函数，返回从 r 到 b 的函数。这是不是让你想起了什么？是的，函数组合！我们让 r -> a 的输出变成 a -> b 的输入，得到函数 r -> b，这刚好就是函数组合做的事。下面是定义这个实例的另一种方式：

```
instance Functor ((->) r) where
    fmap = (.)
```

很明显，对函数做 fmap 就是函数组合。在 **GHCi** 里，导入 Control.Monad.Instances 模块，因为它定义了这个实例。然后玩一玩，对函数做映射：

```
ghci> :t fmap (*3) (+100)
fmap (*3) (+100) :: (Num a) => a -> a
ghci> fmap (*3) (+100) 1
303
ghci> (*3) `fmap` (+100) $ 1
303
ghci> (*3) . (+100) $ 1
303
ghci> fmap (show . (*3)) (+100) 1
"303"
```

我们可以用中缀函数的方式调用 fmap，这样它和 . 的相似性就清楚了。在第二个输入行，我们在 (+100) 上映射了 (*3)，得到一个函数：取输入，先对其应用 (+100)，再对其结果应用 (*3)。然后我们把这个函数应用在 1 上。

就像所有的函子一样，函数可以被想象成拥有上下文的值。对于 (+3)，我们可以把这个值看做是函数的最终结果，而上下文是我们需要把这个函数应用到某个东西上以得到结果。在 (+100) 上使用 fmap (*3) 会创建另一个函数，和 (+100) 行为差不多，只是在产生结果前，在结果上应用 (*3)。

现在还看不出对函数应用 fmap 等同于函数组合的这一事实有哪些用处，但至少很有趣。它多少改变了我们的想法,让我们知道那些表现得更像是计算而不是容器的东西(IO 和 (->) r)如何成为函子。在计算上映射函数会得到另一种计算，只是结果被那个函数修改了。

在我们继续看 fmap 需要遵守的规则前，再想一想 fmap 的类型：

```
fmap :: (Functor f) => (a -> b) -> f a -> f b
```

第 5 章引入的柯里函数是以这样的陈述开始的：所有的 Haskell 函数实际上只接受一个参数。函数 a -> b -> c 取一个类型为 a 的参数返回函数 b -> c。这就是为什么使用部分参数调用函数（部分应用）会返回一个接受剩余参数的函数（假设该函数接受多个参数）。因此，a -> b -> c 可以写成 a -> (b -> c)，这样柯里化看上去就更明显了。

同样，如果我们写 fmap :: (a -> b) -> (f a -> f b)，就可以将 fmap 理解为参数与返回值都是函数的一个函数；而推翻“取一个函数和一个函子值作为参数返回另一个函子值”的成见。fmap 返回的函数和参数中的函数行为相似，不过参数从普通的值换成了函子值，结果也从普通的值变成了函子值。fmap 接受类型为 a -> b 的函数，返回类型为 f a -> f b 函数，这叫做提升（lifting）一个函数，用 GHCi 里的 :t 命令把玩一下：

```
ghci> :t fmap (*2)
fmap (*2) :: (Num a, Functor f) => f a -> f a
ghci> :t fmap (replicate 3)
fmap (replicate 3) :: (Functor f) => f a -> f [a]
```

表达式 fmap (*2) 是一个函数：取一个应用于数的函子 f，返回一个应用于数的函子。函子可以是列表、Maybe、Either String 或其他任何东西。表达式 fmap (replicate 3) 会接受应用在任何类型上的函子，返回应用在那个类型的列表上的函子。如果我们在 GHCi 里做一下部分应用，比如说 fmap (++"!")，这个事实就更明显了。

你可以用以下两种方式思考 fmap。

- 接受函数和函子值，在函子值上映射这个函数。

- 接受函数，把它提升为操作函子值的函数。

两种看法都是正确的。

类型 fmap (replicate 3) :: (Functor f) => f a -> f [a] 意味着这个函数能处理任何函子。它做的事取决于函子，如果我们在列表上使用 fmap (replicate 3)，列表的 fmap 实现会被选取，也就是 map。如果我们把它用于 Maybe a，它会对 Just 里的值应用 replicate 3；如果是 Nothing，那么仍然是 Nothing。下面是一些例子：

```
ghci> fmap (replicate 3) [1,2,3,4]
[[1,1,1],[2,2,2],[3,3,3],[4,4,4]]
ghci> fmap (replicate 3) (Just 4)
Just [4,4,4]
ghci> fmap (replicate 3) (Right "blah")
Right ["blah","blah","blah"]
ghci> fmap (replicate 3) Nothing
Nothing
ghci> fmap (replicate 3) (Left "foo")
Left "foo"
```

11.2 函子定律

所有的函子都要求拥有一些特定的性质和行为，必须可靠地表现为可以被映射的东西。在函子上调用 fmap 应对这个函数映射一个函数——不做其他事。这个行为被描述在函子定律（functor law）中。所有的 Functor 实例都应该遵守这两条定律。它们的性质并没有受到 Haskell 的自动约束，因此在创造自己的函子前必须亲自确认它们的行为符合函子定律。标准库中所有

Functor 的实例都满足这些定律。

11.2.1　定律 1

第一条函子定律说，如果我们在函子值上映射 id 函数，返回的函子值应该和原先的值一样。形式化地说就是 fmap id = id。特别地，如果我们对函子值执行 fmap id，必须和用 id 应用那个值结果一样。想想 id 是恒等函数，直接不加改变地返回参数的内容。它也可以写成 \x -> x。如果我们将函子值看做可以被映射的东西，那么 fmap id = id 自然是显而易见的。

让我们看一些函子值，检查这条定律是否成立。

```
ghci> fmap id (Just 3)
Just 3
ghci> id (Just 3)
Just 3
ghci> fmap id [1..5]
[1,2,3,4,5]
ghci> id [1..5]
[1,2,3,4,5]
ghci> fmap id []
[]
ghci> fmap id Nothing
Nothing
```

以 Maybe 为例，观察 fmap 的实现，即可发现第一条函子定律成立的原因：

```
instance Functor Maybe where
    fmap f (Just x) = Just (f x)
    fmap f Nothing = Nothing
```

我们设想一下，id 扮演实现中参数 f 的角色，看看对 Just x 执行 fmap id，结果会不会是 Just (id x)。因为 id 会返回它的参数，我们可以推断出 Just (id x) 等于 Just x。这样一来，我们就确认了：如果我们对一个 Just 值映射 id，可以得到同样的值。

显而易见，对 Nothing 映射 id 会得到同样的值。根据实现中 fmap 的这两个等式，我们可以确认定律 fmap id = id 是成立的。

11.2.2　定律 2

第二条定律说如果把两个函数组合起来，然后映射在一个函子上，结果和用一个函数映射函子，在结果上再用另一个函数映射的结果相同。按照形式化的写法，这意味着 fmap (f . g) = fmap f . fmap g。或者用另一种描述：对于任何函子值 x，等式 fmap (f . g) x = fmap f (fmap g x) 成立。

如果我们确认某类型遵守这两条函子定律，就能认为对于映射它会有相同的基本行为。我们可以知道，当我们对函子值使用 fmap 时，不会发生和映射无关的事，它会表现得像一个可以被映射的东西——也就是说，它是一个函子。

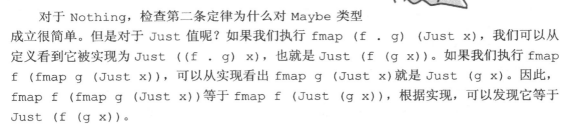

运用观察 Maybe 类型遵守第一条定律的同样方法，我们可以通过 fmap 对某个类型的定义，弄清楚第二条定律为什么成立。如果要检查第二条定律是怎么对 Maybe 成立的，我们可以对 Nothing 执行 fmap (f . g)，结果是 Nothing，因为对 Nothing 应用 fmap 任何函数的结果都是 Nothing。如果我们执行 fmap f (fmap g Nothing)，因为同样的原因，也同样只能得到 Nothing。

对于 Nothing，检查第二条定律为什么对 Maybe 类型成立很简单。但是对于 Just 值呢？如果我们执行 fmap (f . g) (Just x)，我们可以从定义看到它被实现为 Just ((f . g) x)，也就是 Just (f (g x))。如果我们执行 fmap f (fmap g (Just x))，可以从实现看出 fmap g (Just x) 就是 Just (g x)。因此，fmap f (fmap g (Just x)) 等于 fmap f (Just (g x))，根据实现，可以发现它等于 Just (f (g x))。

如果你对这个证明有点困惑，别担心。确保你理解了函数组合的工作方式。很多时候，你可以直观地看到这些定律成立，因为这些类型表现得像容器或函数。只要对某类型的值做些试验，就能有把握地确认这个类型遵守那些定律了。

11.2.3 违反定律

让我们看看一个不合理的例子，一个类型构造器被定义为 Functor 类型类的一个实例，但因为它并不满足函子定律，所以并不是真正的函子。比如说，我们定义了下面这个类型：

```
data CMaybe a = CNothing | CJust Int a deriving (Show)
```

C 表示计数器。它是一个很像 Maybe a 的数据类型，只是 Just 部分包含两个字段（而不是一个）。CJust 值构造器的第一个字段的类型总是 Int，它有点像计数器。第二个字段的类型来自类型参数 a，它取决于我们为 CMaybe a 选择的具体类型。来摆弄一下我们的新类型：

```
ghci> CNothing
CNothing
ghci> CJust 0 "haha"
CJust 0 "haha"
ghci> :t CNothing
CNothing :: CMaybe a
```

```
ghci> :t CJust 0 "haha"
CJust 0 "haha" :: CMaybe [Char]
ghci> CJust 100 [1,2,3]
CJust 100 [1,2,3]
```

如果我们使用 CNothing 构造器，它没有字段；如果用 CJust 构造器，它的第一个字段是一个整数，第二个字段可以是任何类型。把它定义为 Functor 的实例，以便每次我们 fmap 一个函数时，把它应用到第二个字段上，把第一个字段增加 1。

```
instance Functor CMaybe where
    fmap f CNothing = CNothing
    fmap f (CJust counter x) = CJust (counter+1) (f x)
```

这有点像 Maybe 的实例实现，只是 fmap 一个 CJust 值时，我们不仅对内容应用这个函数，还要把计数器增加 1。到现在为止一切正常，我们可以把玩一下：

```
ghci> fmap (++"ha") (CJust 0 "ho")
CJust 1 "hoha"
ghci> fmap (++"he") (fmap (++"ha") (CJust 0 "ho"))
CJust 2 "hohahe"
ghci> fmap (++"blah") CNothing
CNothing
```

它遵守函子定律吗？为了发现它不满足函子定律，我们只需要找出一个反例：

```
ghci> fmap id (CJust 0 "haha")
CJust 1 "haha"
ghci> id (CJust 0 "haha")
CJust 0 "haha"
```

正如第一条函子定律所陈述的，对一个函子值映射 id，结果应该和把 id 应用在函子值上一样。我们的例子表明对于 CMaybe 函子，这条定律不成立。尽管它是 Functor 类型类的一部分，但是由于它不遵守函子调律，所以它不是函子。

既然 CMaybe 无法成为函子（尽管它假装它是），把它当做函子来用可能会导致一些错误的代码。当我们使用函子时，先把一些函数组合起来后再映射，还是依次映射各个函数是无关紧要的。但是对 CMaybe，因为我们记录了被映射的次数，这两种执行方式就有差别了。一点也不酷！如果我们希望 CMaybe 遵守函子定律，需要让它的 Int 字段在 fmap 应用下保持不变。

起初，函子定律似乎既让人困惑又没什么必要。但是，如果我们知道一个类型遵守这两条定律，就能确定它的行为。如果一个类型遵守这两条函子定律，我们就能知道在这个类型的一个值上执行 fmap 只会在它上面映射一个函数——不再做其他事。这会让我们的代码更加抽象、更容易扩展，因为我们可以用定律理解它们的行为，任何函子应该让函数能可靠地映射在它们身上。

下一次你把一个类型变成 Functor 的实例的时候，花一分钟确定它遵守函子定律。你可以一行一行检查实现，观察定律是否成立或者找出不成立的反例，一旦你思考过足够的函子，你会开始赏识它们具有的共同性质和行为，开始直觉地检查一个类型是否满足函子定律。

11.3 使用 applicative 函子

在这一章，我们要看一看 applicative 函子，一种加强的函子。

到目前为止，我们关注过了在函子上映射接受一个参数的函数。对一个函子映射一个接受两个参数的函数会发生什么呢？来看几个具体的例子。

如果我们有一个 Just 3，调用 fmap (*) (Just 3)，我们会得到什么？根据 Maybe 对 Functor 的实例的实现，我们知道如果它是 Just 值，这个函数将应用到 Just 包裹的那个值。因此，fmap (*) (Just 3)得到 Just ((*) 3)，如果使用截断，这个表达式也可以写作 Just (3*)。真有趣！我们得到了一个包裹在 Just 里的函数！

下面给出其他一些例子，把函数包裹在函子值里：

```
ghci> :t fmap (++) (Just "hey")
fmap (++) (Just "hey") :: Maybe ([Char] -> [Char])
ghci> :t fmap compare (Just 'a')
fmap compare (Just 'a') :: Maybe (Char -> Ordering)
ghci> :t fmap compare "A LIST OF CHARS"
fmap compare "A LIST OF CHARS" :: [Char -> Ordering]
ghci> :t fmap (\x y z -> x + y / z) [3,4,5,6]
fmap (\x y z -> x + y / z) [3,4,5,6] :: (Fractional a) => [a -> a -> a]
```

如果我们把类型为(Ord a) => a -> a -> Ordering 的 compare 映射到一个字符列表上，会得到一个类型为 Char -> Ordering 的函数的列表，因为函数 compare 会被部分应用到列表里的字符上。结果不是一个(Ord a) => a -> Ordering 列表，因为第一个被应用的 a 是 Char，所以第二个 a 会被决定为类型 Char。

我们看到如何在函子值上映射"多参数"函数得到函数值的函子值。我们能对它们做什么吗？对于一个参数，我们可以映射一个函数，它接受某个函数为参数，给这个函数应用一个参数。因为函子值里的任何东西都会被作为参数传递给我们的函数。

```
ghci> let a = fmap (*) [1,2,3,4]
ghci> :t a
a :: [Integer -> Integer]
ghci> fmap (\f -> f 9) a
[9,18,27,36]
```

假如有两个函子值 Just (3 *)，Just 5，如何取出 Just (3 *)中的函数并映射到 Just 5 上？对于普通的函子，我们没有办法，因为它们只支持映射普通函数。即使我们对一个函子

映射 \f -> f 9，我们也只是把一个普通函数映射在函子值上，而不能把一个函子值里面的函数用 fmap 映射到另一个函子值上。我们可以模式匹配 Just 构造器得到里面的函数，把它映射到 Just 5 上，但是我们需要寻找一个对其他函子也起作用的更加通用、抽象的方法。

11.3.1　向 applicative 问好

在 Control.Applicative 模块里我们可以见到 Applicative 类型类。这个类型类定义了两个函数，即 pure 和<*>，它们都没有默认的实现，所以如果我们希望某个类型成为 applicative 函子，我们需要定义这两个函数。Applicative 的定义如下：

```
class (Functor f) => Applicative f where
    pure :: a -> f a
    (<*>) :: f (a -> b) -> f a -> f b
```

这个简单的三行的类定义告诉了我们很多信息！第一行开始 Applicative 类的定义，同时引入了一个类约束。这个类约束说：如果我们想把某个类型构造器变成 Applicative 类型类的实例，它需要先成为 Functor 的实例。因此，如果我们知道一个类型构造器是 Applicative 类型类的实例，它必然也是 Functor 的实例，所以我们可以对它使用 fmap。

第一个方法叫做 pure，它的类型声明是 pure :: a -> f a。f 扮演的角色就是我们的 applicative 函子实例。因为 Haskell 有一个非常棒的类型系统，所有函数所做的就是接受一些参数并返回一些值，所以我们可以从类型声明中读到很多信息，这里当然也不例外。

pure 是接受任意类型值并返回一个包裹了该值的 applicative 值的一元函数，这里的"包裹"又一次涉及了带脚的容器那个类比，尽管我们已经看到这个类比并不总是经得住推敲。但 a -> f a 这个类型声明仍然相当有描述性，接受一个值，把它作为结果包裹在一个 applicative 值里。理解 pure 的一个更好方式是说它接受一个值，把它放在某个默认的（纯的）上下文中——生成带有同样值的最小上下文。

<*>函数相当有趣，它具有这样的类型声明：

```
f (a -> b) -> f a -> f b
```

这有没有让你想起什么？它有点儿像 fmap :: (a -> b) -> f a -> f b，你可以把<*>函数想象成某种加强的 fmap。然而 fmap 接受一个函数和一个函子值，把函数应用到函子值的里面，<*>接受一个里面是函数的函子值和另一个函子，从第一个函子里取出函数然后映射到第二个函子里面的值。

11.3.2　**Maybe** applicative 函子

让我们看一看 Maybe 的 Applicative 实例实现：

```
instance Applicative Maybe where
    pure = Just
    Nothing <*> _ = Nothing
    (Just f) <*> something = fmap f something
```

先从类声明开始，从中我们看出 f 是一个单类型参数的 **applicative** 函子，所以我们写 instance Applicative Maybe where 而不是 instance Applicative (Maybe a) where。

然后是 pure。回忆一下它被要求把任意值包裹成 **applicative** 值。我们写 pure = Just，因为 Just 这样的值构造器就是普通函数。我们也可以写 pure x = Just x。

最后是 <*>。我们不能从 Nothing 里取出函数，因为它里面没有函数。所以，我们说：如果我们尝试从 Nothing 里取出函数会得到 Nothing。

在 Applicative 的类声明中有个 Functor 的类约束，表明我们可以认定 <*> 的两个参数都是函子值。如果第一个参数不是 Nothing，而是一个包裹着函数的 Just，我们就可以把这个函数映射到第二个参数上。这样做也考虑到了第二个参数是 Nothing 的情况，因为 fmap 应用到 Nothing 上返回 Nothing。所以，对于 Maybe，<*> 从左边的值里取出函数（如果它是 Just 的话）映射到右边的值上。如果任何一个参数是 Nothing，结果就是 Nothing。

现在来试试吧：

```
ghci> Just (+3) <*> Just 9
Just 12
ghci> pure (+3) <*> Just 10
Just 13
ghci> pure (+3) <*> Just 9
Just 12
ghci> Just (++"hahah") <*> Nothing
Nothing
ghci> Nothing <*> Just "woot"
Nothing
```

你可以看到，在这个例子里，pure (+3) 和 Just (+3) 是等价的。如果你是在 **applicative** 的上下文中通过 <*> 处理 Maybe 值，那就用 pure；否则就用 Just。

前四行表明了函数如何被取出来做映射，但在这个例子中，这是通过取出包裹的函数映射在函子上达成的。最后一行很有趣，因为我们尝试从 Nothing 里取出函数然后映射到某个东西上，结果还是 Nothing。

有了普通的函子，当你把函数映射到一个函子上时，即使结果是部分应用的函数，你也无法用通用的办法获取结果。另一方面，**applicative** 函子使得我们可以用一个函数操作若干函子。

11.3.3 applicative 风格

有了 Applicative 类型类，我们可以把 <*> 串起来用，从而无缝操作若干个 **applicative**

值。举个例子如下：

```
ghci> pure (+) <*> Just 3 <*> Just 5
Just 8
ghci> pure (+) <*> Just 3 <*> Nothing
Nothing
ghci> pure (+) <*> Nothing <*> Just 5
Nothing
```

 我们把+函数包裹到 applicative 值里，并用两个<*>把它应用到另外两个参数（两个 applicative 值）上。

我们一步一步地看看发生了什么。<*>是左结合的，所以代码

```
pure (+) <*> Just 3 <*> Just 5
```

和下面这段代码是等价的：

```
(pure (+) <*> Just 3) <*> Just 5
```

首先，+函数被放在一个 applicative 值里——在这个例子里，是一个包含这个函数的 Maybe 值。所以我们有了 pure (+)，也就是 Just (+)。接着，Just (+) <*> Just 3 执行了，因为是部分应用，所以结果是 Just (3+)，+函数应用到 3 上会得到一个将参数加 3 的一元函数。最后，Just (3+) <*> Just 5 被执行，结果是 Just 8。

这看上去是不是很棒？applicative 函子和 applicative 风格的 pure f <*> x <*> y <*> ... 让我们接受一个参数为非 applicative 值的函数，用这个函数操作若干 applicative 值。因为这个函数在<*>的调用中总是被一步一步地部分应用，所以它可以接受任意多的参数。

考虑到 pure f <*> x 等同于 fmap f x 之后，这种风格就变得更加清晰直白了。这也正是 applicative 定律之一。我们会在这一章稍后的地方研究 applicative 定律，我们先想一想在这里它是怎么工作的。pure 把一个值放到默认上下文中。如果我们把一个函数放到默认上下文中，取出来应用到另一个 applicative 函子的值里，那么结果与直接用这个函数映射到那个 applicative 函子相同。我们不必写 pure f <*> x <*> y <*> ...，可以用 fmap f x <*> y <*> ...，这就是为什么 Control.Applicative 导出了一个名为<$>的函数，它实际上就是 fmap 的中缀操作符版本。下面给出它的定义：

```
(<$>) :: (Functor f) => (a -> b) -> f a -> f b
f <$> x = fmap f x
```

> **注意** 回忆一下，类型变量与参数名或其他值的名字无关，上面代码中函数声明中的 f 是一个带有类约束的类型变量，任何代替 f 的类型构造器都必须是 Functor 类型类的实例，函数体中的 f 表示我们打算映射在 x 上的函数。在两个地方都使用 f 并不意味着它们表示同一个意思。

用上<$>后，applicative 风格就更加耀眼了，因为这一来，如果我们想把函数 f 映射到三个 applicative 值上，可以写成 f <$> x <*> y <*> z。如果参数是普通值而非 applicative 函子的话，可以写成 f x y z。

让我们仔细查看一下这是怎么工作的。假设我们想把 Just "johntra" 和 Just "volta" 合并成 Maybe 函子里的一个字符串，可以这么做：

```
ghci> (++) <$> Just "johntra" <*> Just "volta"
Just "johntravolta"
```

在我们研究这段代码的原理之前，先把它与下面的这段代码做一下比较：

```
ghci> (++) "johntra" "volta"
"johntravolta"
```

对 applicative 函子使用普通函数，只需要点缀一些<$>和<*>，这个函数就会操作这些 applicative 值，最后返回一个 applicative 值。这可真是太酷了！

回到刚才的例子(++) <$> Just "johntra" <*> Just "volta"：首先，(++)类型为(++) :: [a] -> [a] -> [a]，被映射到 Just "johntra" 上，结果和 Just ("johntra"++)一样，类型是 Maybe ([Char] -> [Char])。注意(++)的第一个参数是怎么被去除的以及我们是如何把它变成 Char 的。然后 Just ("johntra"++) <*> Just "volta"执行了，从 Just 中取出函数然后映射到 Just "volta"上，结果是 Just "johntravolta"。如果这两个值中任何一个是 Nothing，结果就也是 Nothing。

到目前为止，我们在例子中只用过 Maybe，你可能会认为 applicative 函子就是仅仅关于 Maybe 的。其实还有很多 Applicative 的实例呢，我们见见它们！

11.3.4 列表

列表（实际上是列表类型构造器，即[]）是 applicative 函子。多么令人惊奇！下面是[]作为 Applicative 的实例的实现：

```
instance Applicative [] where
    pure x = [x]
    fs <*> xs = [f x | f <- fs, x <- xs]
```

回忆一下，pure 接受一个值，把它放到默认上下文中。换句话说，它把值放到了能够产生那个值的最小上下文中。列表的最小上下文是空列表，但是空列表表示缺少值，所以它自己无法存储我们使用 pure 的那个值。这就是为什么 pure 接受一个值，把它变成一个单元素的列表。类似地，Maybe 的最小上下文是 Nothing，但是它表示缺少值，所以在 Maybe 的实例实现中 pure 被实现为 Just。

下面展示了能正常工作的 pure：

```
ghci> pure "Hey" :: [String]
["Hey"]
ghci> pure "Hey" :: Maybe String
Just "Hey"
```

<*>呢？如果<*>函数的类型被限制为列表类型，我们就得到了(<*>) :: [a -> b] ->
[a] -> [b]。它被实现为一个列表推导式。<*>必须从左边的参数中取出函数然后映射到右
边的参数上。但左边的列表可能包含 0 个、1 个或若干函数，右边的列表也可能包含若干值，
这就是我们要用列表推导式从两个列表中取出元素的原因。结果列表表示了从左边取出函数应
用到右边取出的值的所有组合。

我们可以像这样使用<*>来处理列表：

```
ghci> [(*0),(+100),(^2)] <*> [1,2,3]
[0,0,0,101,102,103,1,4,9]
```

左边的列表有 3 个函数，右边的列表有 3 个值，所以结果列表有 9 个元素。左边的每个函
数被应用到右边，如果我们有个列表存储了接受两个参数的函数，我们可以把这些函数应用到
两个列表上。

在下面的例子里，我们对两个列表应用两个函数：

```
ghci> [(+),(*)] <*> [1,2] <*> [3,4]
[4,5,5,6,3,4,6,8]
```

<*>是左结合的，所以[(+),(*)] <*> [1,2]先执行，产生列表[(1+),(2+),(1*),
(2*)]，因为左边的每个函数都被应用到右边的值上了。然后[(1+),(2+),(1*),(2*)] <*>
[3,4]被执行，产生最终结果。

使用 applicative 风格处理列表很有乐趣！

```
ghci> (++) <$> ["ha","heh","hmm"] <*> ["?","!","."]
["ha?","ha!","ha.","heh?","heh!","heh.","hmm?","hmm!","hmm."]
```

再一次，通过插入适当的 applicative 操作符，我们让接受两个字符串的普通函数能够操作
两个字符串列表了。

你可以把列表看做非确定性的计算。100 或是"what"这样的值可以被看做是只有一个结
果的确定性计算，而[1,2,3]这样的列表可以被看做是非确定性的计算，它表示了所有可能的
结果。当你写类似(+) <$> [1,2,3] <*> [4,5,6]的代码时，你可以把它想象成用+对两
个非确定性计算求和，得到另一个结果更加不确定的非确定性计算。

用 applicative 风格实现的列表处理往往是列表推导式的不错的替代品。在第 1 章中，我们

想知道[2,5,10]和[8,10,11]的所有可能乘积,所以我们写了这样的代码:

```
ghci> [ x*y | x <- [2,5,10], y <- [8,10,11]]
[16,20,22,40,50,55,80,100,110]
```

我们从两个列表中取出元素,对于每一对组合应用了一个函数。这个活也可以用 applicative 风格实现:

```
ghci> (*) <$> [2,5,10] <*> [8,10,11]
[16,20,22,40,50,55,80,100,110]
```

对我来说,这看上去更清晰,因为很容易看出来我们只是在用*连接两个非确定性计算。假设有两个列表,枚举从两个列表中分别取出一个数的所有方案,对于这些乘积,如果我们想要知道其中大于 50 的数,我们可以这么写:

```
ghci> filter (>50) $ (*) <$> [2,5,10] <*> [8,10,11]
[55,80,100,110]
```

很容易发现,对于列表 pure f <*> xs 等于 fmap f xs。pure f 就是[f],[f] <*> xs 把左边的每个函数应用到右边的每个值上,因为左边的列表只有一个函数,所以它表现得就像是映射。

11.3.5 IO 也是 applicative 函子

Applicative 的另一个实例是我们已经接触过的 IO。下面是它的实现:

```
instance Applicative IO where
    pure = return
    a <*> b = do
        f <- a
        x <- b
        return (f x)
```

既然 pure 所做的就是把一个值放到能产生它的最小上下文里,那么将 pure 定义为 return 是合理的。return 产生一个不做任何事的 I/O 操作,把相同的值作为结果,不执行其他如打印到终端或是读文件的 I/O 操作。

如果<*>仅仅是针对 IO 的,它的类型就会是(<*>) :: IO (a -> b) -> IO a -> IO b。在 IO 的例子中,它接受一个产生一个函数的 I/O 操作 a,然后执行 b,把结果绑定到 x。最后,它把 f 应用到 x 上作为结果。在这里我们使用了 do 语法来实现。(记住 do 语法是有关接受若干 I/O 操作并拼接成一个的。)

对于 Maybe 和[],我们可以把<*>想象成从左边参数中抽取一个函数应用到右边。对于 IO,抽取动作还是有的,但是现在有了一个顺序概念,因为我们在把两个 I/O 操作拼接成一个。我们需要从第一个 I/O 操作里取出函数,但是要从一个 I/O 操作里取出一个结果，需要先执行它。考虑下面这个例子：

```
myAction :: IO String
myAction = do
  a <- getLine
  b <- getLine
  return $ a ++ b
```

这是个会提示用户输入两行的 I/O 操作，产生的结果就是把两行拼接在一起。实现这个功能的方式就是把两个 getLine I/O 操作和一个 return 拼在一起，因为我们想让新产生的 I/O 操作包含 a ++ b 的结果。另一种实现方式是使用 applicative 风格：

```
myAction :: IO String
myAction = (++) <$> getLine <*> getLine
```

这和我们之前所做的一样：创建一个 I/O 操作把一个函数应用到另外两个 I/O 操作的结果上。记住 getLine 是一个类型为 getLine :: IO String 的 I/O 操作。如果我们在两个 applicative 值间使用<*>，结果还是 applicative 值，所以这么做是有意义的。

回到容器的类比，我们可以把 getLine 想象成一个容器：它会从真实世界中给我们取回一个字符串。调用(++) <$> getLine <*> getLine 创建了一个新的更大的容器：把两个容器送出去从终端取回两行，然后把它们拼在一起作为结果展现出来。

表达式(++) <$> getLine <*> getLine 的类型是 IO String。这表明它也是一个普通的 I/O 操作，和其他 I/O 操作一样生成一个结果。因此，我们可以这样做：

```
main = do
  a <- (++) <$> getLine <*> getLine
  putStrLn $ "The two lines concatenated turn out to be: " ++ a
```

11.3.6　函数作为 applicative

Applicative 的另一个实例是(->)　r，或者说是函数。我们并不经常把函数作为 applicative 来用，但是它的概念相当有趣，所以让我们来看一看函数实例是怎么实现的。

```
instance Applicative ((->) r) where
  pure x = (\_ -> x)
  f <*> g = \x -> f x (g x)
```

当我们用 pure 把一个值包裹到 applicative 值里时，它产生的结果应该还是那个值。最小的默认上下文把那个值产生出来作为结果。这就是为什么在函数实例实现中，pure 接受一个值，创造一个忽略参数、总是返回那个值的函数。对于(->)　r 实例，pure 的类型是 pure :: a -> (r -> a)。

```
ghci> (pure 3) "blah"
3
```

因为柯里化，函数应用是左结合的，所以我们可以省去括号。

```
ghci> pure 3 "blah"
3
```

`<*>`的实例实现有点儿隐晦，所以我们看一看怎么用 applicative 风格把函数作为 applicative 函子使用：

```
ghci> :t (+) <$> (+3) <*> (*100)
(+) <$> (+3) <*> (*100) :: (Num a) => a -> a
ghci> (+) <$> (+3) <*> (*100) $ 5
508
```

用`<*>`调用两个 applicative 值的结果是一个 applicative 值，所以如果我们把它应用到两个函数上，我们依旧得到一个函数。那么，发生什么了？当我们执行`(+) <$> (+3) <*> (*100)`时，我们创建了一个函数：把+用在`(+3)`和`(*100)`的结果上，然后返回。对于`(+) <$> (+3) <*> (*100) $ 5`，`(+3)`和`(*100)`先被应用到 5 上，返回 8 和 500，然后+以这两个值为参数被调用，返回 508。

下面的代码是类似的：

```
ghci> (\x y z -> [x,y,z]) <$> (+3) <*> (*2) <*> (/2) $ 5
[8.0,10.0,2.5]
```

我们创建了一个函数，这个函数调用函数`\x y z -> [x,y,z]`，调用时以由`(+3)`、`(*2)`和`(/2)`得到的最终结果作为参数。5 被分别喂给这三个函数，然后以它们的结果作为参数调用`\x y z -> [x, y, z]`。

> **注意**　了解`(->) r`作为 `Applicative` 的实例的工作方式并不是非常重要。如果你现在没能立刻弄明白，请不要感到绝望。试着玩一下 applicative 风格和函数，来获得一些怎么把函数当做 applicative 函子来用的启发。

11.3.7　zip 列表

列表实际上有多种方式成为 applicative 函子，我们已经涉及了其中的一种：用一个函数列表和一个值列表`<*>`调用，它们的所有可能组合作为元素放在产生的新列表中。

比如，对于`[(+3),(*2)] <*> [1,2]`，`(+3)`会被应用到 1 和 2 上，`(*2)`也被应用到 1 和 2 上，产生有 4 个元素的列表`[4,5,2,4]`。然而，`[(+3),(*2)] <*> [1,2]`也可以这样工作：左边的列表的第一个函数应用到右边的第一个值，第二个函数应用到第二个值，依此类推，这样会产生一个有两个元素的列表，即`[4,4]`，你可以把它看成`[1 + 3, 2 * 2]`。

`ZipList` 是 `Control.Applicative` 里我们还没接触过的一个 `Applicative` 的实例。

因为一个类型对于同一个类型类不能有两个实例，所以引入了 ZipList a，它有一个构造器（ZipList）：接受一个字段（一个列表）。下面是它的实例实现：

```
instance Applicative ZipList where
        pure x = ZipList (repeat x)
        ZipList fs <*> ZipList xs = ZipList (zipWith (\f x -> f x) fs xs)
```

<*>把第一个函数应用到第一值上，第二个函数应用到第二个值上，依此类推。这是通过 zipWith (\f x -> f x) fs xs 实现的。因为 zipWith 的工作方式，结果列表会和两个列表中较短的那个长度相同。

在这里，pure 的实现很有意思，它接受一个值并把它重复无限多次放在一个列表里。pure "haha"结果是 ZipList (["haha","haha","haha"...。这可能令人有点困惑，因为你已经学到 pure 应该把一个值放在能产生这个值的最小上下文里，你可能认为无限列表不可能是最小的。但是对于 **zip** 列表它是有意义的，因为它必须在所有位置都产生那个值。这满足这条定律：pure f <*> xs 应该等于 fmap f xs。如果 pure 3 仅仅返回 ZipList [3]，那么 pure (*2) <*> ZipList [1,5,10]结果会是 ZipList [2]，因为两个 **zip** 列表的结果列表的长度等于两列表中较短的那个的长度。如果我们把一个有限列表和一个无限列表捆绑在一起，结果列表的长度总会等于那个有限列表的长度。

那么 **zip** 列表是怎么以 applicative 风格工作的？ZipList a 类型并非 Show 的实例，所以我们需要用 getZipList 函数从 **zip** 列表中取出原生的列表：

```
ghci> getZipList $ (+) <$> ZipList [1,2,3] <*> ZipList [100,100,100]
[101,102,103]
ghci> getZipList $ (+) <$> ZipList [1,2,3] <*> ZipList [100,100..]
[101,102,103]
ghci> getZipList $ max <$> ZipList [1,2,3,4,5,3] <*> ZipList [5,3,1,2]
[5,3,3,4]
ghci> getZipList $ (,,) <$> ZipList "dog" <*> ZipList "cat" <*> ZipList "rat"
[('d','c','r'),('o','a','a'),('g','t','t')]
```

> **注意** (,,)函数等同于\x y z -> (x,y,z)。同样，(,)函数等同于 same as \x y -> (x,y)。

除 zipWith 之外，标准库还提供了 zipWith3、zipWith4 这样的函数，一直到 zipWith7。zipWith 的参数是取两个参数并将两个列表与其捆绑到一起的函数，zipWith3 的参数是取三个参数并将三个列表与其捆绑到一起的函数，依此类推。以 applicative 风格使用 **zip** 列表，我们不需要考虑有多少列表需要捆绑到一起，并为这个数目设计一个单独的捆绑函数。我们只需要用 applicative 风格，根据一个函数，把任意数目的列表捆绑在一起，这很方便。

11.3.8　applicative 定律

和普通函子一样，applicative 函子也有一些定律。其中最重要的一条是 pure f <*> x =

fmap f x。作为练习，你可以证明，对于本章中出现的一些 applicative 函子，这条定律成立。下面是另外几条 applicative 定律：

- pure id <*> v = v

- pure (.) <*> u <*> v <*> w = u <*> (v <*> w)

- pure f <*> pure x = pure (f x)

- u <*> pure y = pure ($ y) <*> u

我们不会讨论它们的细节，因为这样做会占去书的好几页，而且也有点儿无聊。如果你感兴趣，可以自行研究它们，看看对于某些实例它们是否成立。

11.4 applicative 的实用函数

Control.Applicative 定义了一个名为 liftA2 的函数，类型如下：

```
liftA2 :: (Applicative f) => (a -> b -> c) -> f a -> f b -> f c
```

它是这样定义的：

```
liftA2 :: (Applicative f) => (a -> b -> c) -> f a -> f b -> f c
liftA2 f a b = f <$> a <*> b
```

它在两个 applicative 间应用一个函数，隐藏了我们刚刚所讨论的 applicative 风格。然而，它清晰地展示了 applicative 函子相对于普通函子的强大之处。

对于普通函子，你可以把函数应用到一个函子值上。对于 applicative 函子，你可以把一个函数应用到若干函子值上。把这个函数的类型看做 (a -> b -> c) -> (f a -> f b -> f c) 也会很有意思。当我们这样看待它时，就可以说 liftA2 接受一个普通的二元函数，把它提升为操作两个 applicative 的函数。

这里有一个有趣的概念：我们可以接受两个 applicative 值，把它们合并成一个函子值——它的内部是一个列表，以这两个 applicative 值为元素。比如，我们有两个函子值 Just 3 和 Just 4，我们可以把 Just 4 的内部值变成一个单元素列表，这很容易办到：

```
ghci> fmap (\x -> [x]) (Just 4)
Just [4]
```

好吧，我们现在有了 Just 3 和 Just [4]，怎样得到 Just [3,4]呢？很容易：

```
ghci> liftA2 (:) (Just 3) (Just [4])
Just [3,4]
ghci> (:) <$> Just 3 <*> Just [4]
Just [3,4]
```

回忆一下，:是这样一个函数：取一个元素和一个列表，返回一个新列表，元素被添加到旧列表头部。现在我们有了 Just [3,4]，就能把它和 Just 2 合并产生 Just [2,3,4]吗？当然能。看上去我们可以把任意数目的 applicative 值合并成一个 applicative 值，它的内部是那些 applicative 值的列表。

让我们试着实现这样一个函数：接受 applicative 值的列表，返回以列表为结果的 applicative 值。我们把它叫做 sequenceA。

```
sequenceA :: (Applicative f) => [f a] -> f [a]
sequenceA [] = pure []
sequenceA (x:xs) = (:) <$> x <*> sequenceA xs
```

啊，递归！首先我们看看类型。它把一个 applicative 值列表转换成包含一个列表的 applicative 值。如果我们想把一个空列表转换成包含列表的 applicative 值，直接把空列表放到默认上下文里就行了。对于另一种情形就需要用到递归了，如果我们有一个非空列表，对尾部递归调用 sequenceA，产生一个包含列表的 applicative 值，然后把参数列表头的 applicative 值添加到结果列表的头部。就是这样！

假如我们执行：

```
sequenceA [Just 1, Just 2]
```

根据定义，它等于：

```
(:) <$> Just 1 <*> sequenceA [Just 2]
```

继续分解，我们得到：

```
(:) <$> Just 1 <*> ((:) <$> Just 2 <*> sequenceA [])
```

我们知道 sequenceA [] 就是 Just []，所以这个表达式现在变成这样：

```
(:) <$> Just 1 <*> ((:) <$> Just 2 <*> Just [])
```

也就是：

```
(:) <$> Just 1 <*> Just [2]
```

这就等于 Just [1,2]！

另一种实现 sequenceA 的方法是使用折叠。回忆一下，几乎所有遍历列表中的元素、最后返回一个累加值的函数，都可以被实现为折叠：

```
sequenceA :: (Applicative f) => [f a] -> f [a]
sequenceA = foldr (liftA2 (:)) (pure [])
```

我们从列表右端着手，以累加值 pure [] 开始。把 liftA2 (:) 放在累加值和列表的最后一个元素之间，得到一个包含单元素列表的 applicative 值。然后用 liftA2 (:) 调用倒数第二个元素和当前的累加值，依此类推，得到最终的累加值，它包含的列表就是所有 applicative 的结果。

让我们对一些 applicative 试试我们的函数：

```
ghci> sequenceA [Just 3, Just 2, Just 1]
Just [3,2,1]
ghci> sequenceA [Just 3, Nothing, Just 1]
Nothing
ghci> sequenceA [(+3),(+2),(+1)] 3
[6,5,4]
ghci> sequenceA [[1,2,3],[4,5,6]]
[[1,4],[1,5],[1,6],[2,4],[2,5],[2,6],[3,4],[3,5],[3,6]]
ghci> sequenceA [[1,2,3],[4,5,6],[3,4,4],[]]
[]
```

对 Maybe 值使用时，sequenceA 创建一个 Maybe 值并把所有结果作为列表放在该 Maybe 值里。如果参数列表中有一个 Nothing，那么结果也会是 Nothing。当你有一个 Maybe 值列表的时候，这很酷，因为你只对不含 Nothing 的列表感兴趣。

当与函数一起用时，sequenceA 接受一个函数列表，返回一个能返回列表的函数。在我们的例子里，我们创建了一个函数，该函数接受一个数作为参数，把它应用到列表中的每个函数，然后返回一个结果的列表。sequenceA [(+3),(+2),(+1)] 3 会把 (+3) 应用到 3 上，把 (+2) 应用到 3 上，把 (+1) 应用到 3 上，把所有结果以列表的形式展示出来。

执行 (+) <$> (+3) <*> (*2) 会创建一个函数，该函数接受一个参数，把它同时喂给 (+3) 和 (*2)，用两个结果调用 +。同样，sequenceA [(+3),(*2)] 创建了一个函数，该函数接受一个参数，喂给所有列表中函数。它没有以函数的结果调用 +，而是使用了 : 和 pure [] 的组合来把结果收集到一个列表里。

当我们有一个函数列表并想喂给它们同一个参数然后得到一个结果的列表时，sequenceA 会很有用。比如，假设我们有一个数，想知道它是否满足一个列表中的所有谓词。下面是其中一种实现方式：

```
ghci> map (\f -> f 7) [(>4),(<10),odd]
[True,True,True]
ghci> and $ map (\f -> f 7) [(>4),(<10),odd]
True
```

记住，and 接受 Bool 的列表，如果列表元素全为 True 就返回 True，否则返回 False。实现同样目的的另一种方式是使用 sequenceA：

```
ghci> sequenceA [(>4),(<10),odd] 7
[True,True,True]
ghci> and $ sequenceA [(>4),(<10),odd] 7
True
```

sequenceA [(>4),(<10),odd] 创建了一个函数，该函数接受一个数，喂给 [(>4),

(<10),odd]列表中的所有谓词,返回一个 Bool 列表。它把类型为 (Num a) => [a -> Bool] 的列表转换成了一个类型为 (Num a) => a -> [Bool] 的函数。相当简洁,不是吗?

因为列表元素是同质的,列表中的所有函数必须是同一种类型。你无法得到形如 [ord, (+3)] 的列表,因为 ord 接受字符返回数,而 (+3) 接受数返回数。

和 [] 一起用时,sequenceA 接受列表的列表,返回列表的列表。它返回的列表实际上包含了参数列表的元素的所有可能的组合。为了说明这一点,下面是一个使用 sequenceA 的例子,它使用了列表推导式来实现同样的功能:

```
ghci> sequenceA [[1,2,3],[4,5,6]]
[[1,4],[1,5],[1,6],[2,4],[2,5],[2,6],[3,4],[3,5],[3,6]]
ghci> [[x,y] | x <- [1,2,3], y <- [4,5,6]]
[[1,4],[1,5],[1,6],[2,4],[2,5],[2,6],[3,4],[3,5],[3,6]]
ghci> sequenceA [[1,2],[3,4]]
[[1,3],[1,4],[2,3],[2,4]]
ghci> [[x,y] | x <- [1,2], y <- [3,4]]
[[1,3],[1,4],[2,3],[2,4]]
ghci> sequenceA [[1,2],[3,4],[5,6]]
[[1,3,5],[1,3,6],[1,4,5],[1,4,6],[2,3,5],[2,3,6],[2,4,5],[2,4,6]]
ghci> [[x,y,z] | x <- [1,2], y <- [3,4], z <- [5,6]]
[[1,3,5],[1,3,6],[1,4,5],[1,4,6],[2,3,5],[2,3,6],[2,4,5],[2,4,6]]
```

(+) <$> [1,2] <*> [4,5,6] 结果是一个非确定性计算 x + y,其中 x 从 [1,2] 中取出所有值,y 从 [4,5,6] 中取出所有值。我们用一个包含所有可能结果的列表来表示。类似地,调用 sequenceA [[1,2],[3,4],[5,6]] 时,结果是一个非确定性计算 [x,y,z],其中 x 取自 [1,2],y 取自 [3,4],z 取自 [5,6]。为了表示非确定性计算的结果,我们使用了列表,列表中的每个元素恰好也是一个列表,所以结果就是列表的列表。

当和 I/O 操作一起用时,sequenceA 就是 sequence!它接受一个 I/O 操作列表,返回一个新的 I/O 操作,该操作执行每个 I/O 操作,把结果收集到返回的列表中。那是因为要把一个 [IO a] 转换成 IO [a],得到一个产生所有 I/O 操作结果的列表,所有的 I/O 操作都必须按顺序一个接一个地求值,不执行是无法得到 I/O 操作的结果的。

顺序执行三个 getLine I/O 操作:

```
ghci> sequenceA [getLine, getLine, getLine]
heyh
ho
woo
["heyh","ho","woo"]
```

总之,applicative 函子不仅有趣,而且有用。它允许我们通过 applicative 风格组合多种不同行为的计算,比如 I/O 计算、非确定性计算、可能会失败的计算等。只要用上 <$> 和 <*>,我们就能统一使用普通函数,利用 applicative 函子各自的语义来操作它们。

第 12 章

Monoid

这一章详细介绍另一个非常有用同时也非常有趣的类型类——Monoid。有些类型的值可以用二元操作组合起来，这个类型类就是用来描述这些类型的。本章会介绍 monoid 以及 monoid 的定律，然后会介绍 Haskell 中的一些 monoid，以及它们的使用方法。

首先，让我们了解一下 newtype 关键字，因为在钻研 monoid 的奇妙世界时会一直使用它们。

12.1   把现有类型包裹成新类型

到目前为止，你已经学会了如何用 data 关键字创建自己的代数数据类型，也看到了怎么用 type 关键字给现有类型设置别名。在这一章，你会了解如何用 newtype 关键字根据现有数据类型创建新类型。首先，我们还是讨论为什么我们需要使用它。

在第 11 章，你看到了让列表类型成为 applicative 函子的几种方法。其中一种是让<*>从左边参数列表取出每个函数，应用到右边参数列表的每个值，产生将左边列表中的函数应用到右边列表的值的所有组合：

```
ghci> [(+1),(*100),(*5)] <*> [1,2,3]
[2,3,4,100,200,300,5,10,15]
```

第二种方法是从<*>的左边参数取出第一个函数，应用到右边参数的第一个值，接着从左边取出第二个函数，应用到右边的第二个值，依此类推。这有点儿像把两个列表捆绑到一起。

但是列表已经是 Applicative 的实例了，我们怎么才能让它按照第二种方式成为 Applicative 的实例呢？正如你所学过的，为此引入了 ZipList 类型。这个类型有一个值构造器——ZipList，它恰有一个字段，表示需要包裹的列表。然后我们把 ZipList 变成

Applicative 的实例，所以如果我们想让列表以这种捆绑的方式成为 applicative，只需要给它们包裹一层 ZipList 构造器，处理完后用 getZipList 解开它们得到原生的列表即可：

```
ghci> getZipList $ ZipList [(+1),(*100),(*5)] <*> ZipList [1,2,3] $
[2,200,15]
```

这又是怎么和 newtype 关键字关联起来的呢？想一下我们如何写出 ZipList a 类型的声明，下面是其中一种方式：

```
data ZipList a = ZipList [a]
```

这是一个仅有一个值构造器的类型，这个值构造器也仅有一个字段，表示某个东西的列表。我们可能想用记录语法，这样就能自动得到一个从 ZipList 里取出列表的函数：

```
data ZipList a = ZipList { getZipList :: [a] }
```

这看上去不错。我们有两种方式把现有类型变成某个类型类的实例，一种方式是我们用 data 关键字把那个类型包裹成另一个类型，让新类型成为实例。

另一种方式是使用 Haskell 的 newtype 关键字，它是用来解决这类问题的：接受一个类型，把它包裹成另一个类型。ZipList a 被定义成这样：

```
newtype ZipList a = ZipList { getZipList :: [a] }
```

这行代码使用了 newtype 关键字，而不是 data。为什么呢？其中一个原因是 newtype 速度更快。如果你用 data 关键字来包裹一个类型，程序运行时会有一些包裹和解开包裹的开销。但是，如果用 newtype，Haskell 知道你只是把一个现有类型包裹成一个新的（正如它的名字所指的那样），因为你想让它的内部实现和现有类型相同，只是想换个不同的类型。考虑到这一点，Haskell 在决定什么值是什么类型之后，可以摆脱包裹和解开包裹的开销。

那么，为什么不始终用 newtype 代替 data 呢？在用 newtype 关键字根据已有类型创建新类型时，你只能有一个值构造器，这个值构造器也只能有一个字段。而对于 data，它可以有多个值构造器，每个值构造器也可以有零个或多个字段。

```
data Profession = Fighter | Archer | Accountant

data Race = Human | Elf | Orc | Goblin

data PlayerCharacter = PlayerCharacter Race Profession
```

我们也可以像 data 那样对 newtype 使用 deriving 关键字，可以用来获得 Eq、Ord、Enum、Bounded、Show 和 Read 的实例。如果我们获取一个类型类的实例，被包裹的类型必须已经是那个类型类的实例。这样做是有意义的，因为 newtype 只是给已有类型套了层外壳。所以，如果我们编写如下代码，新类型就可以打印出来，并且也能比较新类型的值是否相等：

```
newtype CharList = CharList { getCharList :: [Char] } deriving (Eq, Show)
```

让我们试一试：

```
ghci> CharList "this will be shown!"
CharList {getCharList = "this will be shown!"}
ghci> CharList "benny" == CharList "benny"
True
ghci> CharList "benny" == CharList "oisters"
False
```

对于这个特定的 newtype，值构造器的类型如下：

```
CharList :: [Char] -> CharList
```

它接受[Char]类型的值，如"my sharona"，返回 CharList 值。根据之前使用 CharList
值构造器的例子，我们可以发现它的行为确实是这样的。相反，记录语法给我们提供的
getCharList 函数的类型如下：

```
getCharList :: CharList -> [Char]
```

它接受一个 CharList 值，把它转换成[Char]。你可以把这个理解成包裹和解开包裹，
但你也可以把它想象成在两个类型间做值的转换。

12.1.1　用 **newtype** 创建类型类的实例

很多时候，我们想把我们的类型变成某些类型类的实例，但是类型参数并不匹配。比如说，
我们很容易把 Maybe 变成 Functor 的实例，因为 Functor 类型类已经定义成这样了：

```
class Functor f where
    fmap :: (a -> b) -> f a -> f b
```

所以我们这样开始：

```
instance Functor Maybe where
```

然后实现 fmap。

因为 Maybe 取代了 Functor 类型类声明中的 f，所有的类型参数都匹配。如果只考虑
Maybe，fmap 的类型会是这样的：

```
fmap :: (a -> b) -> Maybe a -> Maybe b
```

是不是妙极了？如果我们想以这种方式让元组变成 Functor
的实例：对元组 fmap 一个函数时，对元组的第一个项起作用，会
发生什么呢？那样，fmap (+3) (1, 1)的结果是(4, 1)，看上
去很难为它写出 Functor 的实例来。对于 Maybe，我们可以直接用
instance Functor Maybe where，因为只接受一个参数的类
型构造器可以成为 Functor 的实例，但对于(a, b)这样的类型，

似乎就没有办法了，没有办法让类型参数 a 成为使用 fmap 时被改变的东西。为了解决这个问题，我们可以用 newtype 创建一个类型，让第二个类型参数表示元组的第一个项：

```
newtype Pair b a = Pair { getPair :: (a, b) }
```

现在我们可以把它变成 Functor 的实例了，让函数映射在它的第一个项上：

```
instance Functor (Pair c) where
    fmap f (Pair (x, y)) = Pair (f x, y)
```

正如你看到的，我们可以用模式匹配 newtype 定义的类型，也可以用它来获取底层的元组，给元组的第一个项应用函数 f，再用 Pair 值构造器把元组转回 Pair b a。对于新的元组，fmap 的类型是这样的：

```
fmap :: (a -> b) -> Pair c a -> Pair c b
```

我们声明过 instance Functor (Pair c) where，Functor 类型类声明中的 f 这里具体化为 Pair c 了：

```
class Functor f where
    fmap :: (a -> b) -> f a -> f b
```

现在如果我们把一个元组转换成 Pair b a，就可以对它使用 fmap 了，映射的函数会对元组的第一个项起作用。

```
ghci> getPair $ fmap (*100) (Pair (2, 3))
(200,3)
ghci> getPair $ fmap reverse (Pair ("london calling", 3))
("gnillac nodnol",3)
```

12.1.2 关于 **newtype** 的惰性

newtype 能做的唯一一件事是把一个已有的类型变成一个新的类型，所以在内部，Haskell 用同样的方式表示 newtype 定义的新类型和旧类型的值，只是区分它们的类型。这意味着 newtype 不仅往往比 data 快，它的模式匹配的惰性程度也比较深。让我们看看这是什么意思。

如你所知，Haskell 默认是惰性的，也就是只有当我们尝试打印函数的结果时计算才会真正执行。此外，只有那些对产生结果必要的计算才会被执行。Haskell 中的 undefined 值表示错误的计算，如果尝试把它打印到终端而对它求值（也就是迫使 Haskell 实际计算它），Haskell 会发脾气（从技术层面来说就是异常）：

```
ghci> undefined
*** Exception: Prelude.undefined
```

然而，如果我们创建一个带有 undefined 的列表但是只是请求非 undefined 的列表头，一切都会工作正常。这是因为只需要看第一个元素时 Haskell 不需要对列表中的其他元素求值。下面给出一个例子：

```
ghci> head [3,4,5,undefined,2,undefined]
3
```

现在考虑下面的类型：

```
data CoolBool = CoolBool { getCoolBool :: Bool }
```

这里用 data 关键字定义了一个普通的代数数据类型。它有一个值构造器，具有一个类型为 Bool 的字段。让我们创建一个函数对 CoolBool 做模式匹配，不管 CoolBool 里的 Bool 值是 True 还是 False，都返回"hello"：

```
helloMe :: CoolBool -> String
helloMe (CoolBool _) = "hello"
```

我们打个弧线球，把这个函数应用到 undefined 上而不是一个正常的 CoolBool：

```
ghci> helloMe undefined
"*** Exception: Prelude.undefined
```

啊，异常！这个异常是怎么发生的？用 data 关键字定义的类型可以有多个值构造器（即使 CoolBool 只有一个），所以为了检查提供给函数的参数值是不是匹配(CoolBool_)模式，Haskell 必须对这个值求值直到可以发现使用的值构造器为止。如果我们求值的过程中牵涉到 undefined 值，哪怕只牵涉到一点，也会出现异常。

让我们尝试为 CoolBool 使用 newtype 而不是 data 关键字：

```
newtype CoolBool = CoolBool { getCoolBool :: Bool }
```

我们不需要修改 helloMe 函数，因为无论定义类型使用 newtype 还是 data，模式匹配的语法都是一样的。尝试做同样的事，把 helloMe 应用到一个 undefined 值：

```
ghci> helloMe undefined
"hello"
```

工作了！为什么呢？如你所学到的，使用 newtype 时，Haskell 内部把新类型的值和旧类型的值用同一种方式表示，它并没有添加额外的容器，只是记住了新的值具有不同的类型。因为 Haskell 知道 newtype 创建的类型，它不需要对传递给函数的参数值求值来确定它匹配(CoolBool_)模式，因为 newtype 类型值可能只有一个值构造器，而且只有一个字段。

这两个例子的表现的差异可能很琐碎，但是它确实很重要。它表明即使从程序员角度看来应该表现一致的 data 和 newtype，实际上使用的是

两种不同的机制。data 可以用来从头构建你自己的类型，newtype 只是根据已有类型创建新的类型。对 newtype 值进行模式匹配不是从容器里取出东西（而 data 是这样的），而是转换值的类型。

12.1.3   **type**、**newtype** 和 **data** 三者的对比

此时此刻，你可能仍对 type、data、newtype 三者的差异感到困惑，我们不妨回顾一下它们各自的用法。

type 关键字用于创建类型别名，仅仅给已知类型赋予一个新名字，这样在引用那个类型时会更加容易。比如说，我们写了如下代码：

```
type IntList = [Int]
```

这段代码所做的事情就是允许我们通过 IntList 来指代[Int]类型，在使用中它们没有任何区别。我们并没有创建一个名为 IntList 的值构造器或者其他类似的东西，因为[Int]和 IntList 只是引用同一个类型的两种方式。在类型注解中使用哪个名字没有区别：

```
ghci> ([1,2,3] :: IntList) ++ ([1,2,3] :: [Int])
[1,2,3,1,2,3]
```

当我们想让类型签名更具描述性时就会用类型别名。我们给类型起一个能反映它们在上下文中起到的作用的名字。比如，在第 7 章中当我们使用类型为[(String, String)]的关联列表表示电话本的时候，我们给了它类型别名 PhoneBook，这样函数的类型签名就更加易读了。

newtype 关键字用来将已有类型包裹为新类型，这使得把它们变成特定类型类的实例变得容易。使用 newtype 包裹已有类型，得到的新类型就跟原先不同了。假设我们创建了如下 newtype：

```
newtype CharList = CharList { getCharList :: [Char] }
```

我们不能用++来拼接一个 CharList 和一个类型为[Char]的列表。我们也不能用++来拼接两个 CharList 列表，因为++只对列表有效，而 CharList 类型并不是列表，尽管 CharList 包含了一个列表。然而，我们可以把两个 CharList 转换成列表，用++拼接它们，最后转换回 CharList。

当我们在 newtype 声明里使用记录语法时，我们得到了在新类型和旧类型间转换的函数，也就是 newtype 的值构造器和从 newtype 字段中抽取值的函数。新的类型并没有自动成为原来类所属的类型类的实例，我们需要取得这些实例或者手动写实例。

实践中，你可以把 newtype 声明想象成只有一个值构造器和一个字段的 data 声明。如果你发现自己在写这样的 data 声明，那么可以考虑换成 newtype。

data 关键字用来创建你自己的数据类型，你可以随意摆弄它。它们可以有很多值构造器和字段，可以用来实现任何代数数据类型——所有东西，从列表和 Maybe 式的类型到树。

总之，可以参考如下要点来选用不同的关键字。

- 如果你只是想让类型签名变得干净一些以及更具描述性，你可能想使用类型别名。

- 如果你想把一个已有类型包裹成一个新的类型，从而把它变成某个类型类的实例，有可能你需要 `newtype`。

- 如果你想创造一个崭新的东西，你很有可能需要 `data` 关键字。

12.2 关于那些 monoid

在 Haskell 中类型类用于表示一些有相同行为的类型的接口。我们从简单的类型类，比如用来表示可以判断相等的 `Eq`，以及可以排序的 `Ord` 开始，转移到更有趣的类型类，如 `Functor` 和 `Applicative`。

当创建一个类型时，我们思考它支持哪些行为（它表现得像什么），根据我们期待的行为决定它是哪些类型类的实例。如果我们的类型的值可以判断是否相等，就把它变成 `Eq` 类型类的实例；如果我们的类型是某个函子，就把它变成 `Functor` 的实例，依此类推。

现在考虑这个：`*` 是一个接受两个数并把它们相乘的函数。如果我们把某个数和 `1` 相乘，结果总是等于那个数。不管我们计算的是 `1 * x` 还是 `x * 1`，结果总是 `x`。类似地，`++` 是一个接受两个东西返回一个新东西的函数，不过不是把两数相乘，而是拼接两个列表。和 `*` 类似，它也有一个值，和其他值做运算时原样返回，那个值是空列表 `[]`。

```
ghci> 4 * 1
4
ghci> 1 * 9
9
ghci> [1,2,3] ++ []
[1,2,3]
ghci> [] ++ [0.5, 2.5]
[0.5,2.5]
```

看上去和 `*` 相关的 `1` 与和 `++` 相关的 `[]` 有一些共同属性。

- 函数接受两个参数。

- 参数和返回值类型相同。

- 存在一个这样的值：与二元函数一起使用时返回值和另一个参数相同。

这两个操作还有另外一个相似之处，但从刚才的观察中可能并不能明显地表现出来：当我们有三个或更多的值时，我们希望无论以什么顺序使用二元函数，最后得到的结果都是相同的。

例如，无论是用 (3 * 4) * 5 还是 3 * (4 * 5)，结果都是 60，++操作符也有类似的性质：

```
ghci> (3 * 2) * (8 * 5)
240
ghci> 3 * (2 * (8 * 5))
240
ghci> "la" ++ ("di" ++ "da")
"ladida"
ghci> ("la" ++ "di") ++ "da"
"ladida"
```

我们把这个性质叫做结合律，*满足结合律，++也满足。但是，-就不满足结合律，如表达式 (5 - 3) - 4 和 5 - (3 - 5) 的结果不同。

注意这些性质，它们会随着 monoid 的变化而改变！

12.2.1 Monoid 类型类

一个 monoid 由一个满足结合律的二元函数和一个单位元组成。一个值被称为某个函数的单位元，是指当它和任何其他参数做运算时，结果总是等于那个参数。在*的定义中 1 是单位元，在++的定义中 [] 是单位元。在 Haskell 的世界中可以发现很多 monoid，它们就是 Monoid 类型类存在的原因。它用来表示那些以 monoid 的方式工作的类型，让我们来看看这个类型类是怎么定义的：

```
class Monoid m where
    mempty :: m
    mappend :: m -> m -> m
    mconcat :: [m] -> m
    mconcat = foldr mappend mempty
```

Monoid 类型类定义在 Data.Monoid 模块里，让我们花些时间熟悉它。

首先，我们知道只有具体类型可以变成 Monoid 的实例，这是因为类型类定义中的 m 没有取任何类型参数。这和 Functor 和 Applicative 不一样，它们的实例必须是接受一个参数的类型构造器。

第一个函数是 mempty，它实际上不是一个真正的函数，因为它不接受参数。它只是个多态常量，有点像 Bounded 里的 minBound，mempty 表示一个特定 monoid 的单位元。

接下来，我们有了 mappend，正如你可能猜测的，它是一个二元函数。它接受同一个类型的两个值，返回那个类型的另一个值。它被叫 mappend 这个名字是一个令人遗憾的决定，因为它暗示了我们在用同样的方式把两个东西追加（append）到一起。当你遇到 Monoid 的其他实例时，你会看到它们中的大多数都没有把值追加到一起。所以不要把它想象成叠加两个值，而是把它想象成一个根据两个 monoid 值返回第三个值的二元函数。

类型类声明中的最后一个函数是 mconcat。它取一个 monoid 值组成的列表，通过 mappend 将其中的元素相连，归约成一个值。它有一个默认的实现，把 mempty 作为初始值，从右边开始用 mappend 折叠这个列表。因为默认实现对大多数实例来说都够用了，我们不需要考究太多。当把一个类型变成 Monoid 的实例时，只定义 mempty 和 mappend 就足够了。虽然对于某些实例，可能会有更高效的实现 mconcat 的方式，但默认实现对大多数情况都够用了。

12.2.2 monoid 定律

在继续出发研究 Monoid 的特定实例前，让我们简要看看 monoid 定律。

你已经了解了，对于 monoid，必须有一个值对于这个二元函数是一个单位元，而且这个二元函数必须是满足结合律的。创建不符合这些定律的 Monoid 的实例是可能的，但使用 Monoid 类型类时这样的实例没有用处。我们需要它们以 monoid 的方式工作，否则使用它有什么意义呢？那就是创建 Monoid 实例时，我们需要确定下面几条定律成立的原因。

- mempty `mappend` x = x
- x `mappend` mempty = x
- (x `mappend` y) `mappend` z = x `mappend` (y `mappend` z)

前两条规定 mempty 在 mappend 的定义中必须是单位元，第三条定律规定 mappend 必须满足结合律（无论按什么顺序把若干 monoid 值归约为一个值，结果都必须相同）。Haskell 不会强制要求这些定律成立，所以我们需要小心，确保我们的实例遵守它们。

12.3 认识一些 **monoid**

已经知道什么是 monoid 了，接下来我们看一些属于 monoid 的 Haskell 类型，以及它们的 Monoid 实例和用法。

12.3.1 列表是 monoid

是的，列表是 monoid！正如你所看到的，++ 函数和空列表 [] 组成了一个 monoid，实例非常简单：

```
instance Monoid [a] where
    mempty = []
    mappend = (++)
```

任何类型的列表都是 Monoid 类型类的实例。注意我们写的是 instance Monoid [a]

而不是 instance Monoid []，因为 Monoid 要求实例是一个具体类型。

测试一下这段代码，我们不会感到惊讶的：

```
ghci> [1,2,3] `mappend` [4,5,6]
[1,2,3,4,5,6]
ghci> ("one" `mappend` "two") `mappend` "tree"
"onetwotree"
ghci> "one" `mappend` ("two" `mappend` "tree")
"onetwotree"
ghci> "one" `mappend` "two" `mappend` "tree"
"onetwotree"
ghci> "pang" `mappend` mempty
"pang"
ghci> mconcat [[1,2],[3,6],[9]]
[1,2,3,6,9]
ghci> mempty :: [a]
[]
```

注意，在最后一行，我们显式地写下了类型注解。如果我们仅仅写 mempty，GHCi 将无从知晓我们引用的是哪个实例，因此我们需要说明我们希望使用列表实例。我们可以在类型注解里使用通用类型 [a]（而不是 [Int] 或 [String]），因为空列表可以看做是任意类型的列表类型。

mconcat 有一个默认实现，因此当我们把某个类型变成 Monoid 的实例时，都能免费得到它。在列表类型的情景中，mconcat 就是 concat，它接受一个列表的列表作为参数，并将其展开，这就等价于对列表中所有相邻的列表进行 ++。

对于列表类型的实例而言，monoid 定律成立，当我们把若干列表 mappend（或 ++）成一个列表时，哪一个操作先执行是无关紧要的，因为无论如何它们最终会被合并到一起。另外，空列表也确实表现为单位元，所以一切都正常。

注意，monoid 并不要求 a `mappend` b 等于 b `mappend` a，对于列表而言，很显然它们不相等：

```
ghci> "one" `mappend` "two"
"onetwo"
ghci> "two" `mappend` "one"
"twoone"
```

这样没问题。对于乘法，3 * 5 和 5 * 3 是一样的，但这是乘法的性质，并不是对所有（实际上是大多数）monoid 成立。

12.3.2　Product 和 Sum

我们已经检查了把数看成 monoid 的一种方式：令二元函数为 *，单位元为 1。另一种把数看做 monoid 的方式是让二元函数为+，单位元为 0：

```
ghci> 0 + 4
4
ghci> 5 + 0
5
ghci> (1 + 3) + 5
9
ghci> 1 + (3 + 5)
9
```

monoid 定律是成立的，因为当你把 0 和任何数相加时，结果都是那个数。加法也满足结合律，所以没有遇到任何问题。

有两种同样有效的方法把数变成 monoid，我们选择哪一种呢？我们不需要选择任何一种，记住当有多种方式把一个类型变成某个类型类的实例时，我们可以把那个类型包裹到 newtype 里，把新的类型变成那个类型类的实例。

Data.Monoid 模块为此导出了两个类型，即 Product 和 Sum。Product 被定义为：

```
newtype Product a = Product { getProduct :: a }
    deriving (Eq, Ord, Read, Show, Bounded)
```

很简单——只是一个带有一些派生实例的 newtype，它的 Monoid 的实例定义是这样的：

```
instance Num a => Monoid (Product a) where
    mempty = Product 1
    Product x `mappend` Product y = Product (x * y)
```

mempty 就是包裹在 Product 构造器里的 1，mappend 对 Product 构造器做模式匹配，把两个数相乘，把结果包裹在 Product 里。正如你所看到的，有一个 Num a 的类型约束。这意味着对于任何 Num 的实例 a，Product a 都是 Monoid 的实例。要把 Product a 当做 monoid 来用，我们需要做一些 newtype 的包裹和解开包裹工作：

```
ghci> getProduct $ Product 3 `mappend` Product 9
27
ghci> getProduct $ Product 3 `mappend` mempty
3
ghci> getProduct $ Product 3 `mappend` Product 4 `mappend` Product 2
24
ghci> getProduct . mconcat . map Product $ [3,4,2]
24
```

Sum 的定义方式和 Product 相似，它们的实例也很像，使用方式也如出一辙：

```
ghci> getSum $ Sum 2 `mappend` Sum 9
11
```

```
ghci> getSum $ mempty `mappend` Sum 3
3
ghci> getSum . mconcat . map Sum $ [1,2,3]
6
```

12.3.3　`Any` 和 `All`

Bool 也可以以两种不同但是同等有效的方式成为 monoid。第一种方式是用令表示逻辑或的函数||为二元函数，False 作为单位元。在逻辑或运算下，两个参数中任何一个为 True，结果就是 True；否则就返回 False。所以，如果把 False 当做单位元，逻辑或收到的另一个参数为 False 时返回 False，另一个参数为 True 时返回 True。Any newtype 构造器通过这种方式成为了 Monoid 的实例。它的定义如下：

```
newtype Any = Any { getAny :: Bool }
    deriving (Eq, Ord, Read, Show, Bounded)
```

它的实例定义如下：

```
instance Monoid Any where
        mempty = Any False
        Any x `mappend` Any y = Any (x || y)
```

因为 x `mappend` y 的结果为 True 的充要条件是两个值中任何（any）一个为 True，所以这个类型被叫做 Any。即使三个或更多的 Any 包裹的 Bool 值被 mappend 到一起，结果为 True 的充要条件仍然是参数中有任何一个为 True：

```
ghci> getAny $ Any True `mappend` Any False
True
ghci> getAny $ mempty `mappend` Any True
True
ghci> getAny . mconcat . map Any $ [False, False, False, True]
True
ghci> getAny $ mempty `mappend` mempty
False
```

Bool 成为 Monoid 的实例的另一种方式是以看上去有些相反的方式工作：令表示逻辑与的&&为二元函数，True 作为单位元。两个参数都是 True 时逻辑与才返回 True。

下面是 newtype 声明：

```
newtype All = All { getAll :: Bool }
        deriving (Eq, Ord, Read, Show, Bounded)
```

下面是实例定义：

```
instance Monoid All where
        mempty = All True
        All x `mappend` All y = All (x && y)
```

当我们把 All 类型的值 mappend 到一起时，只有当所有（all）值都为 True 时，mappend
的结果才为 True：

```
ghci> getAll $ mempty `mappend` All True
True
ghci> getAll $ mempty `mappend` All False
False
ghci> getAll . mconcat . map All $ [True, True, True]
True
ghci> getAll . mconcat . map All $ [True, True, False]
False
```

12.3.4 `Ordering` monoid

还记得 Ordering 类型吗？它被用来表示比较两个东西的结果。它有三个值，即 LT、EQ
和 GT，分别表示小于、等于和大于。

```
ghci> 1 `compare` 2
LT
ghci> 2 `compare` 2
EQ
ghci> 3 `compare` 2
GT
```

列表、数、布尔值都成为 monoid 了，寻找 monoid 所需做的仅仅是找一个已有的常用函数，
检查它是否体现了某种 monoid 行为。对于 Ordering，需要花一些功夫把它识别为 monoid。
Ordering 的 Monoid 实例并不像和我们已经遇到的类型实例那样直观，同时它也非常有用：

```
instance Monoid Ordering where
    mempty = EQ
    LT `mappend` _ = LT
    EQ `mappend` y = y
    GT `mappend` _ = GT
```

实例是这样定义的：当我们把两个 Ordering 值 mappend 到一
起时，如果左边的值不是 EQ 就保留；否则就返回右边的值。起初，这
个定义看上去可能很随意，但它实际上有点儿像用字母序比较单词。我
们检查两个单词的首字母，如果它们不同，那么就可以决定哪一个单
词排在前面。然后，如果两个首字母相同，那么就需要继续比较下一对
字母，重复之前的过程。

比如，当我们按字母序比较单词 ox 和 on 时，我们发现首字母相同，所以就比较第二个字母。因为 x 字母序比 n 靠后，我们就知道两个单词哪个该排到前面了。为了理解为什么 EQ 是单位元，需要注意，如果我们在两个单词的相同位置填上相同字母，不会改变它们的字母序：比如 oix 字母序大于 oin。

很重要的一点是，对于 Ordering 的 Monoid 实例，x \`mappend\` y 并不等于 y \`mappend\` x。因为第一个参数只要不是 EQ 就会被保留，LT \`mappend\` GT 结果是 LT，然而 GT \`mappend\` LT 的结果是 GT：

```
ghci> LT `mappend` GT
LT
ghci> GT `mappend` LT
GT
ghci> mempty `mappend` LT
LT
ghci> mempty `mappend` GT
GT
```

好吧，这个 monoid 为什么有用呢？比如说，我们在写一个以两个字符串为参数的函数，比较它们的长度，返回一个 Ordering。如果两个字符串等长，那么就用字母序比较它们，而不是立刻返回 EQ。

下面是一种实现方式：

```
lengthCompare :: String -> String -> Ordering
lengthCompare x y = let a = length x `compare` length y
                        b = x `compare` y
                    in if a == EQ then b else a
```

我们把两个字符串长度的比较结果保存到变量 a 中，字母序比较结果保存到 b 中，如果等长就返回字母序关系。

利用 Ordering 是 monoid 这一点，我们可以用更加简单的方式重写这个函数：

```
import Data.Monoid

lengthCompare :: String -> String -> Ordering
lengthCompare x y = (length x `compare` length y) `mappend`
                    (x `compare` y)
```

我们试一试：

```
ghci> lengthCompare "zen" "ants"
LT
ghci> lengthCompare "zen" "ant"
GT
```

记住，当我们使用 mappend 时，它左边的参数只要不是 EQ 就会被保留，是则返回右边的
参数。那就是为什么我们把更重要的比较准则放在左边。现在假设我们想拓展这个函数，让它
比较元音的个数，并把这个作为第二重要的比较准则。我们修改代码如下：

```
import Data.Monoid
lengthCompare :: String -> String -> Ordering
lengthCompare x y = (length x `compare` length y) `mappend`
                    (vowels x `compare` vowels y) `mappend`
                    (x `compare` y)
    where vowels = length . filter (`elem` "aeiou")
```

我们创建了一个辅助函数，它接受一个字符串，返回其中元音的个数。它的实现方式是先
把字符串中出现在"aeiou"中的字符筛选出来，然后对它们应用 length 函数。

```
ghci> lengthCompare "zen" "anna"
LT
ghci> lengthCompare "zen" "ana"
LT
ghci> lengthCompare "zen" "ann"
GT
```

在第一个例子里，两个字符串长度不同，"zen"的长度小于"anna"的长度，所以返回 LT。
在第二个例子里，两字符串长度相同，但第二个字符串有更多的元音字母，所以又返回了 LT。在
第三个例子里，两字符串有相同的长度和元音字母个数，所以按照字母序比较它们，"zen"比较大。

Ordering monoid 允许我们轻松地根据很多准则比较东西，非常有用。我们可以把比较准
则按重要性从前到后放置。

12.3.5　Maybe monoid

让我们看看 Maybe a 成为 Monoid 的实例的多种方式，了解这些实例为什么有用。

当类型参数 a 为 monoid 时，有一种把 Maybe a 看做 monoid 并据此实现 mappend 的方
式：Nothing 是单位元，当两个参数都非 Nothing 时，mappend 把计算任务转交给下层的 a
的 mappend。下面是实例声明：

```
instance Monoid a => Monoid (Maybe a) where
    mempty = Nothing
    Nothing `mappend` m = m
    m `mappend` Nothing = m
    Just m1 `mappend` Just m2 = Just (m1 `mappend` m2)
```

注意类约束，它说 Maybe a 是 Monoid 的实例仅当 a 是 Monoid 的实例。如果我们把
Nothing 和某个值 mappend 起来，结果就是那个值。如果我们 mappend 两个 Just 值，Just
的内容会被 mappend 起来，结果重新包裹在 Just 里。我们可以这么做的原因是类约束中确保

了 Just 里面的值的类型也是 Monoid 的实例。

```
ghci> Nothing `mappend` Just "andy"
Just "andy"
ghci> Just LT `mappend` Nothing
Just LT
ghci> Just (Sum 3) `mappend` Just (Sum 4)
Just (Sum {getSum = 7})
```

当我们把 monoid 作为可能会失败的计算结果处理时, 这个实例很有用, 你不需要查看是 Nothing 还是 Just 值来检查计算是否失败, 只需要把它们当做普通的 monoid 来处理。

如果 Maybe 包裹的类型不是 Monoid 的实例怎么办? 注意之前的实例声明, 只有在 mappend 的两个参数都是 Just 时, 我们才要求 Maybe 包裹的类型是 monoid。如果我们不知道它是不是 monoid, 就不能使用 mappend, 那我们可以做什么呢? 一种方法是丢弃第二个值, 返回第一个值。出于这个目的, 我们定义了 First a 类型:

```
newtype First a = First { getFirst :: Maybe a }
    deriving (Eq, Ord, Read, Show)
```

我们接受一个 Maybe a, 把它包裹在 newtype 里, 它的 Monoid 实例定义如下:

```
instance Monoid (First a) where
    mempty = First Nothing
    First (Just x) `mappend` _ = First (Just x)
    First Nothing `mappend` x = x
```

mempty 只是一个包裹在 First newtype 构造器里的 Nothing, 如果 mappend 的第一个参数是 Just 值, 那么我们就忽略第二个参数。如果第一个参数是 Nothing, 我们就把第二个参数作为结果返回, 不管它是 Just 还是 Nothing:

```
ghci> getFirst $ First (Just 'a') `mappend` First (Just 'b')
Just 'a'
ghci> getFirst $ First Nothing `mappend` First (Just 'b')
Just 'b'
ghci> getFirst $ First (Just 'a') `mappend` First Nothing
Just 'a'
```

当我们有很多 Maybe 值, 仅仅想知道其中是不是有 Just 时, First 就能派上用场了。mconcat 这时会显得很方便:

```
ghci> getFirst . mconcat . map First $ [Nothing, Just 9, Just 10]
Just 9
```

如果我们需要另外一个实例: 当两边都是 Just 值, 返回第二个参数。Data.Monoid 提供了了 Last a 类型, 和 First a 很像, 只是在使用 mconcat 时保留最后一个非 Nothing 的值:

```
ghci> getLast . mconcat . map Last $ [Nothing, Just 9, Just 10]
Just 10
ghci> getLast $ Last (Just "one") `mappend` Last (Just "two")
Just "two"
```

12.4 monoid 的折叠

处理 monoid 的一个更有趣的方式是让它们帮我们折叠各种数据结构。迄今为止，我们已经对列表做过了折叠操作，但是列表并不是能够折叠的唯一数据结构。我们几乎可以对任何数据结构定义折叠操作，比如树就特别适合折叠。

因为有很多可以折叠的数据结构，所以 Haskell 中引入了 Foldable 类型类。就像 Functor 用来表示可以映射的东西，Foldable 表示可以折叠的东西。Foldable 类型类可以在 Data.Foldable 模块中找到，它导出了一些和 Prelude 中函数名字冲突的函数，所以最好使用 import qualified 导入它：

```
import qualified Data.Foldable as F
```

为了少敲几下键盘，我们把这个导入的模块命名为 F。

这个类型类定义了哪些函数呢？其中有 foldr、foldl、foldr1 和 foldl 等。我们已经知道这些函数了，那么有什么新奇的东西吗？让我们来比较一下 Foldable 中的 foldr 与 Prelude 中的 foldr 的类型，看看它们有什么差异：

```
ghci> :t foldr
foldr :: (a -> b -> b) -> b -> [a] -> b
ghci> :t F.foldr
F.foldr :: (F.Foldable t) => (a -> b -> b) -> b -> t a -> b
```

啊！Prelude 中的 foldr 折叠一个列表，而 Data.Foldable 中的 foldr 接受任何可以被折叠的类型，不仅仅是列表！正如你所期待的，对于列表两个函数表现一致：

```
ghci> foldr (*) 1 [1,2,3]
6
ghci> F.foldr (*) 1 [1,2,3]
6
```

另一个支持折叠的数据结构是我们已经知道并且喜爱的 Maybe！

```
ghci> F.foldl (+) 2 (Just 9)
11
ghci> F.foldr (||) False (Just True)
True
```

对一个 Maybe 做折叠并不是很有趣，当它是 Just 值时它表现得就像一个单元素的列表，当它是 Nothing 时就像是空列表。让我们检查一个稍微有点儿复杂的数据结构。

还记得第 7 章中的树数据结构吗？我们是这样定义的：

```
data Tree a = EmptyTree | Node a (Tree a) (Tree a) deriving (Show)
```

你已经知道，树要么不包含任何值，要么包含一个值和另外两棵树。定义完这个类型后，我们把它变成 Functor 的实例，这样我们就可以对它使用 fmap 函数了。现在我们要把它变成 Foldable 的实例，让它可以被折叠。

把一个类型构造器变成 Foldable 的实例的一种方法是为它实现 foldr。但是另一种更加简单的方式是实现 foldMap 函数，它也是 Foldable 类型类的一部分。foldMap 函数的类型如下：

```
foldMap :: (Monoid m, Foldable t) => (a -> m) -> t a -> m
```

它的第一个参数是一个函数，接受的类型是我们的可折叠数据结构包含的元素的类型，返回一个 monoid 值。它的第二个参数是一个包含元素类型为 a 的可折叠结构。它把函数映射到这个可折叠类型上，产生一个包含 monoid 值的可折叠结构。然后，通过对这些 monoid 值做 mappend，产生一个 monoid 值。这个函数可能看上去有点儿奇怪，但很快你会发现它实际上很容易实现。实现这个函数之后，我们的类型就成为 Foldable 的实例了！所以我们只要对某个类型实现 foldMap，就能免费获得 foldr 和 foldl。

下面是 Tree 成为 Foldable 实例的定义：

```
instance F.Foldable Tree where
    foldMap f EmptyTree = mempty
    foldMap f (Node x l r) = F.foldMap f l `mappend`
                             f x            `mappend`
                             F.foldMap f r
```

如果我们有一个接受树元素类型参数、返回 monoid 值的函数，如何把整棵树归约为单个 monoid 值呢？当我们对树做 fmap 时，对节点元素应用参数中的函数，然后递归处理左子树和右子树。这里我们不仅仅需要应用一个函数，还需要用 mappend 把结果合并成一个 monoid 值。首先，我们考虑空树情形——一棵没有值也没有子树的孤独、伤心的树。它不能给我们那个以 monoid 值为参数的函数提供参数，所以我们只能返回 mempty。

非空节点的情形更有趣。它包含一个值和两棵子树，在这种情况下，我们对左右子树递归使用 foldMap。记住 foldMap 的结果是一个 monoid 值。我们也对节点上存储的值应用函数 f。现在我们有三个 monoid 值了（两个来自子树，一个来自当前节点），我们只需要把它们合并成一个值。对于这个任务，我们可以使用 mappend，很自然左子树的值出现在最前面，然后是当前节点的值，最后是右子树的值。

注意，我们不需要提供这个接受一个值、返回 monoid 值的函数。这个函数已经作为参数传给 foldMap 了，我们所要做的是决定在哪里应用这个函数以及如何合并产生的 monoid 结果。

既然我们的树类型已经是 Foldable 的实例了，我们可以免费获得 foldr 和 foldl！考虑这棵树：

```
testTree = Node 5
    (Node 3
        (Node 1 EmptyTree EmptyTree)
        (Node 6 EmptyTree EmptyTree)
    )
    (Node 9
        (Node 8 Emptytree EmptyTree)
        (Node 10 Emptytree EmptyTree)
    )
```

它的根是 5，左子节点上的元素是 3，右子节点上的元素是 9。有了 Foldable 实例，我们可以像处理列表一样做各种折叠操作：

```
ghci> F.foldl (+) 0 testTree
42
ghci> F.foldl (*) 1 testTree
64800
```

foldMap 不仅仅可以用来创建 Foldable 的新实例，在把数据结构归约为一个 monoid 值时它也很有用。比如，如果想知道树中是否有元素等于 3，我们可以这样做：

```
ghci> getAny $ F.foldMap (\x -> Any $ x == 3) testTree
True
```

这里，函数 \x -> Any $ x == 3 接受一个数值作为参数，返回一个 monoid 值，这个 monoid 值是一个包裹在 Any 里的 Bool。foldMap 对树中所有元素应用这个函数，用 mappend 把产生的 monoid 结果归约为一个 monoid。比如说，我们执行：

```
ghci> getAny $ F.foldMap (\x -> Any $ x > 15) testTree
False
```

应用 **lambda** 函数后，树中所有节点上的值都会是 Any False，而要让结果返回 True，mappend 的参数中必须有一个 Any True，所以最终结果就是 False。树中没有值大于 15，这个结果是有意义的。

通过 foldMap \x -> [x] 函数，我们能轻易地把树转换成一个列表。先在树中每个节点应用这个函数，得到一个单元素列表，然后对所有单元素列表做 mappend，得到一个包含树中所有元素的列表：

```
ghci> F.foldMap (\x -> [x]) testTree
[1,3,6,5,8,9,10]
```

所有这些技巧并不局限于树，它们对所有 Foldable 的实例有效！这是非常酷的一点。

第 13 章

更多 monad 的例子

第 7 章第一次讨论函子时，你发现了它们是一个相当有用的概念，用来表示那些可以被映射的值。然后，在第 11 章，我们把这个概念往前推进了一步，探讨了 applicative 函子，它让我们可以把特定的数据类型看做是带有上下文的值，将普通函数用于这些值时可以保留它们的上下文的含义。

在本章中，你将会学习 monad，它们是加强版的 applicative 函子，正如 applicative 函子是加强版的函子。

13.1　升级我们的 applicative 函子

在讨论函子时，你明白了函数可以映射在各种数据类型上，只要这些类型是 Functor 类型类的实例。函子的引入让我们想问一个问题："有一个类型为 a -> b 的函数和某个类型为 f a 的数据，怎样把函数映射到数据上得到 f b？"你已经知道怎样把函数映射到 Maybe a、列表 [a]、IO a 等类型上了，也了解了怎样对类型为 r -> a 的函数做映射得到类型为 r -> b 的函数。为了解答这个问题（怎样在一个数据类型上映射一个函数），我们需要做的就是查看 fmap 的类型：

```
fmap :: (Functor f) => (a -> b) -> f a -> f b
```

然后我们只需要写出一个合适的 Functor 实例，让 fmap 能对我们的数据类型起作用。

接着你看到了函子的一种改进方式，想到了更多的问题。如果函数 a -> b 也被包裹成一个函子值会怎么样呢？比方说，我们有 Just (*3)，怎么把它应用到 Just 5 上呢？再比如说，我们想把它应用到 Nothing 上，而不是 Just 5，会得到什么呢？或者说我们有

[(*2),(+4)]，怎么把它应用到[1,2,3]上呢？它是怎么工作的呢？对于这类需求，我们引入了 Applicative 类型类：

```
(<*>) :: (Applicative f) => f (a -> b) -> f a -> f b
```

你已经明白了我们可以取一个普通值，把它包裹到一个数据类型里。比如，可以把 1 包裹成 Just 1 或[1]，也可以包裹成一个生成 1 的 I/O 操作。做这些事的函数叫做 pure。

applicative 值可以被看做是带有上下文的值——从技术上讲是一个奇特值。比如，字符 'a' 就是一个普通字符，然而 Just 'a' 带有一个上下文，它的类型变成了 Maybe Char，而不再是 Char，它的类型告诉我们它的值可能是一个字符，但也可能表示没有字符。Applicative 类型类使我们可以用普通函数操作这些带有上下文的值，同时保留上下文的含义。看一个例子吧：

```
ghci> (*) <$> Just 2 <*> Just 8
Just 16
ghci> (++) <$> Just "klingon" <*> Nothing
Nothing
ghci> (-) <$> [3,4] <*> [1,2,3]
[2,1,0,3,2,1]
```

好，我们已经把它们当做 applicative 值了：Maybe a 表示可能失败的计算，[a] 表示带有若干结果的计算（非确定性计算），IO a 表示带有副作用的计算，等等。

monad 是对 applicative 函子概念的延伸，它们提供了下面这个问题的一种解决方案：如果我们有一个带着上下文的值 m a，如何对它应用这样一个函数——取类型为 a 的参数，返回带上下文的值？换句话说，怎么对 m a 应用类型为 a -> m b 的函数？实际上我们需要这样一个函数：

```
(>>=) :: (Monad m) => m a -> (a -> m b) -> m b
```

如果我们有一个奇特值，和一个取普通值返回奇特值的函数，如何把奇特值喂给这个函数？这就是我们处理 monad 时主要关心的问题。我们把奇特值写成 m a 而不是 f a，是因为 m 代表 Monad，其实 monad 只不过是支持>>=的 applicative 函子罢了。其中的>>=函数叫做绑定（bind）。

如果我们有一个普通值 a 和一个普通函数 a -> b，很容易把值喂给函数——把函数应用在值上即可。但是，当我们处理有特定上下文的值时，就需要思考如何把奇特值喂给函数，并且考虑怎么把它们的行为也考虑进来。你很快就会发现这实际上很容易做到。

13.2 体会 **Maybe**

既然你已经对 monad 是什么有个模糊的认识了，让我们来把这份了解变得更加具体些。Maybe 是一个 monad，这个事实很显然。下面我们探索它是如何以 monad 的角色工作的。

> **注意** 确认这时你已经理解了 applicative 函子。（我们在第 11 章讨论过了。）你应该对 Applicative 的各个实例怎么工作以及如果表示各种计算有了一些体会。为了理解 monad，你需要准备好有关 applicative 函子的知识，然后升级它。

Maybe a 值表示类型为 a 的值，只是套了层上下文，表示可能会失败的计算。Just "dharma" 值表示存在字符串 "dharma"，Nothing 表示没有字符串，或者如果你把这个字符串看做某个计算的结果的话，它表示计算失败了。

当我们把 Maybe 看成函子时，如果用 fmap 对它映射一个函数，那么当它是一个 Just 值时，它包含的值会被应用上那个函数；否则就因为没有东西可以被映射，值仍为 Nothing。

```
ghci> fmap (++"!") (Just "wisdom")
Just "wisdom!"
ghci> fmap (++"!") Nothing
Nothing
```

作为 applicative 函子，Maybe 也是以类似方式工作的。只是对于 applicative 函子，函数本身和它所需要映射的值都在上下文里。当我们用 <*> 把一个 Maybe 里的函数应用到 Maybe 值时，只有当两个参数都是 Just 时，结果才会是 Just；否则结果就是 Nothing。这个行为是有意义的。因为对于函数和值两者，只要缺少了其中任何一个，你就没法无中生有地弄出一些东西来，所以你只能让这个失败的计算传播出来。

```
ghci> Just (+3) <*> Just 3
Just 6
ghci> Nothing <*> Just "greed"
Nothing
ghci> Just ord <*> Nothing
Nothing
```

使用 applicative 风格把普通函数作用到 Maybe 值上的工作方式是类似的。所有的值都必须是 Just，结果才会是 Just；否则结果就是 Nothing。

```
ghci> max <$> Just 3 <*> Just 6
Just 6
ghci> max <$> Just 3 <*> Nothing
Nothing
```

接下来我们想想怎么让 >>= 和 Maybe 一起工作。>>= 接受一个 monad 值和一个取普通值的函数。它设法让函数应用在 monad 值上并返回一个 monad 值。既然函数是以普通值为参数的，>>= 需要做什么呢？我们必须把 monad 值的上下文考虑进来。

在这个例子中，>>=取 Maybe a 值和一个类型为 a -> Maybe b 的函数，用某种方式把这个函数应用到 Maybe a 上。为了弄明白它是怎么做到的，我们可以用上之前所学到的 Maybe 是 **applicative** 函子的知识。不妨说我们有一个函数\x -> Just (x+1)，它取一个数，加上 1 后把结果包裹在 Just 里：

```
ghci> (\x -> Just (x+1)) 1
Just 2
ghci> (\x -> Just (x+1)) 100
Just 101
```

如果把 1 喂给它，它会计算出 Just 2；如果给它 100，它会返回 Just 101。这看上去相当直观。但是如何把 Maybe 值提供给这个函数呢？如果考虑 Maybe 的 **applicative** 函子的行为，回答这个问题就很容易了。如果我们喂给它一个 Just 值，它就应该取出 Just 里的值喂给函数；如果喂给它的是 Nothing，那么就没有东西可以用来喂给函数，在这种情况下，就应该返回 Nothing 作为结果。

我们先不把它叫做>>=，而是称它为 applyMaybe。它取 Maybe a 和一个返回 Maybe b 的函数，试图对 Maybe a 应用这个函数。下面是它的实现：

```
applyMaybe :: Maybe a -> (a -> Maybe b) -> Maybe b
applyMaybe Nothing f = Nothing
applyMaybe (Just x) f = f x
```

把玩一下吧。我们把它当做中缀函数来使用，Maybe 值在它的左边，函数出现在它的右边：

```
ghci> Just 3 `applyMaybe` \x -> Just (x+1)
Just 4
ghci> Just "smile" `applyMaybe` \x -> Just (x ++ " :)")
Just "smile :)"
ghci> Nothing `applyMaybe` \x -> Just (x+1)
Nothing
ghci> Nothing `applyMaybe` \x -> Just (x ++ " :)")
Nothing
```

在这个例子里，如果我们给 applyMaybe 提供了一个 Just 值和一个函数，就对 Just 里面的值应用函数；如果第一个参数是 Nothing，整个结果就是 Nothing。如果函数返回 Nothing，会发生什么呢？让我们看一看：

```
ghci> Just 3 `applyMaybe` \x -> if x > 2 then Just x else Nothing
Just 3
ghci> Just 1 `applyMaybe` \x -> if x > 2 then Just x else Nothing
Nothing
```

结果正如我们所预料。如果左边的 monad 值是 Nothing，结果就是 Nothing；如果右边的函数返回 Nothing，结果也会是 Nothing。这和我们把 Maybe 当做 **applicative** 来用时得到的表现相似：两个参数只要有一个是 Nothing，结果就是 Nothing。

看上去我们已经弄明白如何取一个奇特值，喂给一个取普通值并返回奇特值的函数。有这样的理解是因为我们把 Maybe 值看做是一个可能失败的计算。

你可能会问自己："这为什么有用呢？"看上去 applicative 函子比 monad 更强大，因为 applicative 函子把一个普通函数变成一个操作带上下文的值的函数。在本章中你会看到，monad 是 applicative 函子的加强版，也能做这件事。事实上，它们还能做一些 applicative 函子做不了的事。

我们很快就会开始讨论 Maybe，但是先让我们检查一下 monad 的类型类。

13.3　Monad 类型类

就像函子有 Functor 类型类，applicative 函子有 Applicative 类型类，monad 也有属于它们的类型类——Monad！

```
class Monad m where
    return :: a -> m a

    (>>=) :: m a -> (a -> m b) -> m b

    (>>) :: m a -> m b -> m b
    x >> y = x >>= \_ -> y

    fail :: String -> m a
    fail msg = error msg
```

第一行说 class Monad m where，等一下，我不是说过 monad 是加强版的 applicative 函子吗？难道不应该有一个类约束说 class (Applicative m) = > Monad m where，在一个类型成为 monad 前应该先成为 applicative 函子吗？没错，Maybe 确实应该这样定义，但是在 Haskell 设计之初，人们没有考虑到 applicative 函子会这么有用。别担心，即使 Monad 的类声明没有提到 applicative，也不妨碍 monad 是 applicative 函子的事实。

Monad 类型类定义的第一个函数是 return，它和 Applicative 类型类中的 pure 是一样的。所以尽管它们名字不同，你也可以立刻认出它来。return 的类型是 (Monad m) => a -> m a，它取一个值，把它放在能产生这个值的最小默认上下文里。在第 8 章我们创建一个假冒的 I/O 操作时我们已经接触过它了。对于 Maybe，它取一个值，把它包裹在 Just 里。

> **注意**　一个提醒：return 和大多数编程语言中的 return 不同。它并不会结束函数的执行，它只是取一个普通值并把它放在一个上下文里。

下一个函数是>>=，或者说绑定。它很像函数应用，但是并非取一个普通值，喂给一个普通函数，而是取一个 monad 值（带有上下文的值），喂给一个取普通值、返回 monad 值的函数。

接下来，我们定义了>>。目前我们不会在它身上花太多的精力，因为它提供了一个默认实现。而且在创建 Monad 实例时也很少会去实现它。在后面的 13.4.3 节我们会详细讨论它。

Monad 类型类的最后一个函数是 fail，我们永远不会显式调用它。但在后面提到的一些特定的语法结构中，它会被 Haskell 用于表示模式匹配。目前我们不需要考虑它。

既然你已经知道 Monad 类型类是什么了，让我们来看看 Maybe 是如何成为 Monad 的实例的！

```
instance Monad Maybe where
    return x = Just x
    Nothing >>= f = Nothing
    Just x >>= f = f x
    fail _ = Nothing
```

return 和 pure 是一样的，所以不用动脑就能知道那一行是什么意思。就像在 Applicative 类型类中所做的那样，把值包裹在 Just 里。>>=函数和 applyMaybe 一样，把 Maybe a 喂给函数时，如果左边是 Nothing，那么就返回 Nothing；否则就对 Just 包裹的值应用右边的函数。

我们可以把 Maybe 当做一个 monad 来把玩：

```
ghci> return "WHAT" :: Maybe String
Just "WHAT"
ghci> Just 9 >>= \x -> return (x*10)
Just 90
ghci> Nothing >>= \x -> return (x*10)
Nothing
```

我们已经使用过 Maybe 版本的 pure 了，所以第一行并没有什么新奇或是让人激动的东西，我们知道 return 只不过是 pure 的另一个名字。下面两行展示了>>=。注意，当我们把 Just 9 喂给\x -> return (x*10)时，函数里的 x 取的值是 9。看上去我们不需要模式匹配，就能从 Maybe 里取出值来。我们也没有丢失 Maybe 值的上下文，因为当左边参数是 Nothing时，结果也会是 Nothing。

13.4 一往无前

既然你已经知道怎么把 Maybe a 值喂给类型为 a -> Maybe b 的函数，同时考虑到上下文表示的可能失败的计算，让我们看看如何连续使用>>=来处理若干 Maybe a 值的计算。

皮埃尔在打鱼场工作后打算休息一下，玩高空绳索行走。他玩这个运动的水平并不差，但是他遇到了一个问题：鸟儿老是停在他的平衡杆上！鸟儿飞来小憩，和其他鸟类朋友聊天，然后飞走去寻觅面包屑。如果平衡杆左侧的鸟儿的数目和右侧鸟儿的数目相等，就不会影响到皮埃尔。但是有时候，鸟儿们觉得某一边更好，这就会让皮埃尔失去平衡而跌倒（他用了一张安全网）。

不妨说，当平衡杆两侧鸟儿的数目差在三以内时皮埃尔能保持平衡，所以如果右侧有一只，左侧有四只，皮埃尔就没事。但是，如果有第五只鸟停在左侧，皮埃尔就会失去平衡而跌倒。

我们需要模拟鸟儿停到杆上，以及鸟儿飞走，观察一定数目的鸟飞来飞走后皮埃尔是否还保持平衡。比如说，我们想看看，第一只鸟飞到左侧，然后有四只鸟飞到右侧，接着左侧的鸟打算飞走，会发生什么。

13.4.1 代码，代码，代码

我们可以用一对整数形成的二元组来表示平衡杆，第一项表示左侧的鸟的数目，第二项表示右侧的鸟的数目：

```
type Birds = Int
type Pole = (Birds, Birds)
```

首先，我们创建了 Int 的一个类型别名，叫做 Birds，因为这里我们在用整数表示鸟的数目。然后我们创建了类型别名（Birds, Birds），把它叫做 Pole。

现在，写两个函数，以鸟的数目为参数，让它们停靠在杆子的左侧或右侧：

```
landLeft :: Birds -> Pole -> Pole
landLeft n (left, right) = (left + n, right)

landRight :: Birds -> Pole -> Pole
landRight n (left, right) = (left, right + n)
```

试一试：

```
ghci> landLeft 2 (0, 0)
(2,0)
ghci> landRight 1 (1, 2)
(1,3)
ghci> landRight (-1) (1, 2)
(1,1)
```

为了让鸟飞走，我们只需要让数目为负数的鸟停在某一边。因为让鸟停在杆上这个动作返回的类型也是 Pole，我们可以把 landLeft 和 landRight 函数串起来：

```
ghci> landLeft 2 (landRight 1 (landLeft 1 (0, 0)))
(3,1)
```

当我们对（0，0）应用函数 landLeft 1 时，我们得到了（1，0）。然后我们让一只鸟停在右边，结果是（1，1）。最后，两只鸟停在左边，结果是（3，1）。我们把函数应用到参数的方式是先写出函数，然后写出参数，但是这里如果杆子类型先出现，然后是函数会更清晰。我们可以设计这样一个函数：

```
x -: f = f x
```

现在如果要把函数应用在参数上，我们可以把参数写在函数前面了：

```
ghci> 100 -: (*3)
300
ghci> True -: not
False
ghci> (0, 0) -: landLeft 2
(2,0)
```

通过这种形式，我们可以以一种可读性更好的方式让鸟儿停靠在杆上：

```
ghci> (0, 0) -: landLeft 1 -: landRight 1 -: landLeft 2
(3,1)
```

非常酷！这个版本和之前那个功能上是等价的，但是看上去更简洁。这段代码能明确地表现出我们是从（0，0）开始的，先让一只鸟停在左边，然后有一只停在右边，最后有两只停在左边。

13.4.2 我要飞走

到目前为止一切都工作得很好，但是如果有 10 只鸟停在一边会发生什么呢？

```
ghci> landLeft 10 (0, 3)
(10,3)
```

左边有 10 只鸟而右边只有 3 只？那样做肯定会让可怜的皮埃尔掉下来！这个例子里这个事实很显然，不过下面这个呢？

```
ghci> (0, 0) -: landLeft 1 -: landRight 4 -: landLeft (-1) -: landRight (-2)
(0,2)
```

看上去一切正常，但是如果你一步一步执行这些操作，你会发现某个时刻右边有 4 只鸟，而左边没有！为了修正这个问题，我们必须再看一看我们的 landLeft 和 landRight 函数。

我们希望 landLeft 和 landRight 能返回失败信息，当皮埃尔能保持平衡时，返回一个新的 Pole；否则返回失败信息。有什么方法表示可能失败的上下文信息会比用 Maybe 更好呢？让我们重写这两个函数：

```
landLeft :: Birds -> Pole -> Maybe Pole
landLeft n (left, right)
    | abs ((left + n) - right) < 4 = Just (left + n, right)
    | otherwise                    = Nothing

landRight :: Birds -> Pole -> Maybe Pole
landRight n (left, right)
    | abs (left - (right + n)) < 4 = Just (left, right + n)
    | otherwise                    = Nothing
```

这些函数现在返回 Maybe Pole，而不再是 Pole。它们和之前一样取鸟的数目和一个旧的 Pole 类型，但是现在会检查鸟儿停靠后会不会让皮埃尔失去平衡。我们用查哨卫来检查新的杆子两边的鸟儿数目之差是否小于 4。如果是的话，我们把新的杆子包裹在一个 Just 里返回；否则就返回 Nothing，表示失败了。

让我们测试一下这些函数：

```
ghci> landLeft 2 (0, 0)
Just (2,0)
ghci> landLeft 10 (0, 3)
Nothing
```

如果鸟儿停靠不会导致皮埃尔失去平衡，我们会得到一个包裹在 Just 里的 Pole。如果杆子某一边的鸟儿数目比另一边大很多，我们会得到 Nothing。这很不错，但是我们似乎失去了在杆子上重复让鸟儿停靠的能力。我们不能再写 landLeft 1 （landRight 1 （0，0））了，因为当我们对（0，0）应用 landRight 1 时，我们不再得到一个 Pole，而是一个 Maybe Pole。landLeft 1 取一个 Pole，而不是 Maybe Pole。

我们需要一种方式能接受 Maybe Pole，把它喂给一个取 Pole 返回 Maybe Pole 的函数。幸运的是，这样的函数确实存在，叫做>>=。让我们来试一试：

```
ghci> landRight 1 (0, 0) >>= landLeft 2
Just (2,1)
```

记住，landLeft 2 的类型是 Pole -> Maybe Pole。我们不能把类型为 Maybe Pole 的 landRight 1 （0，0）喂给它，所以我们使用>>=从上下文中取出值提供给 landLeft 2。>>=让我们可以把 Maybe 值当做一个带有上下文的值。如果我们把 Nothing 喂给 landLeft 2，结果就是 Nothing，同时失败信息会被传播出来：

```
ghci> Nothing >>= landLeft 2
Nothing
```

有了>>=，我们就可以把多个可能失败的停靠操作串起来使用了，因为>>=允许我们把一个 monad 值喂给一个取普通值的函数。下面是一连串的停靠操作：

```
ghci> return (0, 0) >>= landRight 2 >>= landLeft 2 >>= landRight 2
Just (2,4)
```

一开始，我们用 return 来接受一个 Pole，把它包裹在 Just 里。我们也可以让 landRight 2 应用在（0，0）上达到同样的效果，不过像上面的代码那样对所有函数都使用 >>=会显得更具一致性。Just（0，0）被喂给 landRight 2，结果是 Just（0，2）。这个结果又被喂给 landLeft 2，得到 Just（2，2），依此类推。

还记得之前我们那个未引入失败信息的例子吗？

```
ghci> (0, 0) -: landLeft 1 -: landRight 4 -: landLeft (-1) -: landRight (-2)
(0,2)
```

这段代码并没有准确地刻画鸟儿飞来飞走产生的效果。在中间某一时刻，皮埃尔失去平衡了，但是结果没有反映出这一点。我们用 monad 的>>=代替普通函数应用来解决这个问题：

```
ghci> return (0, 0) >>= landLeft 1 >>= landRight 4 >>= landLeft (-1) >>= landRight (-2)
Nothing
```

最后的结果表示我们所预期的失败，我们看看这个结果是怎么得到的。

（1）return 把（0，0）放在默认上下文里得到 Just（0，0）。

（2）Just（0，0）>>= landLeft 1 执行了。因为 Just（0，0）是一个 Just 值，landLeft 1 被应用在（0，0）上，又因为平衡未被破坏，所以我们得到了 Just（1，0）。

（3）Just（1，0）>>= landRight 4 执行了，结果是 Just（1，4）。平衡快要被破坏了。

（4）Just（1，4）被喂给 landLeft（-1），也就是说 landLeft（-1）（1，4）执行了。平衡被破坏了，由于 landLeft 的工作方式，结果是 Nothing。

（5）Nothing 被喂给 landRight（-2），由于是 Nothing，于是结果也自动成为 Nothing，因为我们的 landRight（-2）没有东西可以应用。

把 Maybe 看做 applicative 时我们是没法做到这一点的。如果你尝试这么做了，就会发现有问题没法解决，applicative 函子没法让 applicative 值很好地互相作用，它们最多被用在 applicative 风格里表示函数的参数。

applicative 操作符会获取结果，用一种利于 applicative 操作的方式把它们喂给函数，然后得到在一起的多个 applicative 值。但是它们相互之间没有太多交互。在这里，每一步都会依赖上一步的结果。每次鸟儿停靠时，都会检查之前操作的结果和新杆子的平衡性。这决定停靠操作是成功还是失败。

13.4.3 线上的香蕉

现在让我们设计一个函数：忽略杆子上有多少只鸟，直接让皮埃尔
滑倒掉下来。我们把这个函数叫做 banana：

```
banana :: Pole -> Maybe Pole
banana _ = Nothing
```

我们可以把这个函数和鸟儿停靠的函数串起来使用。它总是会让皮埃尔摔跤，因为它忽略
了传递给它的参数，总是导致失败。

```
ghci> return (0, 0) >>= landLeft 1 >>= banana >>= landRight 1
Nothing
```

Just (1, 0)被喂给 banana，但是它产生了 Nothing，最后结果也就成了 Nothing。
皮埃尔多么不幸啊！

我们可以使用>>函数，而不是创建一个忽略输入、返回预先决定好的 monad 值的函数。下
面是这个函数的默认定义：

```
(>>) :: (Monad m) => m a -> m b -> m b
m >> n = m >>= \_ -> n
```

把某个值传递给一个总是忽略参数、返回预先决定好的 monad 值的函数，结果就会是那个
决定好的值。然而有了 monad，它们的上下文和含义也必须纳入考虑之中了。下面的例子展示
了对于 Maybe，>>的表现形式：

```
ghci> Nothing >> Just 3
Nothing
ghci> Just 3 >> Just 4
Just 4
ghci> Just 3 >> Nothing
Nothing
```

如果我们把>>替换成>>= _ ->，很容易看出会发生什么。

我们可以把链中的 banana 函数换成一个>>和一个表示计算失败的 Nothing：

```
ghci> return (0, 0) >>= landLeft 1 >> Nothing >>= landRight 1
Nothing
```

如果我们没有作出这个聪明的选择，把 Maybe 值当做一个带有上下文的值（可能失败的计
算），并把它们喂给函数，这段代码可能会是什么样子呢？下面的代码表示一系列停靠操作：

```
routine :: Maybe Pole
routine = case landLeft 1 (0, 0) of
    Nothing -> Nothing
```

```
    Just pole1 -> case landRight 4 pole1 of
        Nothing -> Nothing
        Just pole2 -> case landLeft 2 pole2 of
            Nothing -> Nothing
            Just pole3 -> landLeft 1 pole3
```

我们在左边停靠了一只鸟儿，然后检查可能的失败情况和成功的情况。如果失败了，我们返回 Nothing；如果成功执行，那么就在右边停靠四只鸟儿，再检查类似的失败情况。把这段畸形代码转换成干净的>>=的 monad 应用是一个经典的例子，用来展示在你需要做一连串可能失败的计算时，Maybe monad 如何节省你很多时间。

注意，Maybe 实现的>>=是如何突显判断值是否为 Nothing 的逻辑的。如果值是 Nothing，它立刻返回 Nothing；如果不是，它会继续操作 Just 里面的东西。

在这一节，我们讨论了通过支持返回可能失败的计算，一些函数能更好地工作。把那些返回值变成 Maybe 值，把普通函数应用替换成>>=，我们就几乎免费得到了能处理计算失败的一套机制。在这个例子里，上下文是可能失败的计算。当我们对这样的值应用函数时，我们总是需要考虑可能失败的计算。

13.5 do 记法

Haskell 中的 monad 非常有用，所以它们得到了属于它们的特殊语法，叫做 do 记法。你在第 8 章把若干 I/O 操作拼接到一起时已经接触到 do 记法了。事实证明，do 记法不仅可以表示 IO，也能用来表示其他任何 monad。它的原则是相同的：把多个 monad 值按一定顺序拼接起来。

考虑这个熟悉的 monad 应用的例子：

```
ghci> Just 3 >>= (\x -> Just (show x ++ "!"))
Just "3!"
```

我们已经做过类似的事了，把一个 monad 值喂给一个返回 monad 值的函数不是什么了不起的事。注意，当我们执行上面的代码时，lambda 里的 x 会被设置为 3。在 lambda 里，它就是个普通的值，而不是一个 monad 值。现在，如果我们的函数里有另一个>>=，会发生什么呢？考虑如下的代码：

```
ghci> Just 3 >>= (\x -> Just "!" >>= (\y -> Just (show x ++ y)))
Just "3!"
```

啊，这是嵌套使用的>>=！在外层的 lambda 里，我们把 Just "!" 喂给了 lambda \y -> Just (show x ++ y)。在内层的 lambda 里，y 的值成了"!"，而外层 lambda 里的 x 是 3。所有这些让我们回想起了下面的表达式：

```
ghci> let x = 3; y = "!" in show x ++ y
"3!"
```

主要的差别是>>=里的值是 monad 值，它们的上下文表示可能失败的计算。我们可以将这些变量中的任何一个换成表示失败的 Nothing：

```
ghci> Nothing >>= (\x -> Just "!" >>= (\y -> Just (show x ++ y)))
Nothing
ghci> Just 3 >>= (\x -> Nothing >>= (\y -> Just (show x ++ y)))
Nothing
ghci> Just 3 >>= (\x -> Just "!" >>= (\y -> Nothing))
Nothing
```

在第一个例子里，把 Nothing 喂给一个函数的结果自然是 Nothing。在第二个例子里，我们把 Just 3 喂给了某个函数，x 成了 3。然后我们把 Nothing 喂给内层的 lambda，结果就是 Nothing，因而外层结果也成了 Nothing。这有点儿像在 let 表达式里给变量赋值，只不过这里的值都是 monad 值。

为了进一步说明这一点，我们把这段代码写到一个脚本里，让每一个 Maybe 值单独占一行：

```
foo :: Maybe String
foo = Just 3 >>= (\x ->
      Just "!" >>= (\y ->
      Just (show x ++ y)))
```

Haskell 为我们提供了 do 记法，免去了写出这些恼人的 lambda 的麻烦。它让我们可以把上面的代码改写成下面这种形式：

```
foo :: Maybe String
foo = do
   x <- Just 3
   y <- Just "!"
   Just (show x ++ y)
```

看上去每一步我们都似乎可以不考虑 Maybe 值是 Nothing 还是 Just 值，直接从 Maybe 里取出东西来。这多么酷啊！如果我们想抽取的任何一个值是 Nothing，那么整个 do 表达式的结果就是 Nothing。我们在尝试把它们可能包含的值拽出来，让>>=来处理上下文的语义。

do 表达式只是把 monad 值串起来的一套不同的语法罢了。

13.5.1 按我所说的去做

在一个 do 表达式里，每一个不带 let 的行都是一个 monad 值。要获取它的结果就使用<-。比方说有一个 Maybe String，我们用了<-把它绑定到某个变量，这个变量会是一个 String，

就像我们用>>=把 monad 值喂给某个 lambda 一样。

do 表达式最后的 monad 值——在上面的例子中是 Just (show x ++ y)——不能用<-绑定到一个变量，因为当我们把 do 表达式转换成串接的>>=应用时没有对应的变换方式。最后一个表达式的结果就是整个 do 表达式的结果，而之前所有可能失败的计算也会被考虑进去。比如说下面这个例子：

```
ghci> Just 9 >>= (\x -> Just (x > 8))
Just True
```

>>=的左边参数是一个 Just 值，右边参数的 lambda 会应用到 9 上，结果是 Just True。我们可以用 do 记法改写这个例子：

```
marySue :: Maybe Bool
marySue = do
    x <- Just 9
    Just (x > 8)
```

比较这两个版本，很容易看出为什么整个表达式返回的 monad 值是 do 表达式中最后一个 monad 值。

13.5.2　我皮埃尔又回来了

我们的高空绳索行走表演者也能用 do 记法来表示。landLeft 和 landRight 接受鸟儿的数目和一个 Pole，返回包裹在 Just 里的 Pole。这里的异常是当表演者滑倒时，需要产生 Nothing。因为每个步骤都依赖之前的步骤，而且每个步骤都有一个表示计算可能失败的上下文，我们可以用>>=把连续的步骤串接在一起。有两只鸟儿停在左边，然后有两只停在右边，然后有一只停在左边：

```
routine :: Maybe Pole
routine = do
    start <- return (0, 0)
    first <- landLeft 2 start
    second <- landRight 2 first
    landLeft 1 second
```

让我们看看皮埃尔是不是成功了：

```
ghci> routine
Just (3,2)
```

他成功了！

当我们显式使用>>=执行这段程序时，我们会写 return (0, 0) >>= landLeft 2，因为 landLeft 2 是一个返回 Maybe 值的函数。然而，在 do 表达式里，每一行都必须是一个 monad 值，所以我们显式地把之前的 Pole 传递给 landLeft 和 landRight。各个变量都被赋予什么值了？ start 是(0, 0)，first 是(2, 0)，依此类推。

因为 do 表达式是一行一行写出来的，它们对有些人来说看上去像命令式代码。但是它们只是有顺序的，因为每个值，伴随着它们的上下文，都依赖之前代码的结果。（在这个例子里，上下文是有没有失败）。

我们来看看如果不用 Maybe 的 monad 特性，这段代码会变成什么样子：

```
routine :: Maybe Pole
routine =
    case Just (0, 0) of
        Nothing -> Nothing
        Just start -> case landLeft 2 start of
            Nothing -> Nothing
            Just first -> case landRight 2 first of
                Nothing -> Nothing
                Just second -> landLeft 1 second
```

看看 Just (0, 0) 中的二元组是怎么绑定到 start 的，以及 landLeft 2 start 的运算结果是怎么绑定到 first 的。

如果我们想向皮埃尔扔香蕉皮，我们可以这么做：

```
routine :: Maybe Pole
routine = do
    start <- return (0, 0)
    first <- landLeft 2 start
    Nothing
    second <- landRight 2 first
    landLeft 1 second
```

do 记法里的某一行如果不带<-，就相当于在一个我们想忽略的 monad 值后面加上了>>操作符。我们按顺序对它求值了，但是忽略了它的结果，因为我们不关心结果是什么。另外，这样写也比等价形式_ <- Nothing 优美一些。

什么时候用 do 记法，什么时候用>>=，取决于你。我认为这个例子比较适合用>>=写，因为每一步都依赖于之前的结果。在 do 记法里，我们需要明确地写出鸟儿停靠在哪个杆子上，但是每次停靠的 Pole 都恰好是之前停靠得到的结果 Pole。尽管这里 do 记法并没有带来什么好处，可这些讨论还是加深了我们对 do 记法的理解。

13.5.3   模式匹配和计算失败

在 do 记法里，把 monad 值绑定到变量时，我们可以像在 let 表达式里那样使用模式匹配。这里给出一个在 do 表达式里使用模式匹配的例子：

```
justH :: Maybe Char
justH = do
    (x:xs) <- Just "hello"
    return x
```

我们用模式匹配来得到字符串`"hello"`的第一个字符，然后我们把它作为结果。所以 justH 求值得到 Just `'h'`。

如果模式匹配失败会发生什么？当一个函数调用的模式匹配失败了，会检查下一个模式。如果这个函数的所有模式都匹配失败了，就会抛出一个错误，程序崩溃。另一方面，let 表达式里产生的失败的模式匹配会立刻产生错误，因为 let 表达式的模式匹配没有错误处理机制。

当 do 表达式里模式匹配失败了，fail 函数会被调用来表示当前 monad 的上下文里产生了错误，而不是让程序崩溃。下面是 fail 的默认实现：

```
fail :: (Monad m) => String -> m a
fail msg = error msg
```

默认情况下它会让程序崩溃。但是，如果上下文可以表示可能失败的计算（如 Maybe），这样的 monad 通常会自定义它们自己的 fail 函数。Maybe 的 fail 实现如下：

```
fail _ = Nothing
```

它忽略了错误信息并返回一个 Nothing。所以，当模式匹配失败时，会产生一个 Maybe 值 Nothing，这比让程序崩溃好多了。下面是一个模式匹配失败的 do 表达式的例子：

```
wopwop :: Maybe Char
wopwop = do
    (x:xs) <- Just ""
    return x
```

模式匹配失败了，所以效果就和模式匹配的那一行被替换成一个Nothing一样。让我们试一试：

```
ghci> wopwop
Nothing
```

失败的模式匹配在我们的 monad 上下文里产生了一个错误，而不是让整个程序崩溃，这个很巧妙。

13.6 列表 monad

迄今为止，你看到的 Maybe 值都被看做是表示可能失败的计算，>>=被用来做错误处理。在这一节，我们讨论如何利用列表的 monad 性质，用一种清晰可读的方式把非确定性引入我们的代码。

在第 11 章中，我们讨论了列表用做 applicative 时如何表示非确定性值。类似于 5 这样的值是确定性的——它只有一个结果，我们也知道它究竟是什么。但是，[3,8,9]这样的值包含多个结果，我们可以把它看做一个同时具有多个值的东西。把列表当做 applicative 函子，漂亮地展示了这种非确定性。

```
ghci> (*) <$> [1,2,3] <*> [10,100,1000]
[10,100,1000,20,200,2000,30,300,3000]
```

从左边列表取出元素和右边列表取出元素的所有可能乘积都被包含在结果列表中。在处理非确定性时，我们有很多选择，所以我们就换个尝试。这意味着结果也是非确定性值，但是结果数目变得多得多了。

非确定性这一上下文能非常漂亮地用 **monad** 表示，下面是列表的 Monad 实例定义：

```
instance Monad [] where
    return x = [x]
    xs >>= f = concat (map f xs)
    fail _ = []
```

正如你所知道的，return 做的事和 pure 一样。你可能已经熟悉了列表的 return。return 取一个值，把它包裹在最小的仍旧能产生这个值的上下文中。换句话说，return 创建了一个列表，里面只有一个值。当我们想把一个普通值包裹成列表时这很有用，它可以和非确定性值相互作用。

>>=就是从上下文（monad 值）中取出值，喂给一个取普通值、返回带上下文值的函数。如果那个函数返回的结果是普通值而非带上下文的值，那么>>=不会这么有用——毕竟使用过一次后，上下文就丢失了。

让我们把非确定性的值喂给一个函数：

```
ghci> [3,4,5] >>= \x -> [x,-x]
[3,-3,4,-4,5,-5]
```

当我们对 Maybe 使用>>=时，monad 值在被喂给函数时还考虑了可能失败的计算。这里，>>=考虑了非确定性。

[3,4,5]是非确定性值，我们把它喂给一个返回非确定性结果的函数，结果也是非确定性的，并且包含了从左边列表取出元素传递给函数\x -> [x,-x]的所有可能结果。这个函数取一个数，产生两个值——参数和参数的相反数。用>>=把列表喂给函数时，列表中每个数以及其相反数被产生出来。lambda 中的 x 取遍了列表中的每一个元素。

为了查看这是怎么做到的，我们考虑一下它的实现。首先，我们从列表[3,4,5]出发，对它映射那个 lambda 得到如下结果：

```
[[3,-3],[4,-4],[5,-5]]
```

lambda 被应用到了每个元素上，得到了列表的列表。最后，我们展平这个列表，瞧，我们对非确定性值应用了非确定性函数！

非确定性也支持表示失败信息。空列表和 Nothing 很像，因为它意味着缺少结果。那就是失败的计算被定义为空列表的原因，错误信息被扔掉了。把玩一下表示计算失败的列表：

```
ghci> [] >>= \x -> ["bad","mad","rad"]
[]
ghci> [1,2,3] >>= \x -> []
[]
```

在第一个例子里，空列表被喂给 lambda。因为列表为空，没有东西能传递给 lambda，所以结果也是空列表。这和把 Nothing 喂给函数很像。在第二个例子里，每个元素被传递给一个忽略参数返回空列表的函数。因为那个函数无论遇到什么参数都会失败，所以结果也表示计算失败了。

就像 Maybe 值，我们可以把若干列表用>>=串起来，把非确定性传播开来：

```
ghci> [1,2] >>= \n -> ['a','b'] >>= \ch -> return (n, ch)
[(1,'a'),(1,'b'),(2,'a'),(2,'b')]
```

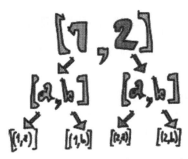

列表中的数[1,2]被绑定到 n，列表['a','b']中的字符被绑定到 ch。然后我们执行 return (n, ch)（或者说[(n, ch)]），表示取一个二元组 (n, ch)，把它放在默认的最小上下文里。在这个例子里，这个最小上下文是包含(n, ch)的单元素列表，这个上下文是最小的。我们说："对于[1,2]里的每个元素，遍历['a','b']，根据两个列表的元素产生一个二元组。"

一般来说，因为 return 取一个值包裹在最小上下文里，它不会有其他额外效果（比如 Maybe 中的失败，或者列表的更多的非确定性），但它确实会展示某个东西作为它的结果。

对于相互作用的非确定性值，你可以把它们相互作用的结果看做一棵树，每个可能的结果都是一个单独的分支。刚才的例子用 do 记法改写就得到下面的代码：

```
listOfTuples :: [(Int, Char)]
listOfTuples = do
  n <- [1,2]
  ch <- ['a','b']
  return (n, ch)
```

这样就更容易看出 n 取[1,2]中的每个值，ch 取['a','b']中的每个值。和 Maybe 一样，我们在从 monad 值里取出元素，把它们当做普通值来用，>>=会替我们考虑上下文。在这个例子中，上下文就是非确定性。

13.6.1　do 记法和列表推导式

用 do 记法处理列表可能会让你回想起什么。比如，下面的代码片段：

```
ghci> [ (n, ch) | n <- [1,2], ch <- ['a','b'] ]
[(1,'a'),(1,'b'),(2,'a'),(2,'b')]
```

　　这是列表推导式！在我们的 do 记法例子里，n 会取遍 [1,2] 的每一个元素。对于 n 的每个取值，ch 取遍 ['a','b'] 的每个元素，最后一行把 (n, ch) 放到一个默认上下文里（单元素列表）来表示没有引入非确定性而得到的结果。在列表推导式的例子中发生了同样的事，但是我们不需要在最后书写 return 来表示 (n, ch) 是结果了，因为列表推导式的输出部分替我们做了这件事。

　　事实上，列表推导式正是列表 monad 的语法糖。归根结底，列表推导式和列表的 do 记法最终都会转换成 >>= 来表示非确定性。

13.6.2　MonadPlus 和 guard 函数

　　列表推导式能让我们对输出做过滤。比如，我们可以过滤数的列表，搜索包含数字 7 的数：

```
ghci> [ x | x <- [1..50], '7' `elem` show x ]
[7,17,27,37,47]
```

　　我们对 x 应用 show 把数转换成字符串，然后检查字符 '7' 是否是这个字符串的一部分。

　　为了查看列表推导式的过滤是怎么变换为列表 monad 的，我们需要了解 guard 函数和 MonadPlus 类型类。

　　MonadPlus 类型类用来表示具有 monoid 行为的 monad。下面给出它的定义：

```
class Monad m => MonadPlus m where
    mzero :: m a
    mplus :: m a -> m a -> m a
```

　　mzero 和 Monoid 类型类中的 mempty 的别名，而 mplus 对应于 mappend。因为列表既是 monoid 又是 monad，所以它可以成为这个类型类的实例：

```
instance MonadPlus [] where
    mzero = []
    mplus = (++)
```

　　对于列表，mzero 表示一个非确定性的计算：没有结果——一个失败的计算。mplus 把两个非确定性值合并成一个。guard 函数定义如下：

```
guard :: (MonadPlus m) => Bool -> m ()
guard True = return ()
guard False = mzero
```

　　guard 取一个布尔值，如果是 True，就把 () 放在最小默认上下文里返回；如果是 False，则产生一个表示计算失败的 monad 值。下面展示了它的工作方式：

```
ghci> guard (5 > 2) :: Maybe ()
Just ()
ghci> guard (1 > 2) :: Maybe ()
Nothing
```

```
ghci> guard (5 > 2) :: [()]
[()]
ghci> guard (1 > 2) :: [()]
[]
```

这看上去很有趣，但它有用吗？在列表 monad 里，我们用它来过滤非确定性计算：

```
ghci> [1..50] >>= (\x -> guard ('7' `elem` show x) >> return x)
[7,17,27,37,47]
```

结果和之前的列表推导式一样，guard 是怎么做到这一点的呢？让我们先看看 guard 函数是怎么和>>协作的：

```
ghci> guard (5 > 2) >> return "cool" :: [String]
["cool"]
ghci> guard (1 > 2) >> return "cool" :: [String]
[]
```

如果 guard 执行成功了，它包含的结果就会是一个空元组。所以我们用>>忽略空元组，把另一个东西作为结果。但是，如果 guard 失败了，因为把空列表用>>=喂给一个函数的结果也是空列表，所以后面的 return 也会失败。guard 的功能基本上就是：如果作为参数的布尔值为 False，那么立刻失败；否则产生一个表示成功的值，里面有一个()。它所做的就是让计算继续进行下去。

把之前的例子用 do 记法改写就得到下面的代码：

```
sevensOnly :: [Int]
sevensOnly = do
    x <- [1..50]
    guard ('7' `elem` show x)
    return x
```

如果我们忘记用 return 把 x 表示为最终结果了，结果列表就是空元组的列表。这段代码转换成列表推导式就是下面这样：

```
ghci> [ x | x <- [1..50], '7' `elem` show x ]
[7,17,27,37,47]
```

列表推导式中的过滤和使用 guard 一样。

13.6.3　马的探索

下面给出一个适宜用非确定性解决的问题。假设我们有一个棋盘，里面有一个棋子——马。我们想了解马能否用三步到达一个特定位置。我们会用一对儿数来表示棋盘上马的位置，第一项表示它所在的列，第二项表示行。

创建一个类型别名来表示棋盘上马的位置：

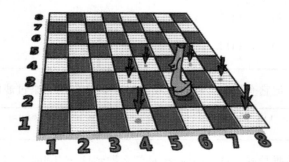

```
type KnightPos = (Int, Int)
```

现在假设马从 (6, 2) 出发，它能三步到达 (6, 1) 吗？从当前格子出发移动到哪个格子最好？我知道怎么回答这些问题！我们需要处理非确定性了，让我们一次选择所走法，而不仅仅是一个。下面的函数取马的位置为参数，返回所有下一步可以到达的位置：

```
moveKnight :: KnightPos -> [KnightPos]
moveKnight (c,r) = do
    (c', r') <- [(c+2,r-1),(c+2,r+1),(c-2,r-1),(c-2,r+1)
                ,(c+1,r-2),(c+1,r+2),(c-1,r-2),(c-1,r+2)
                ]
    guard (c' `elem` [1..8] && r' `elem` [1..8])
    return (c', r')
```

马走"日"字，(c', r') 取遍所有的移动方案，guard 确保新的位置仍旧在棋盘上。如果不是的话，guard 会返回空列表，表示计算失败，return (c', r') 就不会被执行了。

这个函数也可以不用列表 monad，下面是使用 filter 的写法：

```
moveKnight :: KnightPos -> [KnightPos]
moveKnight (c, r) = filter onBoard
    [(c+2,r-1),(c+2,r+1),(c-2,r-1),(c-2,r+1)
    ,(c+1,r-2),(c+1,r+2),(c-1,r-2),(c-1,r+2)
    ]
    where onBoard (c, r) = c `elem` [1..8] && r `elem` [1..8]
```

这些版本都做一件事，选一个你看着舒服的解法吧。我们来试一试吧：

```
ghci> moveKnight (6, 2)
[(8,1),(8,3),(4,1),(4,3),(7,4),(5,4)]
ghci> moveKnight (8, 1)
[(6,2),(7,3)]
```

十分奏效！可以这么说，我们获取了一个位置，一次性选择了所有的走法。

我们已经有下一个位置的非确定性结果了，可以用 >>= 把它喂给 moveKnight。下面的函数取位置为参数，返回三步可以到达的所有位置：

```
in3 :: KnightPos -> [KnightPos]
in3 start = do
    first <- moveKnight start
    second <- moveKnight first
    moveKnight second
```

如果你传递给它参数(6，2)，结果列表会很大。这是因为三步到达一个位置有多种方法，所有的方案都会出现在结果列表中。

前面的代码不用 do 记法就会变成这样：

```
in3 start = return start >>= moveKnight >>= moveKnight >>= moveKnight
```

用一次>>=会给我们从起点出发可以到达的所有位置。第二次使用>>=会对于所有可能的第一步，返回可能的第二步位置。第三次使用>>=就会告诉我们三步可以到达的所有位置。

通过把 return 应用到一个值上把一个值放到默认上下文里，然后用>>=把它喂给一个函数，就和把这个函数应用到这个值上一样，但是为了风格统一，我们这里还是使用了 return。

现在，创建一个函数，该函数取两个位置并告诉我们你是否能从其中一个位置三步到达另一个位置：

```
canReachIn3 :: KnightPos -> KnightPos -> Bool
canReachIn3 start end = end `elem` in3 start
```

我们生成三步可以到达的所有位置，检查我们寻找的位置是否在结果里面。下面的代码展示了怎么判断三步能否从(6，2)走到(6，1)：

```
ghci> (6, 2) `canReachIn3` (6, 1)
True
```

可以！(6，2)到（7，3）呢？

```
ghci> (6, 2) ` canReachIn3` (7, 3)
False
```

不行！作为练习，你可以修改这个函数，当你可以从一个位置三步走到另一个位置时，返回具体走法。在第 14 章中，你会看到如何修改这个函数，以便把步数作为参数传递给它，而不是像现在这样硬编码到代码里。

13.7　monad 定律

和函子、applicative 函子一样，monad 也有一些所有 monad 实例都需要遵守的定律。因为一个类型成为 Monad 类型类的实例不代表它就是一个 monad。一个类型要成为 monad，必须遵守 monad 定律，这些定律让我们能对它的行为作出合理假设。

只要类型匹配，Haskell 就允许任何类型成为任何类型类的实例，它无法检查一个类型是否满足 monad 定律。如果我们要让某个类型成为 Monad 类型类的实例，必须确保这个类型遵守 monad 定律。我们可以相信标准库中的 Monad 实例类型都满足这些定律，但是当我们创建自己的 monad 时，需要检查它是否成立。别担心，这并不复杂。

13.7.1　左单位元

第一条 monad 定律说：如果用 return 把一个值放在默认上下文里，然后用>>=喂给一个函数，结果必须和直接对这个值应用那个函数一样。形式化地说，return x >>= f 和 f x 一样。

如果你把 monad 值看做带有上下文的值，return 取一个值放在仍旧能表示这个值的默认最小上下文里，把得到的 monad 值喂给函数，那么这条定律确实是有意义的。如果那个上下文确实是最小的，那么把这个 monad 值喂给一个函数应该和直接把那个函数应用到普通值上结果相同。

对于 Maybe monad，return 被定义为 Just。Maybe monad 用来表示可能失败，如果要把一个值放在这样的上下文里，把它表示成成功的计算是合理的，因为我们知道这个值是什么么。下面给出了使用 return 处理 Maybe 的例子：

```
ghci> return 3 >>= (\x -> Just (x+100000))
Just 100003
ghci> (\x -> Just (x+100000)) 3
Just 100003
```

对于列表 monad，return 把某个东西放在单元素列表里。列表的>>=实现遍历列表的所有元素，对它们应用那个函数。由于单元素列表里只有一个值，所以结果和直接把函数作用到那个值上相同：

```
ghci> return "WoM" >>= (\x -> [x,x,x])
["WoM","WoM","WoM"]
ghci> (\x -> [x,x,x]) "WoM"
["WoM","WoM","WoM"]
```

你已经了解了，对于 IO，用 return 会产生一个没有副作用的 I/O 操作，所以这条定律对 IO 也成立。

13.7.2　右单位元

第二条定律说：如果有一个 monad 值，可以用>>=把它喂给 return，结果还是原来的 monad 值。形式化地说，m >>= return 和 m 没有差别。

这条定律可能没有第一条那么显然。我们来看一看它为什么应该成立。当我们用>>=把 monad 值喂给函数时，那些函数取普通值并返回 monad 值，如果仔细考虑一下 return，它也是这样的一个函数。

return 把一个值放在仍能表示这个值的最小上下文里，这意味着，对于 Maybe，它不会引入任何失败信息；对于列表，它不会引入额外的非确定性。

下面的一些例子测试了几个 monad：

```
ghci> Just "move on up" >>= (\x -> return x)
Just "move on up"
ghci> [1,2,3,4] >>= (\x -> return x)
[1,2,3,4]
ghci> putStrLn "Wah!" >>= (\x -> return x)
Wah!
```

在列表的例子里，>>=的实现是这样的：

```
xs >>= f = concat (map f xs)
```

当我们把[1，2，3，4]喂给 return 时，首先 return 被映射到[1，2，3，4]上，得到[[1]，[2]，[3]，[4]]。然后结果被拼接起来，得到原始列表。

左单位元和右单位元实际上是描述 return 行为的定律。它是一个把普通值变成 monad 值的重要函数，如果它产生的值的上下文不是需要的最小上下文，就不好了。

13.7.3 结合律

最后一条 monad 定律说如果我们有一条>>=串起来的 monad 函数应用链，它们的嵌套顺序应该无关紧要。形式化地写出来，(m >>= f) >>= g 应该和 m >>= (\x -> f x >>= g)一样。

嗯，这到底是怎么一回事？我们有一个 monad 值、m 和两个 monad 函数 f 和 g。执行(m >>= f) >>= g 时，我们把 m 喂给了 f，结果也是 monad 值，被喂给了 g。在表达式 m >>= (\x -> f x >>= g) 中，我们取了一个 monad 值，把它喂给了一个把 f x 喂给 g 的函数。不容易看出来这两个表达式是怎么相等的，所以让我们找一个例子说明这个等价性吧。

还记得我们的高空绳索行走表演者皮埃尔吗？为了模拟停在平衡杆上的鸟儿，我们把一系列可能失败的函数串起来：

```
ghci> return (0, 0) >>= landRight 2 >>= landLeft 2 >>= landRight 2
Just (2,4)
```

我们从 Just (0, 0)出发，把这个值绑定到下一个 monad 函数 landRight 2，结果是另一个 monad 值，又被绑定到下一个 monad 函数，依此类推。如果我们给它加上括号，就会得到如下代码：

```
ghci> ((return (0, 0) >>= landRight 2) >>= landLeft 2) >>= landRight 2
Just (2,4)
```

但是，我们也可以把这段代码写成这样：

```
return (0, 0) >>= (\x ->
landRight 2 x >>= (\y ->
landLeft 2 y >>= (\z ->
landRight 2 z)))
```

`return (0, 0)` 和 `Just (0, 0)` 一样，当它被喂给那个 lambda 时，`x` 成了 `(0, 0)`。`landRight` 取鸟儿的数目和一根杆子（两个数的二元组），返回 `Maybe Pole`。这里的结果是 `Just (0, 2)`，当它被喂给下一个 lambda 时，`y` 成了 `(0, 2)`。依此类推，直到最后一个鸟儿停靠在杆子上产生结果 `Just (2, 4)`，即整个表达式的结果。

尽管嵌套 monad 函数的应用是无关紧要的，但是它们的含义是不同的。我们来看看怎么用另一种方式理解这条定律。我们可以用 `(.)` 把两个函数 `f` 和 `g` 组合起来：

```
(.) :: (b -> c) -> (a -> b) -> (a -> c)
f . g = (\x -> f (g x))
```

如果 `g` 的类型是 `a -> b`，`f` 的类型是 `b -> c`，我们就得到了类型为 `a -> c` 的另一个函数，以便其参数在两个函数间传递。如果两个函数是 monad 式的会发生什么？如果函数的类型是 `a -> m b`，我们不能把它的结果传递给 `b -> m c`，因为后者接受普通 `b`，而不是 monad 式的。然而，我们可以使用 `>>=` 来做到这一点。

```
(<=<) :: (Monad m) => (b -> m c) -> (a -> m b) -> (a -> m c)
f <=< g = (\x -> g x >>= f)
```

现在我们可以把两个 monad 式的函数组合在一起了：

```
ghci> let f x = [x,-x]
ghci> let g x = [x*3,x*2]
ghci> let h = f <=< g
ghci> h 3
[9,-9,6,-6]
```

好吧，这确实很酷，但是和结合律有什么关系呢？如果我们把第三条 monad 定律看做关于组合性的定律，它说的就是 `f <=< (g <=< h)` 应该和 `(f <=< g) <=< h` 相同。这是说明 monad 操作的嵌套没有影响的另一种方式。

如果我们把前两条 monad 定律也转化为使用 `<=<`，那么左单位元是说：对于任何 monad 式的函数 `f`，`f <=< return` 等同于 `f`；右结合律是说：`return <=< f` 等同于 `f`。这些定律和描述普通函数 `f` 时用的表达式类似：`(f.g).h` 和 `f.(g.h)` 相同，`f.id` 和 `f` 相同，`id.f` 和 `f` 相同。

在这一章中，我们了解了 monad 的基础知识，学习了 Maybe monad 和列表 monad 的工作方式。在下一章，我们会接触其他一些有趣的 monad，并创建自己的 monad。

第 14 章

再多一些 monad

你已经了解了 monad 怎样从上下文中取出值来应用函数，以及如何使用>>=或者 do 记法使你可以把注意力集中在值上，让 Haskell 来替你处理上下文。

你接触过了 Maybe monad，明白了它是怎么给值添加上下文来表示计算可能失败的。你也学习了列表 monad，了解了它如何把非确定性引入我们的程序。而且你在知道 monad 前就已经懂得怎么和 IO monad 打交道了！

在这一章，我们会涉及其他一些 monad。你会看到通过把各种类型的值表示成 monad 式的值，会让程序变得更加清晰。关于 monad 的进一步探究也会巩固你对 monad 的认知和使用它的能力。

我们要探索的 monad 都在 mtl 包里。（Haskell 中的包是模块的集合。）mtl 包是捆绑在 Haskell Platform 里的，所以你应该已经拥有它了。要检查你安装了哪些包，可以在命令行使用 ghc-pkg list 命令，会显示所有已安装的包以及它们的版本号，mtl 应该就在其中。

14.1 Writer？我没听说过啊！

我们已经有了 Maybe monad、列表 monad 和 ID monad，现在让我们进入 Writer monad，看一下使用它时会发生什么。

Maybe monad 的上下文是针对值给出计算可能失败的上下文，列表 monad 表示具有非确定性的值，Writer monad 用来表示附有日志的值。Writer 允许我们在做运算的时候记录日志，所有的日志都会被合并在一起附在结果值上。

例如，我们可能想给值配上用来描述其行为的字符串，这可能是出于调试的意图。考虑一个以强盗团人数为参数的函数，这个函数告诉我们这是不是一个大的强盗团，定义如下：

```
isBigGang :: Int -> Bool
isBigGang x = x > 9
```

如果除了 True 或 False 值，我们还希望这个函数返回一个日志字符串，说明它做了哪些工作，该怎么做？我们可以让它伴随着 Bool，返回一个字符串：

```
isBigGang :: Int -> (Bool, String)
isBigGang x = (x > 9, "Compared gang size to 9.")
```

现在返回值不再是一个简单的 Bool 了，而是一个二元组，第一项是实际的结果，第二项是伴随的字符串。返回值现在带有一个上下文了。测试一下这个函数吧：

```
ghci> isBigGang 3
(False,"Compared gang size to 9.")
ghci> isBigGang 30
(True,"Compared gang size to 9.")
```

目前为止一切正常，isBigGang 取普通的值，返回带有上下文的值。你已经看到了，把普通值作为参数喂给它并不难。如果我们已经有了一个带有日志字符串的值，想要喂给 isBigGang 呢？看上去我们又遇到这样的问题了：有一个取普通值、返回带上下文的值的函数，怎么把一个带上下文的值喂给它？

上一章探索 Maybe monad 时，我们创建了一个名为 applyMaybe 的函数。这个函数取一个类型为 Maybe a 的值和一个类型为 a -> Maybe b 的函数。这个函数设法把 Maybe a 值喂给 a -> Maybe b 了，尽管后者是以普通值为参数的。做到这一点是注意到了 Maybe a 可以表示计算可能失败。在 a -> Maybe b 函数内部，我们可以把参数当做普通值，因为 applyMaybe（也就是>>=）替我们检查了参数是 Nothing 还是 Just 值。

同样，我们可以创建一个函数以带日志的值为参数（也就是说(a, String)）和一个类型为 a -> (b, String) 的函数，把这个值喂给函数。我们把这个函数叫做 applyLog。(a, String) 的上下文没有表示计算可能失败，而是表示附带的日志。所以，applyLog 需要确保第一个参数的日志没有丢失，把它和从第二个参数返回的值的日志合并起来。下面给出 applyLog 的实现：

```
applyLog :: (a, String) -> (a -> (b, String)) -> (b, String)
applyLog (x, log) f = let (y, newLog) = f x in (y, log ++ newLog)
```

当有一个带上下文的值需要喂给函数时，我们通常会试图把上下文剥离，应用那个函数，然后再考虑被剥离的上下文应该怎样处理。对于 Maybe monad，我们检查它是不是 Just x，如果是则取出其中的 x 应用给一个函数。在这个例子里，我们处理的是一个二元组，很容易剥离上下文（日志）得到值，对它应用函数 f 得到一个二元组 (y, newLog)，其中 y 是结果，newLog 是新的日志。但如果仅仅把 y 和 newLog 返回，旧的日志就丢失了，所以我们返回二元组 (y, log ++ newLog)。++ 用来把新的日志追加到旧日志上。

下面是这个能正常工作的 applyLog 的测试例子：

```
ghci> (3, "Smallish gang.") `applyLog` isBigGang
(False,"Smallish gang.Compared gang size to 9.")
ghci> (30, "A freaking platoon.") `applyLog` isBigGang
(True,"A freaking platoon.Compared gang size to 9.")
```

结果和之前类似，只是强盗团的人数伴随着日志作为参数出现，这个日志被包含在结果值附带的日志里了。

下面是 applyLog 的其他几个例子：

```
ghci> ("Tobin", "Got outlaw name.") `applyLog` (\x -> (length x, "Applied length."))
(5,"Got outlaw name.Applied length.")
ghci> ("Bathcat", "Got outlaw name.") `applyLog` (\x -> (length x, "Applied length."))
(7,"Got outlaw name.Applied length.")
```

仔细观察，在 lambda 里，x 是一个普通字符串而非二元组，再注意 applyLog 是怎么追加日志的。

14.1.1 monad 赶来营救

现在 applyLog 参数类型为 (a, String)，但是为什么日志非得是 String？我们使用了 ++ 把两段日志合并，++ 应该对一切列表适用，不仅仅是字符的列表啊。没错，确实是这样，我们可以把 applyLog 的类型改成这样：

```
applyLog :: (a, [c]) -> (a -> (b, [c])) -> (b, [c])
```

现在日志是一个列表了，但要注意第一个参数的列表和第二个参数返回值的列表必须是同一种类型，否则就没法用 ++ 把两端日志合并在一起了。

日志可以是字节串吗？没理由不可以，然而现在 applyLog 的类型只适用于日志为列表类型。看上去我们需要另一个 applyLog 的变体来表示字节串了，但是等一下！列表和字节串都是 monoid，正因为如此，它们都是 Monoid 类型类的实例，也就是说它们实现了 mappend 函数。对于列表和字节串，mappend 就是把两个东西拼接起来。瞧瞧它们是怎么工作的：

```
ghci> [1,2,3] `mappend` [4,5,6]
[1,2,3,4,5,6]
ghci> B.pack [99,104,105] `mappend` B.pack [104,117,97,104,117,97]
Chunk "chi" (Chunk "huahua" Empty)
```

酷!现在我们的 `applyLog` 可以处理 monoid 了,我们需要修改类型和实现来体现这一点。我们把 ++ 改成 mappend:

```
applyLog :: (Monoid m) => (a, m) -> (a -> (b, m)) -> (b, m)
applyLog (x, log) f = let (y, newLog) = f x in (y, log `mappend` newLog)
```

既然伴随值的日志类型可以是任何 monoid 了,我们不必再把伴随值的那个东西当做日志了,可以把它想象成一个伴随的 monoid 值。比如,一个二元组,表示食品名和伴随的价格。我们用 Sum newtype 来确保我们操作食品时价格被累加起来。下面的函数是用来给牛仔的食品清单添加饮料的:

```
import Data.Monoid

type Food = String
type Price = Sum Int

addDrink :: Food -> (Food, Price)
addDrink "beans" = ("milk", Sum 25)
addDrink "jerky" = ("whiskey", Sum 99)
addDrink _ = ("beer", Sum 30)
```

我们用字符串来表示食品,Sum newtype 里的 Int 表示食品的花费。再次提醒,对 Sum 做 mappend 会把 Sum 包裹的值累加起来:

```
ghci> Sum 3 `mappend` Sum 9
Sum {getSum = 12}
```

addDrink 函数很简单。如果我们吃豆子,就返回"milk",伴随着表示价格的 Sum 25。如果我们吃牛肉干,就应该同时喝威士忌。如果吃其他的东西,就喝啤酒。像这样把函数应用到值上没啥特别的,但是用 applyLog 把伴随价格的食品喂给一个函数就值得研究一下了:

```
ghci> ("beans", Sum 10) `applyLog` addDrink
("milk",Sum {getSum = 35})
ghci> ("jerky", Sum 25) `applyLog` addDrink
("whiskey",Sum {getSum = 124})
ghci> ("dogmeat", Sum 5) `applyLog` addDrink
("beer",Sum {getSum = 35})
```

牛奶价值 25 美分,连同价值 10 美分的豆子,我们最后需要支付 35 美分。

现在清楚了,附带的值不必是日志,可以是任何 monoid 值。两个附带值的合并方式取决于 monoid 的类型。如果附带值表示日志,它们就需要拼接起来;如果像本例这样表示价格,它们就应该加起来。

因为 addDrink 返回值类型为 (Food, Price),我们可以继续把它喂给 addDrink 函数,它会告诉我们应该买什么伴随着之前购买的饮料一起吃,同时帮我们计算总价。让我们试一试:

```
ghci> ("dogmeat", Sum 5) `applyLog` addDrink `applyLog` addDrink
("beer",Sum {getSum = 65})
```

第一个 addDrink 告诉我们吃狗肉要喝啤酒，结果是("beer", Sum 35)。第二个 addDrink 告诉我们伴随着饮料（啤酒）一起喝的依然是啤酒，结果是("beer", Sum 65)。

14.1.2 **Writer** 类型

你已经了解附有 monoid 的值是 monad 式的值了，下面我们来了解这个类型的 Monad 实例。Control.Monad.Writer 模块导出了 Writer w a 类型、它的 Monad 实例和一些处理这一类型的实用函数。

为了把一个 monoid 附着在某个值上，我们只需要把值和 monoid 放在一个二元组里。Writer w a 正是定义成这样的一个 newtype：

```
newtype Writer w a = Writer { runWriter :: (a, w) }
```

二元组被包裹在 newtype 了，这样它的类型就和普通的二元组不一样，从而可以成为 Monad 的实例。其中类型参数 a 代表值的类型，w 代表附着的 monoid 值的类型。

Control.Monad.Writer 模块保留了修改 Writer w a 类型内部实现的权利，所以它没有导出 Writer 值构造器，而是它导出了 writer 函数，其功能和值构造器完全一样。当你想把一个二元组变成一个 Writer 值时就使用 writer 吧。

因为 Writer 值构造器没有被导出，所以无法对它做模式匹配。不过可以使用 runWriter，这个函数接受一个包裹在 Writer newtype 里的元组，把包裹解开得到里面的元组。

Writer 的 Monad 实例定义如下：

```
instance (Monoid w) => Monad (Writer w) where
    return x = Writer (x, mempty)
    (Writer (x, v)) >>= f = let (Writer (y, v')) = f x in Writer (y, v `mappend` v')
```

首先来检查一下>>=，它的实现和 applyLog 基本一样，只是现在元组被包裹在 Writer newtype 里了，在做模式匹配前需要先把包裹解开。我们取得值 x，把 f 应用在 x 上，得到类型为 Writer w a 的值，可以用 let 对其做模式匹配。y 是新的结果值，附着的 monoid 则由 v 和 v'的 mappend 计算得到。值和附着的 monoid 放在一个二元组里，然后用 Writer 值构造器包裹起来得到一个 Writer 值。

那么，看一下 return。它接受一个值，把它放在依然能产生它的默认最小上下文里。Writer 值的最小上下文是什么？如果我们希望附着的

monoid 对其他 monoid 的影响尽可能小，那么毫无疑问，我们应该使用 mempty。

mempty 用来表示单位元 monoid 值，如""、Sum 0 和空字节串。mempty 和其他任何 monoid 值的 mappend 运算结果都是那个 monoid 值。如果我们用 return 创建一个 Writer 值，然后用>>=把它喂给某个函数，得到的 monoid 值应该就是那个函数返回的 monoid 值。

对 e 使用若干次 return 得到各个不同的 monoid 构成的 Writer 吧：

```
ghci> runWriter (return 3 :: Writer String Int)
(3,"")
ghci> runWriter (return 3 :: Writer (Sum Int) Int)
(3,Sum {getSum = 0})
ghci> runWriter (return 3 :: Writer (Product Int) Int)
(3,Product {getProduct = 1})
```

因为 Writer 没有 Show 的实例，我们需要用 runWriter 把 Writer 值转化为可以显示的普通元组。对于 String，默认最小上下文的 monoid 值就是空字符串。对于 Sum，应该是 0，因为 0 加上任何数的结果都是那个数。对于 Product，单位元应该是 1。

Writer 实例并没有实现 fail，所以，如果 do 记法中模式匹配失败，就调用 error。

14.1.3 对 **Writer** 使用 do 记法

既然我们已经获得了 Monad 的实例，现在可以自由地使用 do 记法来表示 Writer 值了，这样操作若干个 Writer 值时会很方便，就像在处理其他 monad 时，我们把它们当做普通值那样处理，do 记法会替我们考虑上下文。在 Writer 中，所有附着的 monoid 值都被 mappend 起来，反映在最终结果里。

下面是用 do 记法把两个数相乘的例子：

```
import Control.Monad.Writer

logNumber :: Int -> Writer [String] Int
logNumber x = writer (x, ["Got number: " ++ show x])

multWithLog :: Writer [String] Int
multWithLog = do
    a <- logNumber 3
    b <- logNumber 5
    return (a*b)
```

logNumber 取一个数，把它变成 Writer 值。注意，我们使用了 writer 函数构建一个 Writer 值，而没有用 Writer 值构造器。例子中的 monoid 是字符串列表，对于每个数，我们都为其附着了一个单元素列表说我们得到了那个数。multWithLog 是一个把 3 和 5 相乘的

Writer 值，并确保这两段日志都被包含在最终日志中。我们用 return 来让 a*b 成为结果。因为 return 把东西放在最小上下文里，所以我们知道它不会往日志添加内容。

运行这段代码会得到下面的结果：

```
ghci> runWriter multWithLog
(15,["Got number: 3","Got number: 5"])
```

有时候我们希望在某些确定的时刻加入一些 monoid 值，这时候 tell 就派上用场了，它是 MonadWriter 类型类的一部分。在 Writer 的例子里，它取 monoid 值，如 ["This is going on"]，创建一个表示 () 的 Writer 值，附着的 monoid 则是参数。对于一个结果为 () 的 monad 式的值，我们不必把它绑定到某个变量。

下面是多了一些额外日志的 multWithLog：

```
multWithLog :: Writer [String] Int
multWithLog = do
    a <- logNumber 3
    b <- logNumber 5
    tell ["Gonna multiply these two"]
    return (a*b)
```

很重要的一点是，return (a*b) 必须在最后一行，因为 do 表达式的最后一行是整个 do 表达式的结果。如果 tell 在最后一行，do 表达式的结果就会是 ()，虽然最终的日志还是一样的，但乘法运算的结果会丢失。下面是运行结果：

```
ghci> runWriter multWithLog
(15,["Got number: 3","Got number: 5","Gonna multiply these two"])
```

14.1.4 给程序添加日志

欧几里得算法取两个数，计算它们的最大公约数，也就是能同时整除那两个参数的最大的数。Haskell 已经包含 gcd 函数做这件事了，但我们还是想实现这样一个函数，同时为它配备上日志功能。下面是欧几里得算法：

```
gcd' :: Int -> Int -> Int
gcd' a b
    | b == 0    = a
    | otherwise = gcd' b (a `mod` b)
```

算法很简单。首先检查第二个参数是否为 0，是则返回第一个参数；否则结果是以下两个数的最大公约数：第二个参数、第一个参数除以第二个参数的余数（求模运算）。

例如，我们想知道 8 和 3 的最大公约数，只需要跟着算法一步一步做。3 不等于 0，所以我们只需要知道 3 和 2 的最大公约数（8 被 3 除，余数为 2）。接着，我们找出 3 和 2 的最大公约数。2 不等于 0，所以我们只需要知道 2 和 1 的最大公约数。第二个数依然不等于 0，我们以 1 和 0 为参数执行这个算法（因为 2 被 1 除，余数为 0）。第二个参数终于为 0 了，最后结果就是 1。看看代码的运行结果是不是吻合：

```
ghci> gcd' 8 3
1
```

非常好，结果吻合！现在我们需要给结果加上上下文，上下文会是一个表示日志的 monoid 值。和之前一样，以字符串列表作为 monoid，所以新的 gcd' 函数类型如下：

```
gcd' :: Int -> Int -> Writer [String] Int
```

现在需要做的就是给函数配备日志功能，代码如下：

```
import Control.Monad.Writer

gcd' :: Int -> Int -> Writer [String] Int
gcd' a b
    | b == 0 = do
        tell ["Finished with " ++ show a]
        return a
    | otherwise = do
        tell [show a ++ " mod " ++ show b ++ " = " ++ show (a `mod` b)]
        gcd' b (a `mod` b)
```

这个函数取两个普通 Int 值，返回一个 Writer [String] Int，也就是带有日志上下文的 Int。b 为 0 时，我们并不是直接返回 a 作为结果，而是使用 do 表达式产生一个 Writer 值。首先用 tell 报告我们计算结束，然后用 return 把 a 作为 do 表达式的结果。我们也可以不用 do 表达式，写成这样：

```
writer (a, ["Finished with " ++ show a])
```

然而，我觉得 do 表达式的可读性更好。

接下来，对于 b 不为 0 的情形，记录下我们对 a 和 b 做了模运算，do 表达式的第二行就是递归调用 gcd'。gcd' 最终返回的是 Writer 值，所以 do 表达式里使用 gcd' b (a `mod` b) 是完全合法的。

试一试这个新的 gcd'，它的结果是 Writer [String] Int，如果解开包裹就得到了一个二元组。第一项是结果，看一下吧：

```
ghci> fst $ runWriter (gcd' 8 3)
1
```

真棒！日志是什么样子的呢？因为日志是字符串列表，我们可以用 mapM_ putStrLn 把它们显示在屏幕上：

```
ghci> mapM_ putStrLn $ snd $ runWriter (gcd' 8 3)
8 mod 3 = 2
3 mod 2 = 1
2 mod 1 = 0
Finished with 1
```

把普通函数改造成可以记录日志的函数非常棒,而为了做到这一点,我们只是把普通值换成了 monad 式的值,>>=的 Writer 实现替我们考虑了怎么处理日志。

你可以给很多函数配备日志功能,只需要把普通值换成 Writer 值,然后把普通函数应用换成>>=(或者使用 do 表达式,如果能提高可读性的话)。

14.1.5 低效的列表构造

使用 Writer monad 时,你需要留意使用了什么 monoid,因为列表操作可能会非常慢。列表的 mappend 就是++,使用++把一个列表拼接到另一个长列表的末端是非常慢的操作。

在 gcd' 函数里,日志记录过程比较快,这是因为日志(列表)的拼接是这样的:

```
a ++ (b ++ (c ++ (d ++ (e ++ f))))
```

它之所以高效的原因是,列表是从左到右构建的数据结构,我们先构建了列表的左边部分,然后再构建相对比较长的右边部分。但是,如果我们不够仔细,Writer monad 可以会产生这样的列表拼接过程:

```
(((((a ++ b) ++ c) ++ d) ++ e) ++ f
```

这段代码是左结合的,比较低效,因为每次我们需要把右边部分追加到左边部分时,它都需要从左边部分列表的开头开始,一个元素一个元素地找到末端。

下面的函数工作方式和 gcd' 很像,但是记录的信息是反过来的。它先记录剩余部分的日志,然后再记录当前步骤的日志。

```
import Control.Monad.Writer

gcdReverse :: Int -> Int -> Writer [String] Int
gcdReverse a b
    | b == 0 = do
        tell ["Finished with " ++ show a]
        return a
    | otherwise = do
        result <- gcdReverse b (a `mod` b)
        tell [show a ++ " mod " ++ show b ++ " = " ++ show (a `mod` b)]
        return result
```

这个函数先递归，把结果绑定到变量 result，然后记录当前步骤的日志，最后把结果值返回。下面展示它是怎么工作的：

```
ghci> mapM_ putStrLn $ snd $ runWriter (gcdReverse 8 3)
Finished with 1
2 mod 1 = 0
3 mod 2 = 1
8 mod 3 = 2
```

这个函数比较低效，因为如果把日志展开表示为一串列表的拼接，会发现这些++使用了左结合。

由于像这样把列表拼接起来会很慢，最好用一个支持高效拼接的数据结构，而差分列表（difference list）正是满足这一要求的数据结构。

14.1.6 使用差分列表

差分列表虽然和普通列表有一些相似之处，但差分列表实际上是一个取列表为参数、把另一个列表放在其前面的函数。比如，形如[1,2,3]这样的列表对应的差分列表是函数\xs -> [1,2,3] ++ xs。空的普通列表是[]，对应的空的差分列表是\xs -> [] ++ xs。

差分列表支持高效的拼接。两个普通列表用++拼接时，需要从左边参数的头出发找到末端，然后把第二个参数接在后面。但是差分列表会怎么做呢？

把两个差分列表拼接起来就像这样：

```
f `append` g = \xs -> f (g xs)
```

还记得 f 和 g 是以列表为参数、把另一个列表放在参数前的函数吗？比如，f 是函数("dog"++)（\xs -> "dog" ++ xs 的另一种写法），g 是函数("meat"++)，那么 f `append` g 创建了一个类似于如下代码的函数：

```
\xs -> "dog" ++ ("meat" ++ xs)
```

两个差分列表的拼接方式是对参数应用第二个差分列表的函数，再应用第一个差分列表的函数。

给差分列表创建一个 newtype，让它能成为 Monoid 的实例：

```
newtype DiffList a = DiffList { getDiffList :: [a] -> [a] }
```

我们包裹的类型是[a] -> [a]，因为差分列表就是一个以列表为参数、返回列表的函数。在普通列表和差分列表间互相转换很容易：

```
toDiffList :: [a] -> DiffList a
toDiffList xs = DiffList (xs++)

fromDiffList :: DiffList a -> [a]
fromDiffList (DiffList f) = f []
```

要把一个普通列表转换成差分列表，只要把它变成一个在另一个列表前拼接列表的函数。要获得差分列表对应的普通列表，让差分列表函数作用在空列表上就行了。

下面是差分列表的 Monoid 实例：

```
instance Monoid (DiffList a) where
    mempty = DiffList (\xs -> [] ++ xs)
    (DiffList f) `mappend` (DiffList g) = DiffList (\xs -> f (g xs))
```

注意，对于差分列表，mempty 就是函数 id，mappend 就是函数组合。看看这个实现能否工作：

```
ghci> fromDiffList (toDiffList [1,2,3,4] `mappend` toDiffList [1,2,3])
[1,2,3,4,1,2,3]
```

非常好！现在我们可以提升 gcdReverse 的性能了，方法是把普通列表换成差分列表：

```
import Control.Monad.Writer

gcd' :: Int -> Int -> Writer (DiffList String) Int
gcd' a b
    | b == 0 = do
        tell (toDiffList ["Finished with " ++ show a])
        return a
    | otherwise = do
        result <- gcd' b (a `mod` b)
        tell (toDiffList [show a ++ " mod " ++ show b ++ " = " ++ show (a `mod` b)])
        return result
```

我们只需要把其中 **monoid** 的类型从 [String] 改成 [DiffList String]，再对 toDiffList 得到的差分列表使用 tell。让我们看看日志是不是像期望的那样正确组装起来了：

```
ghci> mapM_ putStrLn . fromDiffList . snd . runWriter $ gcdReverse 110 34
Finished with 2
8 mod 2 = 0
34 mod 8 = 2
110 mod 34 = 8
```

我们执行 gcdReverse 110 34，然后用 runWriter 解开 newtype 的包裹，对结果应用 snd 得到日志，再应用 fromDiffList 转换成普通列表，最后显示在屏幕上。

14.1.7 比较性能

为了对差分列表如何提升性能有个体会，考虑下面这个函数，它从某个数开始倒着数，数到 0，但是又像 gcdReverse 那样反过来记录日志，所以日志是正着数的。

```
finalCountDown :: Int -> Writer (DiffList String) ()
finalCountDown 0 = do
```

```
        tell (toDiffList ["0"])
finalCountDown x = do
    finalCountDown (x-1)
    tell (toDiffList [show x])
```

以 0 为参数，它就记录 0。对于其他数，它先以参数减一为参数递归调用自身，然后把参数追加在日志后面。所以，如果我们把 finalCountDown 应用到 100 上，字符串"100"会出现在日志的末尾。

如果你在 GHCi 里加载这个函数，把它应用在一个很大的数上面，你会看到它能很快打印出从 0 开始一连串递增的数：

```
ghci> mapM_ putStrLn . fromDiffList . snd . runWriter $ finalCountDown 500000
0
1
2
...
```

但是，如果你把差分列表换成普通列表：

```
finalCountDown :: Int -> Writer [String] ()
finalCountDown 0 = do
    tell ["0"]
finalCountDown x = do
    finalCountDown (x-1)
    tell [show x]
```

然后让 GHCi 计数：

```
ghci> mapM_ putStrLn . snd . runWriter $ finalCountDown 500000
```

你会发现输出出现得非常慢。

当然了，这不是测试程序速度的正确、科学的方式，但是我们能够看到，在这个例子里，差分列表能迅速返回结果，但普通列表就需要非常长的时间。

哦，顺便提一句，你应该已经牢记欧洲歌曲《Final Countdown》了，好好欣赏一下！

14.2　Reader？呃，不开玩笑了

在第 11 章中，你看到了函数类型(->) r 是 Functor 的实例。在函数 g 上映射函数 f 会得到参数类型和 g 的参数类型相同的函数，它会对参数应用函数 g，然后对结果应用函数 f。所以基本上，我们在创建一个和 g 类似的新函数，但是在返回结果前先对结果应用函数 f。下面给出一个例子：

```
ghci> let f = (*5)
ghci> let g = (+3)
ghci> (fmap f g) 8
55
```

你已经知道函数是 applicative 函子了，它们让我们可以操作函数的最终结果，就像我们已经知道函数的结果那样。下面给出一个例子：

```
ghci> let f = (+) <$> (*2) <*> (+10)
ghci> f 3
19
```

表达式(+) <$> (*2) <*> (+10)创建了一个以数为参数的函数，同时给函数(*2)和(+10)应用这个数，然后把它们的结果加起来。比如，我们把这个表达式（函数）应用在 3 上，它会同时给(*2)和(+10)应用 3，得到 6 和 13，然后做加法运算得到 19。

14.2.1　作为 monad 的函数

函数类型(->)　r 不仅是函子和 applicative 函子，它还是一个 monad。和我们遇到的其他 monad 式的值一样，函数可以被认为是一个带有上下文的值，这个上下文就是：结果值还没有得到，我们需要给函数提供一个参数来得到结果。

既然你已经熟悉了以函子或 applicative 函子方式工作的函数，我们开始钻研函数的 Monad 实例吧。其实例定义在模块 Control.Monad.Instances 里，大致是这样的：

```
instance Monad ((->) r) where
    return x = \_ -> x
    h >>= f = \w -> f (h w) w
```

你已经知道对于函数实例，pure 是怎么实现的了，return 和 pure 是一样的，接受一个值放在依然能表示这个值的最小上下文里。返回值是确定值的函数的唯一实现方式是让它忽略参数，直接返回那个值。

>>=的实现可能有些神秘，但实际上它一点也不复杂。用>>=把一个 monad 式的值喂给函数时，结果总是一个 monad 式的值。所以在这个例子里，我们把一个函数喂给另一个函数，结果也必须是一个函数，这就是为什么等号右边是一个 lambda。

至今我们见过的>>=实现都或多或少把结果从 monad 式的值里取出来应用给 f，这里也是一样。为了从一个函数里取得结果，我们先把它应用在某个东西上，这就是为什么我们在这里使用了(h w)，然后对结果应用 f。f 返回的是 monad 式的值，是一个函数，所以我们把它也应用在 w 上。

14.2.2　**Reader** monad

如果你现在还不明白>>=是怎么工作的，别着急。看过一些例子后，你就会发现这是一个

相对比较简单的 monad。下面是一个使用这个 monad 的例子:

```
import Control.Monad.Instances

addStuff :: Int -> Int
addStuff = do
    a <- (*2)
    b <- (+10)
    return (a+b)
```

这和之前我们写的 applicative 表达式一样,但是现在是把函数当作 monad 来用的。do 表达式总是返回一个 monad 式的值,这个例子也不例外。这个 monad 式的值是一个函数,它以数为参数,对数应用函数 (*2),结果绑定到 a。(+10) 应用在同样的参数上,结果绑定到 b,return 就和其他 monad 一样,没有其他特殊效果,只是创建一个表示结果的 monad 式的值。这里把 a+b 作为函数的结果。测试这个函数可以得到和之前同样的结果:

```
ghci> addStuff 3
19
```

在这里 (*2) 和 (+10) 都被应用到 3 上了,return (a+b) 也一样,但是它把参数忽略了,把 a+b 作为了结果。由于所有的函数都从一个共同源头读取参数,函数 monad 也被称为 Reader monad。为了让这个事实更加清晰,我们可以这样改写 addStuff:

```
addStuff :: Int -> Int
addStuff x = let
    a = (*2) x
    b = (+10) x
    in a+b
```

可以发现 Reader monad 让我们可以把函数当做带有值的上下文,我们可以装作已经知道函数的返回结果了。Reader monad 做到这一点的方式是把所有函数拼接在一起,把返回值函数接受到的参数传递给所有这些函数。所以,如果我们有很多函数都需要同一个参数,可以考虑使用 Reader monad, >>= 的实现会为我们做到这一点。

14.3　带状态计算的优雅表示

Haskell 是一个纯粹的语言,程序是由状态不可变的全局函数组成。这个限制实际上让理解程序变得更容易了,因为我们不必担心变量会随着时间改变。

然而一些问题本质上是带有状态的,这些状态确实随着时间改变。尽管对 Haskell 来说这不要紧,但是模型化状态的改变确实会有

些麻烦，因此 Haskell 有 State monad，使程序能轻松刻画状态的变化，同时不失优雅和纯粹性。

回到第 9 章我们研究随机数的场景，我们实现了取随机性生成器为参数，返回一个随机数和新的随机性生成器的函数。如果我们需要生成若干年随机数，就必须使用伴随着之前函数返回值的随机性生成器。比如，为了创建一个取 StdGen 并投掷三次硬币的函数，我们需要写成这样：

```
threeCoins :: StdGen -> (Bool, Bool, Bool)
threeCoins gen =
    let (firstCoin, newGen) = random gen
        (secondCoin, newGen') = random newGen
        (thirdCoin, newGen'') = random newGen'
    in (firstCoin, secondCoin, thirdCoin)
```

这个函数取生成器 gen，接着 random gen 返回一个 Bool 值和新生成器。为了投掷第二枚硬币，我们需要使用新的生成器，第三次投掷硬币时也是一样。

在大多数其他语言中，我们不需要每次都伴随着随机数返回生成器，可以直接修改状态！但是因为 Haskell 是纯粹性的，我们不能这么做，所以我们需要接受一个状态，返回某个值和新的状态，然后由新的状态产生新的结果。

你可能会认为为了避免手动处理状态，需要抛弃 Haskell 的纯粹性了。其实我们不需要抛弃纯粹性，因为有一个特殊的 State monad 能替我们处理这些状态变化的任务，同时又不会牺牲让 Haskell 变酷的纯粹性。

14.3.1 带状态的计算

为了辅助说明带状态的计算，先给它一个类型吧。带状态的计算就是一个函数：取一个状态，返回一个值和新的状态，它的类型如下：

```
s -> (a, s)
```

s 是状态的类型，a 是带状态计算的结果类型。

大多数其他语言里赋值可以被认为是带状态的计算。比如说，在一个命令式语言里执行 x = 5，通常会把 5 赋予变量 x，同时整个表达式的值也是 5。如果你以函数式思维看待这个过程，它就像一个取状态（也就是之前所有被赋值过的变量），返回一个结果（这里是 5）和一个新状态（之前的变量映射关系和新被赋值的变量）的函数。

这个带状态的计算——取状态返回值和新状态的函数——也可以被当做是一个带上下文的值。实际的值是结果，而上下文是：我们必须提供一个初始状态来得到那个结果，在得到结果的同时，我们还会得到一个新的状态。

14.3.2   栈和石头

比如说，我们想模型化一个栈。栈是包含一些元素并且恰好支持下面两种操作的数据结构。

● 把一个元素压入栈，会在栈顶添加一个新元素。

● 从栈里弹出一个元素，会删除栈顶元素。

我们会用一个列表来表示栈，其中列表的头是栈顶。我们会创建两个函数帮助处理这个任务。

● pop 取一个栈，把栈顶元素作为结果，同时返回一个新栈，是弹出栈顶元素的旧栈。

● push 取一个元素和一个栈，返回 ()，同时返回一个新栈，是压入那个元素的旧栈。

下面是这两个函数的用例：

```
type Stack = [Int]

pop :: Stack -> (Int, Stack)
pop (x:xs) = (x, xs)

push :: Int -> Stack -> ((), Stack)
push a xs = ((), a:xs)
```

把元素压入栈时，我们用 () 表示结果，因为这一过程不会产生什么重要的结果——这个过程的任务就是改变栈。如果我们仅仅应用 push 的第一个参数，就会得到一个带状态的计算。pop 根据其类型，也已经是一个带状态的计算了。

写一段代码用这两个函数模拟栈的操作。我们要取一个栈，压入 3，然后弹出两个元素：

```
stackManip :: Stack -> (Int, Stack)
stackManip stack = let
   ((), newStack1) = push 3 stack
   (a , newStack2) = pop newStack1
   in pop newStack2
```

我们取了一个栈，压入了 3，结果是一个元组，其第一项是 ()，第二项是新栈，我们把它叫做 newStack1。然后我们从 newStack1 中弹出了一个元素 a（就是刚才我们压入栈的 3），同时得到一个新栈 newStack2。接着我们从 newStack2 中弹出一个书，得到了一个数和新栈 newStack3，作为结果返回。测试一下：

```
ghci> stackManip [5,8,2,1]
(5,[8,2,1])
```

结果是 5，新的栈是 [8,2,1]。注意，stackManip 是一个带状态的计算，是由几个带状态的计算组合成的。这个说法听上去是不是有点儿熟悉？

stackManip 的代码有点儿冗长，这是因为我们手动为每个计算提供状态，并把返回的新状态存储起来提供给下一个计算。如果我们能像下面这样写代码，而不用手动把栈传递给每个函数，是不是会更酷？

```
stackManip = do
    push 3
    a <- pop
    pop
```

使用 State monad 就能让我们做到这一点：像上面的代码那样把若干带状态的计算拼接起来，同时不需要手工管理状态。

14.3.3 **State** monad

Control.Monad.State 提供了一个表示带状态计算的 newtype：

```
newtype State s a = State { runState :: s -> (a, s) }
```

State s 是一个带状态的计算，结果的类型是 a，处理的状态的类型是 s。

就像 Control.Monad.Writer，Control.Monad.State 并没有导出值构造器。如果我们要把一个带状态的计算包裹到 State newtype 里，可以使用函数 state，它的功能和 State 值构造器相同。

既然你已经知道了带状态的计算以及它们如何被理解为带上下文的值，我们来看看它们的 Monad 实例：

```
instance Monad (State s) where
    return x = State $ \s -> (x,s)
    (State h) >>= f = State $ \s -> let (a, newState) = h s
                                        (State g) = f a
                                    in  g newState
```

我们的 return 目标是取一个值、产生一个以这个值为结果的带状态计算，为此我们创建了一个 lambda \s -> (x, s)。我们总是把 x 作为带状态计算的结果，又因为 return 把值放在最小上下文里，所以我们要同时保证状态不改变。return 的作用就是创建一个以特定值为结果的带状态计算，这个计算不会改变状态。

>>=呢？把一个带状态的计算通过>>=喂给一个函数，结果也必须是带状态的计算，不是吗？所以等号右边是 State 值构造器包裹的 lambda，这个 lambda 将会是新的带状态计算。这个 lambda 需要做什么呢？需要从左边参数 h（一个带状态的计算）里取出结果值，方法是给它当前的状态 s，得到结果和新状态组成的二元组：(a, newState)。

到目前为止，我们每次实现>>=时都设法从第一个参数里取出值来喂给右边的参数得到一个新的 monad 式值。在 Writer 里，在得到新的 monad 式值后，我们需要把旧的 monoid 值和新的 monoid 值 mappend 起来来更新上下文。在这个例子里，我们执行了 f a，得到了一个新的带状态计算 g。既然有了这个新的带状态计算和一个新状态（newState），我们就可以把 g 应用在 newState 上，结果就是>>=的最终结果和状态！

有了>>=，我们可以把两个带状态计算拼接起来了，第二个计算是由一个函数应用到第一个计算的返回结果后产生的。因为 pop 和 push 是带状态的计算，很容易把它们包裹在 State 值构造器里：

```
import Control.Monad.State

pop :: State Stack Int
pop = state $ \(x:xs) -> (x, xs)

push :: Int -> State Stack ()
push a = state $ \xs -> ((), a:xs)
```

注意，我们是怎么用函数 state 把一个函数包裹到 State newtype 里的，而没有直接用 State 值构造器。

pop 已经是带状态的计算了，push 取一个 Int，返回一个带状态的计算。现在我们可以改写之前那个把 3 压入栈再弹出两个数的例子了：

```
import Control.Monad.State

stackManip :: State Stack Int
stackManip = do
    push 3
    a <- pop
    pop
```

看到我们是怎么把一个 push 和两个 pop 拼接到一个带状态计算里去的吗？替 stackManip 解开包裹，就得到了一个以栈为参数的函数：

```
ghci> runState stackManip [5,8,2,1]
(5,[8,2,1])
```

我们不需要把第二个 pop 绑定到变量 a，因为我们根本用不到它。所以可以把这段代码改成这样：

```
stackManip :: State Stack Int
stackManip = do
    push 3
    pop
    pop
```

非常酷！如果要做些更复杂的任务呢？比方说，从栈里弹出一个数，如果是 5 就重新压入栈；否则把 3 和 8 压入栈。代码如下：

```
stackStuff :: State Stack ()
stackStuff = do
   a <- pop
   if a == 5
      then push 5
      else do
         push 3
         push 8
```

看上去很直观，以一个初始栈为参数测试一下：

```
ghci> runState stackStuff [9,0,2,1,0]
((),[8,3,0,2,1,0])
```

记住 do 表达式的结果是 monad 式的值，对于 State monad，do 表达式的结果是一个带状态的函数。因为 stackManip 和 stackStuff 是普通的带状态计算，我们可以把它们拼接起来得到一个新的带状态计算：

```
moreStack :: State Stack ()
moreStack = do
   a <- stackManip
   if a == 100
      then stackStuff
      else return ()
```

对于当前栈，如果 stackManip 的返回结果是 100，就执行 stackStuff；否则就返回()，并保持状态不变。

14.3.4 获取和设置状态

Control.Monad.Stack 模块提供了一个类型类 MonadState，包含了两个相当有用的函数，即 get 和 put。对于 State，get 函数的实现如下：

```
get = state $ \s -> (s, s)
```

即获取当前的状态，把它作为结果。

put 函数以某个状态为参数，创建一个新的带状态函数，作用是把状态替换成参数。

```
put newState = state $ \s -> ((), newState)
```

有了这两个函数，我们可以了解当前栈（状态）是什么了，并且可以把它替换成某个新栈（状态）：

```
stackyStack :: State Stack ()
stackyStack = do
```

```
    stackNow <- get
    if stackNow == [1,2,3]
        then put [8,3,1]
        else put [9,2,1]
```

我们也可以用 get 和 put 来实现 pop 和 push，下面是 pop 的实现：

```
pop :: State Stack Int
pop = do
    (x:xs) <- get
    put xs
    return x
```

用 get 得到栈，去除栈顶后用 put 把剩下部分设置为新的状态。然后用 return 把 x 作为结果返回。

下面是用 get 和 put 实现的 push：

```
push :: Int -> State Stack ()
push x = do
    xs <- get
    put (x:xs)
```

用 get 得到栈（一个列表），把 x 放到列表头，再用 put 设置新状态。

有必要了解一下对于 State monad，>>=的类型是什么：

```
(>>=) :: State s a -> (a -> State s b) -> State s b
```

注意，状态类型 s 保持不变，但是结果的类型从 a 变成 b 了。这意味着，我们可以把若干结果类型不同的带状态计算拼接在一起，但是它们的状态类型必须是相同的。为什么呢？比如，对于 Maybe，>>=的类型是这样的：

```
(>>=) :: Maybe a -> (a -> Maybe b) -> Maybe b
```

monad 类型 Maybe 保持不变才有意义，而对两个不同的 monad 使用>>=是没有意义的。对于 State monad，monad 是 State s，所以如果 s 变化了，那么就相当于对两个不同的 monad 使用>>=，这么做是没有意义的。

14.3.5 随机性和 **State** monad

在本节开头，我们讨论了产生随机数有点儿不方便。每个随机函数需要取一个生成器，伴随着随机数返回一个新的生成器，新生成器要替代老生成器进行下一个运算。State monad 使我们可以更方便地处理这个任务。

System.Random 里的 random 函数类型如下：

```
random :: (RandomGen g, Random a) => g -> (a, g)
```

这意味着它接受一个随机性生成器，产生一个随机数和一个新生成器。我们可以把它看做一个带状态的计算，所以可以用函数 state 把它包裹在 State newtype 里，把它当成 monad 式的值来使用，这样状态传递的任务就不用手动处理了：

```
import System.Random
import Control.Monad.State

randomSt :: (RandomGen g, Random a) => State g a
randomSt = state random
```

现在如果我们想投掷三枚硬币（True 是反面朝上，False 是正面朝上），可以这样做：

```
import System.Random
import Control.Monad.State

threeCoins :: State StdGen (Bool, Bool, Bool)
threeCoins = do
    a <- randomSt
    b <- randomSt
    c <- randomSt
    return (a, b, c)
```

threeCoins 现在是带状态的计算了，获取初始的随机性生成器后，它把生成器传递给第一个 randomSt，产生一个数和新的生成器，新的生成器被传递给第二个 randomSt，依此类推。用 return (a, b, c) 把(a, b, c)作为结果返回。测试一下：

```
ghci> runState threeCoins (mkStdGen 33)
((True,False,True),680029187 2103410263)
```

现在，那些步骤之间牵涉到状态的任务再也不是负担了！

14.4 墙上的 **Error**

到现在，你知道 Maybe 被用来给值添加上下文，表示计算可能失败，它的值可以是 Just 或者 Nothing。这种表示很有用，但是我们在得到 Nothing 时，只能知道计算失败了，没有办法得到更多的失败信息。

Either e 类型也能给值添加失败信息，允许我们为失败信息赋予不同的值，从而可以用来描述出错的位置，以及其他表示失败的相关信息。Either e a 类型的值可以是 Right，表示某个成功计算的值；也可以是一个 Left，表示计算失败了。下面给出一个例子：

```
ghci> :t Right 4
Right 4 :: (Num t) => Either a t
ghci> :t Left "out of cheese error"
Left "out of cheese error" :: Either [Char] b
```

这很像一个增强的 Maybe，所以可以理解其实它也是一个 monad。

它的 Monad 实例与 Maybe 的很像，其实现可以在 Control.Monad.Error 里找到：

```
instance (Error e) => Monad (Either e) where
    return x = Right x
    Right x >>= f = f x
    Left err >>= f = Left err
    fail msg = Left (strMsg msg)
```

return 和以前一样，取一个值放在默认最小上下文里，即把这个值包裹在 Right 值构造器里，因为我们用 Right 表示成功的计算。这很像 Maybe 的 return。

>>=检查左边参数的取值，判断是 Left 还是 Right。如果是 Right，函数 f 就被应用到 Right 包裹的值上，很像 Maybe 实例的>>=左边参数为 Just 时的情形；如果是 Left，即某个计算失败了，Left 和里面包裹的值（描述失败信息的）就保持不变。

Either e 的 Monad 实例有一个附加要求：Left 包裹的值的类型，即类型参数 e，必须是 Error 类型类的实例。Error 类型类用来表示可以作为错误信息的值的类型，它定义了 strMsg 函数。strMsg 接受字符串形式的错误信息，返回 Error 类型类的某个实例类型。Error 实例的一个绝佳例子是 String 类型！此时 strMsg 直接返回它的参数：

```
ghci> :t strMsg
strMsg :: (Error a) => String -> a
ghci> strMsg "boom!" :: String
"boom!"
```

既然在使用 Either 时，我们通常会用 String 来描述错误信息，就不必太在意这些细节。当 do 记法里的模式匹配失败时，会得到一个描述失败信息的字符串。

下面给出一些例子：

```
ghci> Left "boom" >>= \x -> return (x+1)
Left "boom"
ghci> Left "boom " >>= \x -> Left "no way!"
Left "boom "
ghci> Right 100 >>= \x -> Left "no way!"
Left "no way!"
```

如果用>>=把一个 Left 值喂给函数时，那个函数会被忽略，返回左边参数。如果把 Right 值喂给一个函数，这个函数会应用在 Right 包裹的值上。但在第三个例子里，那个函数无条件返回 Left 值。

如果试图把一个 Right 值喂给一个成功计算的函数，可能会遇到类型错误。

```
ghci> Right 3 >>= \x -> return (x + 100)
```

```
<interactive>:1:0:
    Ambiguous type variable `a' in the constraints:
        `Error a' arising from a use of `it' at <interactive>:1:0-33
        `Show a' arising from a use of `print' at <interactive>:1:0-33
    Probable fix: add a type signature that fixes these type variable(s)
```

尽管我们使用了 `Right` 来表示我们需要使用 `Either e` 这个 Monad 实例，但 Haskell 仍旧抱怨说它不知道选择什么类型作为 `Either` 的类型参数 e。如果在把 `Either` 用做 monad 的时候遇到了这样的错误，显式添加一个类型签名就可以了：

```
ghci> Right 3 >>= \x -> return (x + 100) :: Either String Int
Right 103
```

现在能正常工作了！

除了前面遇到的这个麻烦，使用 `Error` monad 和使用 `Maybe` monad 是很像的。

> **注意** 在之前的某一章，我们利用了 Maybe 的 monad 性质来模拟鸟儿落在一个高空绳索行走运动员的平衡杆上。作为练习，请把那个例子用 Error monad 改写一下。当运动员滑倒时，让错误信息表示杆子的两边分别有几只鸟。

14.5 一些实用的 **monad** 式的函数

在这一节，我们要探索操作 monad 式的值或者返回 monad 式的值的一些函数。这样的函数通常被称为 monad 式的函数（monadic function）。其中一些可能对你来说是陌生的，但也有一些是你已经知道的，如 `filter` 和 `foldl`。下面我们要了解 liftM、join、filterM 和 foldM。

14.5.1 `liftM` 和它的朋友们

在向"monad 山顶"攀登的途中，我们先了解了函子，用于表示可以被映射的东西。然后我们认识了增强版的函子，叫做 applicative 函子，能够让我们把普通函数应用到若干 applicative 函子值上，也允许我们把一个普通值放在某个默认上下文里。最后，我们拜访了增强版的 applicative 函子，即 monad，使得我们可以把某个带上下文的值喂给普通函数。

每个 monad 都是 applicative 函子，每个 applicative 函子都是函子。`Applicative` 类型类有一个类约束是说，它的实例类型必须是 `Functor` 的实例。`Monad` 也应该有类似的类约束，毕竟每个 monad 都是 applicative

函子。但事实并非这样，这是因为 Monad 类型类在 Applicative 之前很久就被引入了 Haskell。

尽管每个 monad 都是函子，但因为有 liftM 函数，我们不需要依赖它是 Functor 实例的事实。liftM 取一个函数和一个 monad 式的值，把函数映射到那个 monad 式的值上，所以它和 fmap 本质上是一样的！下面给出 liftM 的类型：

```
liftM :: (Monad m) => (a -> b) -> m a -> m b
```

而 fmap 的类型是：

```
fmap :: (Functor f) => (a -> b) -> f a -> f b
```

如果一个类型的 Functor 实例和 Monad 实例遵循函子和 monad 的定律（目前为止我们遇到的 monad 都遵循这些定律），这两个函数的功能应该是相同的。这就像 pure 和 return 做的是同样的事，但是前者有 Applicative 的类约束，而后者有 Monad 的类约束。我们来试一下 liftM：

```
ghci> liftM (*3) (Just 8)
Just 24
ghci> fmap (*3) (Just 8)
Just 24
ghci> runWriter $ liftM not $ Writer (True, "chickpeas")
(False,"chickpeas")
ghci> runWriter $ fmap not $ Writer (True, "chickpeas")
(False,"chickpeas")
ghci> runState (liftM (+100) pop) [1,2,3,4]
(101,[2,3,4])
ghci> runState (fmap (+100) pop) [1,2,3,4]
(101,[2,3,4])
```

你已经很熟悉作用在 Maybe 值上的 fmap 了。对于 Writer 值，映射的函数会作用到二元组的第一项，即结果值。在一个带状态的计算上应用 fmap 或 liftM 会得到另一个带状态的计算，只是最终结果会被 fmap 或 liftM 的参数（一个函数）修改。最后一个例子里如果我们在执行 runState 前没有映射 (+100)，那么结果将会是 (1, [2, 3, 4])。

下面给出 liftM 的实现：

```
liftM :: (Monad m) => (a -> b) -> m a -> m b
liftM f m = m >>= (\x -> return (f x))
```

或者用 do 记法表示：

```
liftM :: (Monad m) => (a -> b) -> m a -> m b
liftM f m = do
    x <- m
    return (f x)
```

我们把 monad 式的值 m 喂给了这个函数，在把 m 的结果放回到默认上下文前应用了函数 f 由于 monad 定律，这样能保证上下文不被修改，只修改 monad 式的值表示的结果。

你可以看到 liftM 的实现根本没用到 Functor 类型类，也就是说，只需要 monad 提供给我们的东西就可以实现 fmap（或者 liftM——不管你怎么称呼它）。因此我们可以得出结论：monad 提供的功能不弱于函子。

Applicative 类型类允许我们把函数应用到若干带上下文的值上，就像这样：

```
ghci> (+) <$> Just 3 <*> Just 5
Just 8
ghci> (+) <$> Just 3 <*> Nothing
Nothing
```

使用 applicative 风格会让代码变简洁。<$>就是 fmap，<*>是 Applicative 类型类中具有如下类型的函数：

```
(<*>) :: (Applicative f) => f (a -> b) -> f a -> f b
```

它有点儿像 fmap，但是参数中的函数也在上下文中。我们需要设法把这个函数从上下文中取出来，映射到 f a 上，并重新装配上下文。因为 Haskell 中的函数默认是柯里化的，我们可以使用<$>和<*>的组合在若干 applicative 值间应用取多个参数的函数。

无论如何，和 fmap 一样，<*>也可以只用 Monad 类型类给我们提供的函数实现出来。ap 函数就是<*>，但是它带有 Monad 的类约束，而不是 Applicative 的，下面是它的定义：

```
ap :: (Monad m) => m (a -> b) -> m a -> m b
ap mf m = do
  f <- mf
  x <- m
  return (f x)
```

mf 是一个结果为函数的 monad 式的值。因为函数和值都在上下文里，我们从上下文中先后取出 mf 和 m，绑定到 f 和 x，然后把 f 应用到 x 上，以此作为结果。下面给出一个快速的演示：

```
ghci> Just (+3) <*> Just 4
Just 7
ghci> Just (+3) `ap` Just 4
Just 7
ghci> [(+1),(+2),(+3)] <*> [10,11]
[11,12,12,13,13,14]
ghci> [(+1),(+2),(+3)] `ap` [10,11]
[11,12,12,13,13,14]
```

现在我们可以看到 monad 的能力至少和 applicative 一样强，因为我们可以用 Monad 的函数实现 Applicative 的函数。事实上，在很多时候，只要一个类型是 monad，人们先写出 Monad 实例，然后把 pure 和<*>分别定义为 return 和 ap，就能得到 Applicative 实例。如果你已经得到某个类型的 Monad 实例了，可以把 fmap 定义为 liftM 得到 Functor 实例。

liftA2 是一个在两个 applicative 值间应用一个函数的方便的函数，它的定义如下：

```
liftA2 :: (Applicative f) => (a -> b -> c) -> f a -> f b -> f c
liftA2 f x y = f <$> x <*> y
```

liftM2 函数的功能与其相同，只不过类约束换成了 Monad 约束。另外还有 liftM3、liftM4 和 liftM5 等函数。

你已经知道了 monad 的性质至少和函子和 applicative 函子一样强，并且所有的 monad 都是函子，同时也是 applicative 函子（即使没有为它们定义 Functor 或是 Applicative 的实例）。另外，我们研究了 monad 关于函子和 applicative 函子的对应的函数。

14.5.2　join 函数

问你一个需要深思的问题：如果某个 monad 式的值的结果是另一个 monad 式的值（嵌套的 monad 式的值），你能把它展平得到一个普通的 monad 式的值吗？比如说，我们有 Just (Just 9)，能够把它变成 Just 9 吗？事实确实如此，monad 有一个独特的性质：任何嵌套的 monad 式的值都可以被展平。为此提供了 join 函数，它的类型如下：

```
join :: (Monad m) => m (m a) -> m a
```

所以说 join 取一个 monad 式的值里的 monad 式的值，返回一个普通的 monad 式的值，换句话说，就是把参数展平了。给你看一些 Maybe 值的例子：

```
ghci> join (Just (Just 9))
Just 9
ghci> join (Just Nothing)
Nothing
ghci> join Nothing
Nothing
```

第一个例子里有一个成功计算嵌套的成功计算，所以它可以被 join 得到一个更大的成功计算。第二个例子是包裹在 Just 里的 Nothing。之前我们在处理 Maybe 值时，只要是设法把若干这样的值合并到一起，不管是<*>还是>>=，它们都得是 Just，结果才会是 Just 值。如果过程中任何计算失败了，结果也会是 Nothing。在第三个例子里，我们试图把一个一开始就表示计算失败的东西展平，结果也就是一个失败的计算。

列表展平相当直观：

```
ghci> join [[1,2,3],[4,5,6]]
[1,2,3,4,5,6]
```

正如你看到的，对于列表，join 就是 concat。要把一个结果也是 Writer 值的 Writer 值展平，我们需要把两个 monoid 值 mappend 起来：

```
ghci> runWriter $ join (Writer (Writer (1, "aaa"), "bbb"))
(1,"bbbaaa")
```

外层的 monoid 在前面，"aaa"被追加到后面。直观地说，要检查一个 Writer 值的结果，你需要先写出它的 monoid 值，然后才能查看里面的东西。

展平 Either 值和展平 Maybe 值非常相似：

```
ghci> join (Right (Right 9)) :: Either String Int
Right 9
ghci> join (Right (Left "error")) :: Either String Int
Left "error"
ghci> join (Left "error") :: Either String Int
Left "error"
```

如果我们把 join 应用到一个结果也是带状态计算的带状态计算上，结果是一个带状态计算：先执行外层的带状态计算，然后执行内层的。观察一下：

```
ghci> runState (join (state $ \s -> (push 10, 1:2:s))) [0,0,0]
((),[10,1,2,0,0,0])
```

这里的 lambda 取一个状态（栈），往栈里压入 2 和 1，然后把 push 10 作为结果。整个式子用 join 展平后 runState，会先把 2 和 1 压入栈，再执行 push 10。

join 的实现如下：

```
join :: (Monad m) => m (m a) -> m a
join mm = do
    m <- mm
    m
```

因为 mm 的结果是个 monad 式的值，我们可以取出结果，把它放在单独的一行，因为它本身就是个 monad 式的值。这里的诀窍是，当我们执行 m <- mm 时，monad 的上下文已经被考虑到了。这就是为什么对于 Maybe 值，只有外层和内层值都是 Just 值时，结果才会是 Just。如果 mm 之前被设置为 Just (Just 8)了，那么计算过程会是这样的：

```
joinedMaybes :: Maybe Int
joinedMaybes = do
    m <- Just (Just 8)
    m
```

也许关于 join 最有趣的事是对于任何 monad，把一个 monad 式的值用 >>= 喂给一个函数，结果和把那个函数映射在 monad 式的值上再用 join 展平是一样的！换句话说，m >>= f 和 join (fmap f m)等价。思考一下就会发现这确实有意义。

对于>>=，我们总是在考虑怎么把一个 monad 式的值喂给一个取普通值，返回 monad 式的值的函数。如果把那个函数映射到 monad 式的值上，就会得到一个嵌套的 monad 式的值。例如，我们有 Just 9 和函数\x -> Just (x+1)。如果我们把这个函数映射到 Just 9 上，就得到了 Just (Just 10)。

在为某个类型创建我们自己的 Monad 实例时，m >>= f 总是等于 join (fmap f m)的事实非常有用。因为如何展平一个嵌套的 monad 式的值通常比搞清楚怎么实现>>=容易。

另一个有趣的事是 join 无法用函子或 applicative 函子提供的函数实现。这让我们得出这样的结论：monad 事实上要比函子和 applicative 强，因为它们能做的一些事函子和 applicative 是做不到的。

14.5.3 **filterM**

filter 函数是 Haskell 编程中的必需品（另一个必需品是 map）。它取一个谓词和一个列表，返回一个新列表，只有满足谓词的元素被留下。filter 类型如下：

```
filter :: (a -> Bool) -> [a] -> [a]
```

这个谓词取列表中的一个元素，返回一个 Bool 值。如果返回的 Bool 值实际上是个 monad 式的值会怎么样呢？如果它带个上下文会怎么样呢？比如说，如果谓词函数返回的每个 True 或 False 值都带有一个伴随的 monoid 值，像是["Accept the number 5"]或["3 is too small"]，会发生什么？在这个情况下，我们可以期望结果列表也带有一个日志，记录了过程中所有元素产生的日志。所以，如果谓词返回的 Bool 带有上下文，我们就期望最终返回的列表也带有同样类型的上下文；否则的话，每个 Bool 附带的上下文就丢失了。

Control.Monad 里的 filterM 函数正好实现了我们想要的功能！它的类型是这样的：

```
filterM :: (Monad m) => (a -> m Bool) -> [a] -> m [a]
```

谓词返回一个结果是 Bool 的 monad 式的值。但由于它是 monad 式的值，它的上下文可以是任何东西，如计算可能失败或是非确定性，或是其他什么东西！为了确保上下文反映在最终结果里，结果也得是个 monad 式的值。

我们尝试取一个列表，保留小于 4 的数。作为开始，我们先用普通的 filter 函数：

```
ghci> filter (\x -> x < 4) [9,1,5,2,10,3]
[1,2,3]
```

很容易。接下来，创建一个谓词，除了返回 True 或 False 以外，提供它所做的任务的日志。当然了，我们会用上 Writer monad：

```
keepSmall :: Int -> Writer [String] Bool
keepSmall x
    | x < 4 = do
        tell ["Keeping " ++ show x]
        return True
    | otherwise = do
```

```
        tell [show x ++ " is too large, throwing it away"]
        return False
```

这个函数不是只返回一个 `Bool`，而是返回 `Writer [String] Bool`，它是一个 monad 式的谓词。听上去很奇特，不是吗？如果参数小于 4，就报告说我们保留了什么，然后 `return` `True`。

现在，把这个谓词连同一个列表作为参数提供给 `filterM`。因为这个谓词返回 `Writer` 值，结果列表也是一个 `Writer` 值。

```
ghci> fst $ runWriter $ filterM keepSmall [9,1,5,2,10,3]
[1,2,3]
```

检查结果 `Writer` 值会发现一切秩序井然。现在，打印出日志，看看发生了什么：

```
ghci> mapM_ putStrLn $ snd $ runWriter $ filterM keepSmall [9,1,5,2,10,3]
9 is too large, throwing it away
Keeping 1
5 is too large, throwing it away
Keeping 2
10 is too large, throwing it away
Keeping 3
```

仅仅通过给 `filterM` 提供了一个 monad 式的谓词，我们就能够在过滤列表时用上 monad 式的上下文带给我们的附加功能了。

有一个非常酷的 Haskell 技巧是用 `filterM` 得到一个列表的幂集（目前先把列表想象成集合）。集合的幂集（powerset）是这个集合的所有子集。比方说，我们有一个集合 `[1,2,3]`，它的幂集包含下面这些集合：

```
[1,2,3]
[1,2]
[1,3]
[1]
[2,3]
[2]
[3]
[]
```

换句话说，要得到一个幂集，就像是得到所有组合：原集合中的每个元素可以考虑保留或丢弃。比如，`[2,3]` 是原集合丢弃 1 得到的，`[1,2]` 是原集合丢弃 3 得到的，依此类推。

为了创建一个产生列表幂集的函数，我们得利用非确定性。取列表 `[1,2,3]`，考察第一个元素 1，问自己："这个元素是该保留还是丢弃？"没错，我们想同时做保留和丢弃两件事。所以在过滤一个列表时，我们会用带有非确定性的谓词同时保留和丢弃列表中的每个元素。下面是 `powerset` 函数的实现：

```
powerset :: [a] -> [[a]]
powerset xs = filterM (\x -> [True, False]) xs
```

等一下，这是什么？是的，我们选择了丢弃和保留每个元素，不管那个元素是什么。这里用到了非确定性的谓词，于是结果列表也会是一个非确定性的值，从而是一个列表的列表。我们测试一下：

```
ghci> powerset [1,2,3]
[[1,2,3],[1,2],[1,3],[1],[2,3],[2],[3],[]]
```

这需要仔细考虑一下才能弄明白。就把列表想象成我们还不知道会是什么的非确定性值，所以我们决定一次做所有事，这个概念就容易掌握了。

14.5.4 *foldM*

foldl 的 monad 式的对应物是 foldM。如果还记得第 5 章的折叠函数，就应该知道 foldl 取一个二元函数和一个累加值，以及一个待折叠的列表，从左边开始折叠成一个值。foldM 做了同样的事，只是它接受一个产生 monad 式的值的二元函数，用它来折叠列表。不出所料，结果值也是 monad 式的的。foldl 的类型如下：

```
foldl :: (a -> b -> a) -> a -> [b] -> a
```

foldM 类型如下：

```
foldM :: (Monad m) => (a -> b -> m a) -> a -> [b] -> m a
```

二元函数的返回值是 monad 式的，所以整个折叠过程的结果也是 monad 式的。试试用 foldl 对一个数的列表求和：

```
ghci> foldl (\acc x -> acc + x) 0 [2,8,3,1]
14
```

起始的累加值是 0，然后 2 被加到累加值上，得到一个值为 2 的新累加值。8 被加到新累加值上，得到累加值 10，依此类推。到达列表尾时，最后的累加值就是结果。

如果我们想对一个数列表求和，同时有个额外的要求：如果任何数大于 9，整个计算就表示计算失败了，该怎么做呢？有必要使用一个检查当前数是不是大于 9 的二元函数，如果是，函数计算失败；如果不是，函数继续快乐地执行下去。因为有可能计算失败，我们需要让二元函数返回一个 Maybe 累加值，而不是一个普通值。下面是这个二元函数的实现：

```
binSmalls :: Int -> Int -> Maybe Int
binSmalls acc x
    | x > 9     = Nothing
    | otherwise = Just (acc + x)
```

因为我们的二元函数现在是 monad 式的函数了，不能像普通的 foldl 那样使用；我们必须使用 foldM：

```
ghci> foldM binSmalls 0 [2,8,3,1]
Just 14
ghci> foldM binSmalls 0 [2,11,3,1]
Nothing
```

非常棒！第二个例子中，因为列表中有个数大于 9，整个计算的结果就是一个 Nothing。用一个返回 Writer 值的列表来折叠列表也很酷，因为在折叠过程中你能记录任何东西。

14.6　创建一个安全的 RPN 计算器

第 10 章里在解决 RPN 计算器问题时，我们注意到，当输入合法时我们的实现能正常工作，但是如果输入有错误，整个程序就会崩溃。既然我们已经知道如何把现有的代码变成 monad 式的，可以利用 Maybe monad，给 RPN 计算器添加错误处理。

我们的 RPN 计算器接受形如"1 3 + 2 *"的字符串，把它分割成单词列表["1", "3", "+", "2", "*"]，然后以空栈为初始累加值，用一个二元函数折叠这个列表。其中二元函数或者在栈顶添加一个元素，或者从栈顶取出两个元素做运算。

下面是 RPN 计算器的对外提供的入口函数：

```
import Data.List

solveRPN :: String -> Double
solveRPN = head . foldl foldingFunction [] . words
```

我们先把表达式分割成字符串列表，然后用一个函数折叠这个列表，接着我们得到了一个仅有一个元素的栈，返回它作为答案。下面是我们的折叠函数：

```
foldingFunction :: [Double] -> String -> [Double]
foldingFunction (x:y:ys) "*" = (y * x):ys
foldingFunction (x:y:ys) "+" = (y + x):ys
foldingFunction (x:y:ys) "-" = (y - x):ys
foldingFunction xs numberString = read numberString:xs
```

折叠的累加值是一个栈，我们用 Double 列表表示。折叠函数在遍历 RPN 表达式时，如果当前项是一个操作符，那么它就从栈顶弹出两个元素，对它们应用那个操作符，把结果压入栈；如果当前项是一个表示数的字符串，就把字符串转换成数，压入栈。

让我们创建一个能够优雅地处理可能失败的计算的折叠函数。它的类型需要改成这样：

```
foldingFunction :: [Double] -> String -> Maybe [Double]
```

它要么返回 Just 包裹的一个新栈，要么返回 Nothing，表示计算失败了。

reads 函数很像 read，只是在解析成功时返回一个单元素的列表，解析失败时返回一个空列表。当解析成功时，reads 不单单返回成功读入的值，还会返回没有被消耗的部分字符串。我们认为只有消耗了完整的输入才算读入成功，并由此创建一个 readMaybe 函数：

```
readMaybe :: (Read a) => String -> Maybe a
readMaybe st = case reads st of [(x, "")] -> Just x
                                _ -> Nothing
```

现在测试一下：

```
ghci> readMaybe "1" :: Maybe Int
Just 1
ghci> readMaybe "GOTO HELL" :: Maybe Int
Nothing
```

看上去能正常工作。试着把我们的折叠函数改为 monad 式的，表示计算可能失败：

```
foldingFunction :: [Double] -> String -> Maybe [Double]
foldingFunction (x:y:ys) "*" = return ((y * x):ys)
foldingFunction (x:y:ys) "+" = return ((y + x):ys)
foldingFunction (x:y:ys) "-" = return ((y - x):ys)
foldingFunction xs numberString = liftM (:xs) (readMaybe numberString)
```

模式匹配的前三种情况和原来的一样，只是返回的新栈被包裹在一个 Just 里了（这里我们用了 return，当然也可以用 Just）。对于最后一种情况，我们使用了 readMaybe numberString，然后对它映射了(:xs)。所以，如果栈 xs 是[1.0,2.0]，readMaybe numberString 的结果就会是 Just 3.0，整个折叠函数的结果就是[3.0,1.0,2.0]。如果 readMaybe numberString 的结果是 Nothing，折叠函数的结果就是 Nothing。

试试新的折叠函数：

```
ghci> foldingFunction [3,2] "*"
Just [6.0]
ghci> foldingFunction [3,2]"_"
Just [-1.0]
ghci> foldingFunction []"*"
Nothing
ghci> foldingFunction []"1"
Just [1.0]
ghci> foldingFunction [] "1 wawawawa"
Nothing
```

看上去能正常工作！现在是时候改进 solveRPN 了，下面给出它的实现：

```
import Data.List

solveRPN :: String -> Maybe Double
solveRPN st = do
    [result] <- foldM foldingFunction [] (words st)
    return result
```

和之前的版本一样，我们取一个字符串，分割得到单词列表。然后我们以空栈为初始累加值执行折叠操作。但是我们没有用 foldl，取而代之的是 foldM。foldM 的结果应该是一个包含列表的 Maybe 值（列表表示最终的栈），列表应该只包含一个值。我们用 do 表达式得到那个值，把它绑定到 result。如果 foldM 返回了 Nothing，整个表达式就是 Nothing，因为这就是 Maybe monad 的工作方式。另外注意，do 表达式里我们做了一个模式匹配，如果列表长度大于 1 或者为空，模式匹配就会失败，也会产生 Nothing。在最后一行，我们执行了 return result，把 RPN 计算的结果 result 作为整个 Maybe 值的结果。

试试：

```
ghci> solveRPN "1 2 * 4 +"
Just 6.0
ghci> solveRPN "1 2 * 4 + 5 *"
Just 30.0
ghci> solveRPN "1 2 * 4"
Nothing
ghci> solveRPN "1 8 wharglbllargh"
Nothing
```

第一个产生 Nothing 的例子是因为最后的栈的长度大于 1，所以 do 表达式里的模式匹配失败了。第二个产生 Nothing 的例子是因为 readMaybe 返回了 Nothing。

14.7 组合 monad 式的函数

在第 13 章讨论 monad 定律时，你知道了<=<函数就像是组合，但它不是用于处理 a -> b 类型的函数，而是 a -> m b 这样的 monad 式的函数。下面给出例子：

```
ghci> let f = (+1) . (*100)
ghci> f 4
401
ghci> let g = (\x -> return (x+1)) <=< (\x -> return (x*100))
ghci> Just 4 >>= g
Just 401
```

在这个例子里，我们先把两个普通函数组合起来，把组合得到的函数应用在 4 上，然后把两个 monad 式的函数组合起来，用>>=把 4 喂给组合得到的函数。

如果你有一个函数列表，想把它们组合到一起，可以用 id 作为起始的累加值，用.函数折叠这个列表，就像这样：

```
ghci> let f = foldr (.) id [(+1),(*100),(+1)]
ghci> f 1
201
```

函数 f 取一个数，给它加上 1，然后乘以 100，接着加上 1。

monad 式的函数可以用类似的方式组合起来，但是我们需要用<=<代替普通的.，用 return 代替 id。

第 13 章引入列表 monad 时，我们弄明白了棋盘上的马是否能用恰好三步从一个格子走到另一个格子。我们创建了一个名为 moveKnight 的函数，取马的位置，返回下一步能移动到的所有位置。要生成三步可以到达的所有位置，我们创建了这样一个函数：

```
in3 start = return start >>= moveKnight >>= moveKnight >>= moveKnight
```

要检查马能否从 start 走三步到 end，我们编写了如下代码：

```
canReachIn3 :: KnightPos -> KnightPos -> Bool
canReachIn3 start end = end `elem` in3 start
```

使用 monad 式的函数组合，我们可以创建一个很像 in3 的函数，但是不只是返回三步能到达的位置，而是返回任意步数可以到达的位置。研究一下 in3，你能发现我们调用了三次 moveKnight，每次都用>>=喂给 moveKnight 当前回合马所有可能的位置。现在，设法把 in3 变得更通用一些，就像这样：

```
import Data.List

inMany :: Int -> KnightPos -> [KnightPos]
inMany x start = return start >>= foldr (<=<) return (replicate x moveKnight)
```

首先，我们用 replicate 创建一个包含 x 个 moveKnight 的列表，然后用 monad 式的方式把它们组合在一起，得到一个取马的初始位置，非确定性地返回 x 步后可以到达的位置。接着用 return 把起始位置包裹成一个单元素列表，喂给那个函数。

现在，我们还可以把 canReachIn3 变得更通用：

```
canReachIn :: Int -> KnightPos -> KnightPos -> Bool
canReachIn x start end = end `elem` inMany x start
```

14.8　创建 monad

在这一节，我们要研究一个类型是如何被创建出来并被识别为一个 monad 的，以及如何赋予

它合适的 `Monad` 实例。通常，我们不会因为出于孤立的目的着手创建一个 monad，而是为了给某个特定的问题建模。然后，会发现这个类型的值具有 monad 的特性，因此给它赋予 `Monad` 实例。

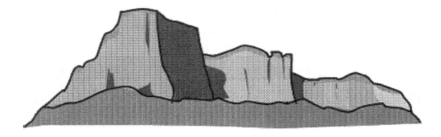

正如你所看到的，列表被用来表示非确定性的值。形如 [3, 5, 9] 的列表可以被看做一个非确定性的值，不知道结果是哪一个。如果用>>=把这个列表喂给一个函数，>>=会取出列表中的每个元素，应用给那个函数得到列表，最后把那些得到的列表拼接起来。

如果我们把列表 [3, 5, 9] 看做同时出现的三个数，就会注意到，并没有信息告诉我们每个数作为结果出现的概率。如果我们想给形如 [3, 5, 9] 这样的非确定性值建模，希望 3 有50%的概率出现，5 和 9 各有25%的概率出现又怎样呢？研究一下怎么实现这一点！

不妨令列表中的每个元素都伴随着另外一个值：这个元素出现的概率。下面给出一个实际例子：

```
[(3,0.5),(5,0.25),(9,0.25)]
```

从数学角度来说，概率并不总是用百分比来表示，而是用 0 和 1 之间的实数表示。0 表示某个东西不可能发生，1 表示它肯定发生。因为浮点数有精度问题，用它表示概率做运算很容易混乱。Haskell 的 `Data.Ratio` 模块提供了一个表示有理数的数据类型，叫做 `Rational`。要表示一个 `Rational`，我们可以按照分数形式书写，只是分子和分母之间的分隔符换成了%。下面给出一些例子：

```
ghci> 1%4
1 % 4
ghci> 1%2 + 1%2
1 % 1
ghci> 1%3 + 5%4
19 % 12
```

第一个例子是四分之一，第二个例子里我们把两个二分之一加在一起得到了一，第三个例子里我们把三分之一和四分之五相加得到十二分之十九。所以，扔掉浮点数，用 `Rational` 来表示概率吧：

```
ghci> [(3,1%2),(5,1%4),(9,1%4)]
[(3,1 % 2),(5,1 % 4),(9,1 % 4)]
```

3 有一半的概率发生，5 和 9 各有四分之一的概率发生，相当简洁。

我们给列表添加一些额外的上下文，使它们包含的值具有上下文。由于我们之后将会创建一些实例，先把列表包裹在一个 newtype 里。

```
import Data.Ratio

newtype Prob a = Prob { getProb :: [(a, Rational)] } deriving Show
```

这是函子吗？是啊，列表是函子，这个类型给列表添加了些东西，也应该是函子。当我们在一个列表上映射一个函数时，函数被应用到了每个元素上。这里我们也把函数应用到每个元素上，但是保持概率不变。创建一个实例如下：

```
instance Functor Prob where
    fmap f (Prob xs) = Prob $ map (\(x, p) -> (f x, p)) xs
```

我们用模式匹配取出第二个参数包裹在 newtype 里面的列表，对它的每个元素应用函数 f，同时保持概率不变，让你后再把结果列表包裹起来。看看能否工作：

```
ghci> fmap negate (Prob [(3,1%2),(5,1%4),(9,1%4)])
Prob {getProb = [(-3,1 % 2),(-5,1 % 4),(-9,1 % 4)]}
```

注意概率的和应该总是为 1。如果列表里包含了所有可能发生的东西，它们的概率和不为 1 是没有意义的。一个有 75% 概率反面朝上，50% 概率正面朝上的硬币就像是存在于另一个奇怪的宇宙。

现在有个大问题：Prob 是 monad 吗？考虑到列表是 monad，似乎这也应该是 monad。首先考虑一下 return，对于列表它是怎么工作的？取一个值，放在单元素列表里。那么对于 Prob 应该怎么工作？既然 return 需要返回默认最小上下文，这里也应该产生一个单元素列表。那么概率呢？return x 需要产生一个结果固定为 x 的 monad 式的值，所以如果 x 的概率是 0 就会没有意义，既然它总是返回 x，概率就应该是 1。

>>= 应该怎么实现呢？看上去有些技巧性，所以要利用这样一个性质：m >>= f 总是等于 join (fmap f m)。考虑我们怎么把一个嵌套的概率列表展平。给你个例子，假设有个列表，25% 概率产生 'a' 或 'b'，'a' 和 'b' 出现机会均等，75% 概率产生 'c' 或 'd'，'c' 和 'd' 出现机会均等。下面是描述这个场景的一幅图：

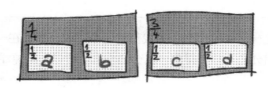

每个字母出现的概率各是多少？如果我们只画出四个容器，每个容器标注一个概率，这些概率分别应该是什么？为了弄清楚，我们需要做的就是把被嵌套的容器的概率和外层容器的概率相乘。这样，'a'出现的概率是八分之一，和'b'出现的概率相等，因为二分之一乘以四分之一等于八分之一。'c'出现的概率是八分之三，因为二分之一乘以四分之三等于八分之三，'d'出现的概率也是八分之三。把四个字符出现的概率累加起来，就得到了一。

把上述情形表示成概率的列表：

```
thisSituation :: Prob (Prob Char)
thisSituation = Prob
   [(Prob [('a',1%2),('b',1%2)], 1%4)
   ,(Prob [('c',1%2),('d',1%2)], 3%4)
   ]
```

注意类型 Prob (Prob Char)。现在我们弄明白怎么把一个嵌套的概率列表展平了。我们可以把>>=实现为 join (fmap f m)，这样就得到一个 **monad** 了！下面给出 flatten 的实现，之所以把它叫做 flatten 是因为名字 join 已经被占用了：

```
flatten :: Prob (Prob a) -> Prob a
flatten (Prob xs) = Prob $ concat $ map multAll xs
   where multAll (Prob innerxs, p) = map (\(x, r) -> (x, p*r)) innerxs
```

函数 multAll 取概率列表和概率 p 的二元组，把列表里元素的概率都乘以 p，返回元素和概率二元组的列表。我们在外层的概率列表上映射函数 multAll，然后用 concat 把得到的嵌套列表展平。

现在我们的所有要求都已经实现了，可以创建一个 Monad 实例了！

```
instance Monad Prob where
   return x = Prob [(x,1%1)]
   m >>= f = flatten (fmap f m)
   fail _ = Prob []
```

因为我们已经解决了所有困难的任务，这个实例的实现就很简单了。我们也定义了 fail 函数，和列表的 fail 函数差不多，所以如果 do 表达式里有模式匹配错误，就会得到空列表。

很重要的一点是，对于这个类型检查 monad 定律是否成立。

（1）第一条定律说 return x >>= f 应该等于 f x。一个严格的证明会很冗长，但可以这样简单理解：如果把一个值用 return 放在默认上下文里，然后对其 fmap 一个函数，再展平得到的概率列表，f 的调用得到的列表都会被乘以概率 1%1，不影响结果。

（2）第二条定律说 m >>= return 和 m 一样。在我们的例子中，m >>= return 等于 m 的证明过程和第一条定律差不多。

（3）第三条定律说 f <=< (g <=< h) 应该和 (f <=< g) <=< h 一样，这条也是正确的。因为作为概率 monad 根基的列表 monad 这条定律成立，并且乘法满足结合律：1%2 * (1%3 * 1%5) 等于 (1%2 * 1%3) * 1%5。

既然我们得到了一个 monad，可以用它做什么呢？它能帮助我们处理概率，可以把概率事件当做带有上下文的值。概率 monad 会确保所有的可能性都被反映在最终结果里了。

比如说，我们有两枚普通硬币和一枚不均衡的硬币（反面朝上的概率是十分之九，正面朝上的概率是十分之一）。如果同时投掷三枚硬币，三枚都是反面朝上的概率是什么？首先，为普通硬币和不均衡硬币创建概率值：

```
data Coin = Heads | Tails deriving (Show, Eq)

coin :: Prob Coin
coin = Prob [(Heads,1%2),(Tails,1%2)]

loadedCoin :: Prob Coin
loadedCoin = Prob [(Heads,1%10),(Tails,9%10)]
```

最后是投掷硬币的函数：

```
import Data.List (all)

flipThree :: Prob Bool
flipThree = do
  a <- coin
  b <- coin
  c <- loadedCoin
  return (all (==Tails) [a,b,c])
```

测试一下会发现三枚硬币都是反面朝上的概率并不大，尽管有一枚不均匀的硬币：

```
ghci> getProb flipThree
[(False,1 % 40),(False,9 % 40),(False,1 % 40),(False,9 % 40),
 (False,1 % 40),(False,9 % 40),(False,1 % 40),(True,9 % 40)]
```

所有三枚硬币都是反面朝上的概率是四十分之九，小于 25%。我们的 monad 不知道怎么把所有的 False 结果合并起来，但这不是大问题，因为写一个函数把相同结果合并到一起是非常容易的（留作读者的练习）。

在这一节，我们带着一个问题出发（如果列表携带了概率信息会怎么样），创建了一个类型，并认出它是个 monad，最后为它创建了 monad 实例，并利用它解决了一些问题。我觉得这非常迷人！到目前为止，你应该对 monad 和它们的作用有了很好的理解。

第 15 章

zipper

Haskell 的纯粹性带来了很多好处，但纯粹性也使得在处理某些问题时 Haskell 会比非纯粹性语言麻烦。

由于引用透明性，在 Haskell 中只要两个值都表示同一个东西，它们就几乎无法分辨。比如说，我们有一棵所有节点的值都为 5 的树，想把其中一个节点的值改成 6，我们须要知道这个节点在树的什么地方。在非纯粹性的编程语言中，我们可以获取这个 5 在内存中的位置，把它改成 6。但在 Haskell 中，所有 5 都是无法分辨的，我们无法用它们在内存中的位置来区分。

我们实际上并没有改变任何东西。当我们说我们"改变了一棵树"时，实际上我们的意思是取一棵树，返回一棵与原树相似但略有差别的新树。

我们能做的一件事是记住从树根到当前所需修改的节点的路径。我们可以说："取一棵树，向左走，再向右走，接着向左走，然后修改所在位置的元素。"尽管这个方法可行，但是它比较低效。如果我们之后想要修改这个节点附近的某个节点，我们需要从根出发，重新走到那个节点！

在这一章中，你会看到如何在某个数据结构的基础上，配备上 zipper 来定位数据结构中的一个特定部分，使得修改元素以及移动焦点变得高效。真棒！

15.1　在树上移动

正如你在生物课上学到的那样，有很多不同种类的树，那么让我们拾起一粒种子来种树吧。给你一粒种子：

```
data Tree a = Empty | Node a (Tree a) (Tree a) deriving (Show)
```

我们的树要么是空的，要么是一个带着两棵子树和某个元素值的节点。下面是这种树的很好的例子，我免费给你！

```
freeTree :: Tree Char
freeTree =
    Node 'P'
        (Node 'O'
            (Node 'L'
                (Node 'N' Empty Empty)
                (Node 'T' Empty Empty)
            )
            (Node 'Y'
                (Node 'S' Empty Empty)
                (Node 'A' Empty Empty)
            )
        )
        (Node 'L'
            (Node 'W'
                (Node 'C' Empty Empty)
                (Node 'R' Empty Empty)
            )
            (Node 'A'
                (Node 'A' Empty Empty)
                (Node 'C' Empty Empty)
            )
        )
```

下面是这棵树的图形表示：

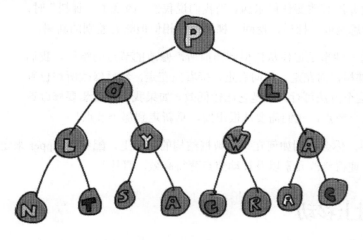

注意树中的 W 了吗？假若我们需要把它改成 P，该怎么做呢？一种方式是在这棵树上做模式匹配，直到找到这个元素，从根出发先走到右子树，再向左走。代码如下：

```
changeToP :: Tree Char -> Tree Char
changeToP (Node x l (Node y (Node _ m n) r)) = Node x l (Node y (Node 'P' m n) r)
```

这段代码不仅丑陋，而且也令人困惑。这段代码到底做了什么？我们在树上做模式匹配，并且把它的根元素命名为 x（值为'P'），左子树命名为 l。我们没有给它的右子树命名，而是继续在右子树上做模式匹配。我们继续这个模式匹配过程，直到遇到了以'W'为根的子树。一旦模式匹配成功，我们就重新构造这棵树，但是要把'W'这个元素改成'P'。

有没有更好的方式？让我们的函数取一棵树和一个方向列表为参数怎样？方向有两种取值，即 L 和 R，分别代表左和右，并且根据这个方向列表走到某一个元素并执行修改操作。试试：

```
data Direction = L | R deriving (Show)
type Directions = [Direction]

changeToP :: Directions-> Tree Char -> Tree Char
changeToP (L:ds) (Node x l r) = Node x (changeToP ds l) r
changeToP (R:ds) (Node x l r) = Node x l (changeToP ds r)
changeToP [] (Node _ l r) = Node 'P' l r
```

如果方向列表中的第一个元素是 L，我们就构建一棵和原来的树几乎一模一样的新树，只是把左子树中的某个元素改成了'P'。当我们递归调用 changeToP 的时候，传递给它的参数只是方向列表的尾，因为我们已经向左走了一步。对于方向列表第一个元素是 R 的情况，处理方式类似。如果方向列表为空，那就表示我们已经到达目标，所以返回一棵树，左右子树分别是参数（一棵树）的左右子树，只是把根换成了'P'。

为了避免打印出整棵树，我们创建一个函数，取一个方向列表，返回目标元素：

```
elemAt :: Directions -> Tree a -> a
elemAt (L:ds) (Node _ l _) = elemAt ds l
elemAt (R:ds) (Node _ _ r) = elemAt ds r
elemAt [] (Node x _ _) = x
```

这个函数实际上和 changeToP 非常相似，区别在于没有记录从根开始沿途中的元素用于构建新树，只返回了目标元素。这里我们把'W'改成'P'，看看改动是否有效：

```
ghci> let newTree = changeToP [R,L] freeTree
ghci> elemAt [R,L] newTree
'P'
```

看上去可行。在这两个函数中，方向列表恰好确定了我们的树中一棵子树，充当着定位的作用。例如，方向列表[R]定位了根的右子树，空的方向列表定位了整棵树自身。

这个技巧看上去很酷，但可能会非常低效，特别是在我们想要多次修改元素的时候。比如说，我们有一棵巨大的树以及一个长的方向列表从根表示到叶子。我们使用这个方向列表从根走到某个叶子，并修改沿途中的元素。如果我们想要修改这个叶子临近的某个叶子，我们需要重新从根出发往下走。这太糟糕了！

在下一节，你会发现一个用来定位子树的更好的办法——允许我们有效地把焦点切换到临近的子树。

15.1.1　面包屑[①]

为了定位一棵子树，用方向列表表示根到焦点子树的方法虽然可行，但我们需要一种更好的方法。从根出发，每次往左或右走一步，沿途留下"面包屑"，这样是否会有帮助呢？使用这种方法，当我们往左走的时候，我们记住我们向左走了，向右走的时候，则记住我们向右走了。让我们试一试。

为了表示面包屑，也要使用一个方向列表（方向的值为 L 或 R），但我们不叫它 Directions，而是叫它 Breadcrumbs，因为我们的方向列表会是翻转过的。

```
type Breadcrumbs = [Direction]
```

下面是一个函数，接受一棵树和一些面包屑为参数，向左走并且在面包屑（是一个列表）头部添加一个 L：

```
goLeft :: (Tree a, Breadcrumbs) -> (Tree a, Breadcrumbs)
goLeft (Node _ l _, bs) = (l, L:bs)
```

我们忽略根元素以及右子树，返回左子树以及以 L 开头的旧面包屑（即在旧面包屑头部添加一个 L）。

下面是一个向右走的函数：

```
goRight :: (Tree a, Breadcrumbs) -> (Tree a, Breadcrumbs)
goRight (Node _ _ r, bs) = (r, R:bs)
```

它和向左走的函数工作方式一样。

让我们用这两个函数，从 freeTree 开始，先向右走，再向左走。

```
ghci> goLeft (goRight (freeTree, []))
(Node 'W' (Node 'C' Empty Empty) (Node 'R' Empty Empty),[L,R])
```

[①] 原文是 **A Trail of Breadcrumbs**。Breadcrumb，亦称 breadcrumb trail，原是用户界面的一种设计方式，用以展示用户之前的操作轨迹。zipper 这一数据结构借用了这个术语。——译者注

现在我们有了一棵树，根为'W'，'C'为左子树的根，'R'为右子树的根。面包屑是[L, R]，因为我们先向右走，再向左走。

为了使在树上行走的表示方法更加清晰，我们可以使用如下定义 -: 函数，它在第 13 章中已经出现过：

```
x -: f = f x
```

这允许我们可以把函数的应用颠倒过来，即先写出参数，再写函数。所以 goRight (freeTree, []) 就成了 (freeTree, []) -: goRight。通过这种形式，我们可以重写之前的例子，使得我们想要"向右走，再向左走"的意图更加明显：

```
ghci> (freeTree, []) -: goRight -: goLeft
(Node 'W' (Node 'C' Empty Empty) (Node 'R' Empty Empty),[L,R])
```

15.1.2 向上走

如果我们想在树上向上走，该怎么办呢？通过面包屑，我们知道当前树是父节点的左子树，而父节点又是它的父节点的右子树，这也是所有我们所知道的。面包屑并没有告诉我们足够的信息用于表示当前节点的父亲，从而能够在树中向上走。看起来单个面包屑不仅要表示方向，还要包含其他信息，使得我们可以向上走。在这个例子中这个信息就是父节点所代表的元素和它的右子树。

总的来说，一个面包屑需要包含重新构建父节点所需所有的信息，所以它需要包含我们没有选择的那棵子树，还需要知道我们选择的方向。但是它不能包含我们所定位的那棵子树。那是因为这个信息已经存储在二元组的第一项中了。如果在面包屑里也有这个信息，那么信息就重复了。

因为我们将要修改当前所定位的子树中的元素，所以我们不想要重复的信息。面包屑中的信息可能会和我们所做的修改不一致。当前所定位的子树中的元素一经修改，面包屑中重复的信息就过时了。如果我们的树包含很多元素，那么冗余的信息还会占用大量内存。

我们修改面包屑的表示，使之包含向左或向右走时之前被我们忽略的所有信息。我们不再叫它 Direction 了，而是定义一个新类型：

```
data Crumb a = LeftCrumb a (Tree a) | RightCrumb a (Tree a) deriving (Show)
```

现在，不再仅仅是 L，我们有一个 LeftCrumb，它包含了我们向左走时离开的那个节点以及没有被我们访问的右子树。不再仅仅是 R，我们有一个 RightCrumb，它包含了向右走时离开的那个节点以及没有被我们访问的左子树。

这些面包屑现在包含了可以用来重新构建我们之前经过的子树的所有的信息。所以，它们不再是普通的面包屑了，它们现在更像是我们前进时留下的软盘，因为它们现在包含了很多其他信息，不仅仅是被选择的方向。

本质上，每个面包屑都像是一个带有洞的节点。当我们向树的深层移动时，面包屑携带了我们所离开的那个节点的所有信息，除去被我们选择定位的那棵子树。还需要注意的是洞在哪里。在 LeftCrumb 的例子中，我们知道我们在向左走，所以失去的子树（洞）是左子树。

让我们修改 Beadcrumbs 的类型别名来反映这个事实：

```
type Breadcrumbs a = [Crumb a]
```

接下来，我们需要修改 goLeft 和 goRight 这两个函数，不再像之前那样忽略其余信息，现在需要记录之前在我们的面包屑中被忽略的、没有被我们定位的那棵子树。下面是 goLeft 的定义：

```
goLeft :: (Tree a, Breadcrumbs a) -> (Tree a, Breadcrumbs a)
goLeft (Node x l r, bs) = (l, LeftCrumb x r:bs)
```

你可以看出来这和之前版本的 goLeft 非常像，但是不再是简单的在面包屑列表的头部添加一个 L，我们添加一个 LeftCrumb 来表示我们向左走了。我们还给这个 LeftCrumb 配备上另外两个字段，分别表示所离开的节点中的元素和未被选取的右子树。

注意，这个函数假设了当前定位的子树不为 Empty。空树不会有子树，所以如果我们尝试在空树向左走会出现错误。这是因为 Node 上的模式匹配失败了，我们没有考虑 Empty 这个模式。

goRight 的定义类似：

```
goRight :: (Tree a, Breadcrumbs a) -> (Tree a, Breadcrumbs a)
goRight (Node x l r, bs) = (r, RightCrumb x l:bs)
```

我们之前可以向左走或向右走，现在由于记录了关于父节点的信息，我们可以向上走了。下面是 goUp 的定义：

```
goUp :: (Tree a, Breadcrumbs a) -> (Tree a, Breadcrumbs a)
goUp (t, LeftCrumb x r:bs) = (Node x t r, bs)
goUp (t, RightCrumb x l:bs) = (Node x l t, bs)
```

我们当前定位的树是 t，检查最后记录的面包屑。如果它是 LeftCrumb，我们就使用 t 和面包屑中的信息构建一棵新树。因为我们向上移动了并且使用了最后的面包屑用于构建新树，新的面包屑列表就不应该再带有这最后的面包屑。

注意，如果我们已经在树根，若继续向上移，这个函数就会报错。稍后我们会用 Maybe monad 来表示移动焦点时可能产生的失败。

有了一对 Tree a 和 Breadcrumbs a，我们就有了用来重建整棵树的全部的信息，也在当前子树上设置了焦点。这个设计方案使得我们可以轻易地向上、左、右移动。

一个用来表示被定位数据结构一部分以及环绕部分的二元组，就叫做 zipper（拉链），因为把焦点在数据结构中上下移动就类似于在一条裤子上拉拉链。像这样定义一个类型别名就很好：

```
type Zipper a = (Tree a, Breadcrumbs a)
```

我倾向于把这个类型别名叫做 Focus，因为这个名字能清楚阐明我们定位在一个数据结构里。但既然 zipper 这个名称已经被广泛用于描述这样一个结构，我们还是使用 zipper 这个名称。

15.1.3　处理焦点处的树

既然我们可以在树中上下移动，就让我们创建一个用于修改 zipper 所定位子树的根的函数吧：

```
modify :: (a -> a) -> Zipper a -> Zipper a
modify f (Node x l r, bs) = (Node (f x) l r, bs)
modify f (Empty, bs) = (Empty, bs)
```

如果焦点在一个节点上，那么就用函数 f 来修改这个节点上的元素；如果焦点在空树上，那么保持原样。现在我们可以从一棵树出发，把焦点移动到任何地方，修改元素，然后轻易地向上或向下移动。下面给出一个例子：

```
ghci> let newFocus = modify (\_ -> 'P') (goRight (goLeft (freeTree,[])))
```

我们向左走，再向右走，然后把焦点子树的根元素替换成'P'，如果用-:函数表示，读起来会更流畅：

```
ghci> let newFocus = (freeTree,[]) -: goLeft -: goRight -: modify (\_ -> 'P')
```

然后我们可以向上走，把元素替换成一个神秘的'X'：

```
ghci> let newFocus2 = modify (\_ -> 'X') (goUp newFocus)
```

或者用-:写出来：

```
ghci> let newFocus2 = newFocus -: goUp -: modify (\_ -> 'X')
```

由于我们留下的面包屑表示了数据结构中未被定位的部分，所以向上移动很容易，但它是反转的，有点像把袜子从里面往外翻。那就是为什么当我们想向上移动时，不需要从根出发。我们只需从反转的树中取出顶部，添加到焦点处即可。

每个节点都有两棵子树，尽管每棵都可能是空的。所以，如果我们的焦点在空子树上，那么有一件可以做的事就是把这棵空树替换成一棵非空的树。代码很简单：

```
attach :: Tree a -> Zipper a -> Zipper a
attach t (_, bs) = (t, bs)
```

我们接受一棵树和一个 zipper 为参数，返回一个新的 zipper，其焦点子树被替换成了参数中给出的树。扩充一棵树不仅可以像这样把空树替换成一棵新树，也可以把已有的一棵树替换成一棵新的。让我们在 freeTree 的最左端装上一棵树：

```
ghci> let farLeft = (freeTree,[]) -: goLeft -: goLeft -: goLeft -: goLeft
ghci> let newFocus = farLeft -: attach (Node 'Z' Empty Empty)
```

newFocus 的焦点就是刚刚装上的树，而整棵树剩下的部分在面包屑里。整棵树和 freeTree
基本相同，只是在最左端多了一个 'Z'。

15.1.4　一路走到顶端，那里的空气既新鲜又干净

很容易创建一个函数，不管当前焦点在哪里，一路走到树根。就像这样：

```
topMost :: Zipper a -> Zipper a
topMost (t,[]) = (t,[])
topMost z = topMost (goUp z)
```

如果面包屑列表是空的，那就表明我们已经在树根，这种情况下简单地返回当前焦点就可
以了；否则把焦点向上移动，递归调用 topMost。

现在我们可以在树上随意移动了，向左走、向右走、向上走，以及调用 modify 和 attach 函数。
接下来我们用 topMost 来把焦点移动到树根，结束所有的修改，从合适的角度观察我们所做的修改。

15.2　在列表上定位

zipper 可被用于相当多的数据结构，所以它们能用于列表没什么可惊讶的。毕竟列表和树
很像，只是树中的节点有一个元素以及若干子树，而列表中的节点只有一个元素和一个子树（子
列表）。当我们在第 7 章中定义自己的列表时，是这么定义的：

```
data List a = Empty | Cons a (List a) deriving (Show, Read, Eq, Ord)
```

把这个定义和二叉树的定义相比，容易看出列表可以被看成
每个节点都只有一棵子树的树。

形如 [1,2,3] 的列表能被改写为 1:2:3:[]。它包含了列表
头 1 以及子列表。子列表的头为 2，尾为另一个子列表，其头为 3，
尾为空列表 []。

为列表创建一个 zipper 吧。为了改变列表中的焦点，我们需要向
前或向后移动（在树中我们向上、左、右移动）。被定位的部分是一个
子列表，与之相伴的是我们在列表中向前移动时留下的面包屑。

一个列表的面包屑是由什么组成的呢？当我们处理二叉树时，面包屑需要保存父节点的元素以
及父节点的未被定位的子树，还要记录我们是向左移动还是向右移动。

列表比树简单。我们不需要记录是向左移动还是向右移动，因为列表中向深处移动只有一种方式。因为每个节点只有一个子树，所以不需要记录未被选取的子树。看上去所有需要记录的是之前焦点所在的那个元素。如果我们有个形如 [3, 4, 5] 的列表并且知道之前焦点所在的元素是 2，那么当需要向回走时，只需把 2 添加到焦点所在列表的头部，得到 [2, 3, 4, 5]。

一个面包屑只是一个元素，因此我们不需要像之前为树 zipper 创建 Crumb 数据类型那样把它放在一个类型中。

```
type ListZipper a = ([a], [a])
```

第一个列表表示当前定位的列表，第二个列表是面包屑列表。让我们创建一个函数，用来在列表中向前和向后移动：

```
goForward :: ListZipper a -> ListZipper a
goForward (x:xs, bs) = (xs, x:bs)

goBack :: ListZipper a -> ListZipper a
goBack (xs, b:bs) = (b:xs, bs)
```

当我们向前移动时，把焦点移动到当前列表的尾，把头元素添加到面包屑列表头部。向后移动时，则取出面包屑列表的头，把它放到列表头部。下面是起作用的两个函数：

```
ghci> let xs = [1,2,3,4]
ghci> goForward (xs,[])
([2,3,4],[1])
ghci> goForward ([2,3,4],[1])
([3,4],[2,1])
ghci> goForward ([3,4],[2,1])
([4],[3,2,1])
ghci> goBack ([4],[3,2,1])
([3,4],[2,1])
```

你可以看到在这个例子中，面包屑列表只不过是整个列表的一部分的翻转。向前移动时去掉的元素总是会被放在面包屑列表的头部，向后移动时从面包屑列表头部取出元素总是会被放在焦点列表的头部。这也更容易看清楚为什么我们称这个结构为 zipper 了——它确实像一个可以上下拉的拉链。

如果你在制作一个文本编辑器，你可能会用一个字符串列表来表示当前打开的文本的各行，你可以用一个 zipper 来表示光标所在的行，好处是在文本中任意位置插入新行或删除已有的行都会变得很容易。

15.3　一个非常简单的文件系统

为了阐明 zipper 的工作原理，我们用树来表示一个非常简单的文件系统，然后为这个文件系统创建一个 zipper，使我们可以在文件夹间移动，就像在一个真的文件系统中跳来跳去那样。

一般的分层结构文件系统主要由文件和文件夹组成。文件（file）是带有名字的数据单位。文件夹（folder）被用来组织这些文件，它可以包含文件或者其他文件夹。对于我们的简单例子，不妨说文件系统中的项目可能是下面两种类型之一：

● 文件，包含一个名字和一些数据；

● 文件夹，包含一个名字和一些其他项目（文件或者文件夹）。

下面给出满足上述要求的一个数据类型，以及一些类型别名，用于告诉我们类型的具体作用：

```
type Name = String
type Data = String
data FSItem = File Name Data | Folder Name [FSItem] deriving (Show)
```

一个文件带有两个字符串，分别表示名字和包含的数据。一个文件夹带有一个字符串表示它的名字和一个项目列表。如果列表为空，就说明文件夹是空的。

下面是一个带有一些文件和子文件夹的文件夹（实际上就是现在我磁盘里存放的东西）：

```
myDisk :: FSItem
myDisk =
    Folder "root"
        [ File "goat_yelling_like_man.wmv" "baaaaaa"
        , File "pope_time.avi" "god bless"
        , Folder "pics"
            [ File "ape_throwing_up.jpg" "bleargh"
            , File "watermelon_smash.gif" "smash!!"
            , File "skull_man(scary).bmp" "Yikes!"
            ]
        , File "dijon_poupon.doc" "best mustard"
        , Folder "programs"
            [ File "fartwizard.exe" "10gotofart"
            , File "owl_bandit.dmg" "mov eax, h00t"
            , File "not_a_virus.exe" "really not a virus"
            , Folder "source code"
                [ File "best_hs_prog.hs" "main = print (fix error)"
                , File "random.hs" "main = print 4"
                ]
            ]
        ]
```

15.3.1   为文件系统创建一个 zipper

既然我们有了一个文件系统，我们所需要的就是一个能够像拉链一样操作的 zipper，它还要能支持文件及文件夹的添加、修改和删除。对于二进制的树和列表，面包屑包含了当下没有被我们访问的所有数据的信息。单个面包屑应该存储当前子树以外的所有节点的信息，还需要标明洞的位置，从而在树中向上走时能把当前子树填补到洞里。

在这个例子里，面包屑就像一个带洞的文件夹，洞表示当前选择的文件夹。你可能会问：
"为什么不像一个文件呢？"因为当我们定位一个文件后，就无法在
文件系统里移动到更深的层次了，所以创建一个表示文件的面包屑
是没有意义的。文件有点儿像空树。

如果我们定位在文件夹"root"上，然后定位文件"dijon_
poupon.doc"，我们留下的面包屑应该长什么样子呢？它应该包
含父文件夹的名字以及当前所定位的数据结构。所以，我们需要的就
是一个 Name 和两个项目列表。为当前项目前面的项目及后面的项
目维护不同的列表，我们就知道在文件系统中向上走之后应该把当
前项目放回到什么地方。用这种方式我们标明了洞的位置。

对于这个文件系统，下面是我们的面包屑类型：

```
data FSCrumb = FSCrumb Name [FSItem] [FSItem] deriving (Show)
```

以及一个表示 **zipper** 的类型别名：

```
type FSZipper = (FSItem, [FSCrumb])
```

在文件系统中向上走非常简单。只要取最后留下的面包屑，与当前的焦点组装得到一个新
的焦点就行了，就像这样：

```
fsUp :: FSZipper -> FSZipper
fsUp (item, FSCrumb name ls rs:bs) = (Folder name (ls ++ [item] ++ rs), bs)
```

因为我们的面包屑记录了父文件夹的名字以及排在它前面（ls）和后面（rs）的项目，向
上移动是很简单的。

怎么在文件系统中向深处走呢？如果我们在"root"处，想要定位"dijon_poupon.doc"，
我们留下的面包屑需要包含名字"root"，以及排在"dijon_poupon"之前的项目和排在它后面
的项目。下面给出一个函数，取一个名字和表示当前所在的文件夹的 **zipper** 为参数：

```
import Data.List (break)

fsTo :: Name -> FSZipper -> FSZipper
fsTo name (Folder folderName items, bs) =
    let (ls, item:rs) = break (nameIs name) items
    in (item, FSCrumb folderName ls rs:bs)

nameIs :: Name -> FSItem -> Bool
nameIs name (Folder folderName _) = name == folderName
nameIs name (File fileName _) = name == fileName
```

fsTo 取一个 Name 和 FSZipper 为参数，返回一个新的 FSZipper，定位在指定文件上。
这个文件必须包含在当前定位的文件夹里。这个函数并非在所有地方寻找带有指定名字的文件，

它只在当前文件夹里找。

首先，我们用 break 把文件夹里的项目列表分成两部分，在当前文件前面的以及在当前文件后面的。break 取一个谓词和一个列表，返回两个列表的二元组。二元组的第一个列表包含使谓词返回 False 的项目。一旦对某个项目谓词返回 True 了，就把这个项目及列表的剩余部分全部放在二元组的第二项里。我们创建了一个名为 nameIs 的辅助函数，取一个名字及文件系统中的一个项目，如果名字匹配则返回 True。

ls 包含当前搜寻的项目 item 前面的部分，rs 是 item 后面的部分。有了这几个变量后，我们可以装配一个带有所有信息的面包屑。

注意，如果我们查找的名字不在这个文件夹里，模式 item:rs 会尝试匹配空列表，会得到一个错误。如果我们当前的焦点是一个文件而不是文件夹，也会得到一个错误，程序会崩溃。

我们可以在文件系统里上上下下移动了，从根出发移动到文件"skull_man(scary).bmp"吧：

```
ghci> let newFocus = (myDisk, []) -: fsTo "pics" -: fsTo "skull_man(scary).bmp"
```

newFocus 现在是一个定位于文件"skull_man(scary).bmp"的 zipper。获取 zipper 的第一项（焦点），看看它是不是我们要找的文件：

```
ghci> fst newFocus
File "skull_man(scary).bmp" "Yikes!"
```

向上走，把焦点移动到文件"watermelon_smash.gif"：

```
ghci> let newFocus2 = newFocus -: fsUp -: fsTo "watermelon_smash.gif"
ghci> fst newFocus2
File "watermelon_smash.gif" "smash!!"
```

15.3.2   操作文件系统

我们可以在文件系统里导航了，这一来操作它就很容易了。下面是一个函数，它把当前焦点处的文件或文件夹重命名：

```
fsRename :: Name -> FSZipper -> FSZipper
fsRename newName (Folder name items, bs) = (Folder newName items, bs)
fsRename newName (File name dat, bs) = (File newName dat, bs)
```

把"pics"文件夹改名为"cspi"：

```
ghci> let newFocus = (myDisk, []) -: fsTo "pics" -: fsRename "cspi" -: fsUp
```

我们向下移动到"pics"文件夹，重命名后移动回原处。

在当前文件夹下创建新项目的函数怎么写呢？看：

```
fsNewFile :: FSItem -> FSZipper -> FSZipper
fsNewFile item (Folder folderName items, bs) =
    (Folder folderName (item:items), bs)
```

非常容易。注意，如果我们定位的是一个文件而不是文件夹，尝试添加项目就会使程序崩溃。

给我们的"`picsc`"文件夹添加一个新文件，再移动回根：

```
ghci> let newFocus =
    (myDisk, []) -: fsTo "pics" -: fsNewFile (File "heh.jpg" "lol") -: fsUp
```

最酷的地方就是当我们修改文件系统时，并没有修改当前的数据结构，而是创建了一个新的文件系统。那样，我们既能访问之前的文件系统（在这个例子里是 `myDisk`），又能访问新的（`newFocus` 的第一项）。

通过使用 zipper，我们无偿得到了版本功能。即使对数据结构做了改动，我们依然能访问原来的。这个性质并不是 zipper 专有的，而是 Haskell 的性质，因为数据结构是不可变的。有了 zipper，我们可以在数据结构里轻松高效地移动焦点，Haskell 数据结构的持久性特点开始体现出它的价值了。

15.4　小心行事

到目前为止，在数据结构里移动——无论是二叉树、列表，还是文件系统——我们并没有关心我们会不会移动得太深了。比如说，`goLeft` 函数取一个二叉树的 **zipper**，把焦点移动到左子树：

```
goLeft :: Zipper a -> Zipper a
goLeft (Node x l r, bs) = (l, LeftCrumb x r:bs)
```

如果我们所在的树是空树会怎么样？即 `goLeft` 的参数不是 `Node`，而是 `Empty`。这样，我们会得到一个运行时错误，因为没有考虑怎么处理空树，所以模式匹配失败了。

到目前为止，我们只是做了假设，不会尝试对一棵空树做定位左子树这样的事，因为空树的左子树不存在，这样做是没有意义的。到现在为止，我们只是忽略了需要的错误处理。

如果我们已经在树根了，还想向上走会怎么样？同样模式匹配会失败，产生错误。任何移动操作都可能终结我们（不祥的音乐响起）。换句话说，任何移动都可能会成功，也可能会失败。这是不是让你想起了什么？没错：monad！更精确地说，`Maybe` **monad**，给普通值添加了表示计算可能失败的上下文。

使用 `Maybe` **monad** 为我们的移动操作添加可能失败的上下文吧，

把取二叉树 zipper 为参数的函数变为 monad 式的函数。

首先考虑 goLeft 和 goRight 可能产生的计算失败。到目前为止，函数计算失败总是在它们的结果里反映出来，这两个函数也不例外。

下面是添加了表示计算可能失败的上下文的 goLeft 及 goRight：

```
goLeft :: Zipper a -> Maybe (Zipper a)
goLeft (Node x l r, bs) = Just (l, LeftCrumb x r:bs)
goLeft (Empty, _) = Nothing

goRight :: Zipper a -> Maybe (Zipper a)
goRight (Node x l r, bs) = Just (r, RightCrumb x l:bs)
goRight (Empty, _) = Nothing
```

现在，如果我们试图从空树出发向左子树移动，就会得到 Nothing！

```
ghci> goLeft (Empty, [])
Nothing
ghci> goLeft (Node 'A' Empty Empty, [])
Just (Empty,[LeftCrumb 'A' Empty])
```

看上去好极了！那么向上走呢？之前发生的问题原因在于我们想向上走，但是没有可用的面包屑了，也就是说我们已经在树根了。如果对树根使用下面的 goUp 函数会产生错误：

```
goUp :: Zipper a -> Zipper a
goUp (t, LeftCrumb x r:bs) = (Node x t r, bs)
goUp (t, RightCrumb x l:bs) = (Node x l t, bs)
```

修改一下，让它优雅地失败：

```
goUp :: Zipper a -> Maybe (Zipper a)
goUp (t, LeftCrumb x r:bs) = Just (Node x t r, bs)
goUp (t, RightCrumb x l:bs) = Just (Node x l t, bs)
goUp (_, []) = Nothing
```

如果面包屑存在，那么一切安好，我们成功返回一个新的焦点。但是，如果面包屑没有了，就返回表示计算失败的 Nothing。

之前这些在树上移动的函数都是以 zipper 为参数且返回 zipper 的，也就是说我们可以像下面这样把它们串在一起使用：

```
gchi> let newFocus = (freeTree, []) -: goLeft -: goRight
```

但是现在，这些函数返回的不再是 Zipper a 了，而是 Maybe (Zipper a)，再像这样把函数串起来是行不通的。在第 13 章处理高空绳索行走运动员时我们曾遇到过类似的问题。运动员一次走一步，每一步都可能失败，因为可能会有一群鸟停在他的平衡杆的一边让他摔跤。

现在该嘲笑我们自己了，因为是我们在处理运动员的行走，我们在自己创造出来的迷宫里探索。幸运的是，从运动员身上我们能学到需要做什么：把普通函数应用换成>>=。这个操作符取一个带上下文的值（这个例子里是 Maybe (Zipper a)，表示计算可能失败），把它喂给一个函数，确保上下文被正确处理。就像我们的高空绳索行走运动员，我们要把所有的-:操作符都换成>>=。这样我们就能把函数串起来了！看看我们是怎样做到的：

```
ghci> let coolTree = Node 1 Empty (Node 3 Empty Empty)
ghci> return (coolTree, []) >>= goRight
Just (Node 3 Empty Empty,[RightCrumb 1 Empty])
ghci> return (coolTree, []) >>= goRight >>= goRight
Just (Empty,[RightCrumb 3 Empty,RightCrumb 1 Empty])
ghci> return (coolTree, []) >>= goRight >>= goRight >>= goRight
Nothing
```

我们用 return 把一个 zipper 包裹在 Just 里，然后用>>=把它喂给 goRight 函数。首先，我们创建了一棵树，其左子树为空，右子树是一棵带两棵空子树的树。当我们尝试往右子树走一步时，结果表示成功执行，因为这个操作是有意义的。向右走两步也是可以的，我们会定位在空子树上。但是向右走三步就没有意义了——在空子树上我们不能再向右子树移动了，所以结果就是 Nothing。

现在我们在树上配备了安全网，在我们掉下来时能够接住我们。（哇哦，我用了一个隐喻。）

我们的文件系统还有很多地方计算可能失败，比如尝试定位一个不存在的文件或文件夹。作为练习，请你用 Maybe monad 实现一些能优雅表示计算失败的函数。

15.5 谢谢阅读！

终于翻到最后一页了！希望你觉得这本书既有用，又有趣。我尽了最大的努力向你展现 Haskell 及其惯用法的内在逻辑。在 Haskell 中，总有新的东西可以学习，你现在应该可以独立编写出很酷的代码，也可以阅读并理解其他人的代码了。快快来写代码吧！再会！